遥感影像智能处理与分析案例集

黄 亮　唐伯惠　吴学群　於雪琴　著

本书数字资源

北 京
冶 金 工 业 出 版 社
2025

内 容 提 要

本书以案例形式详细介绍了遥感影像智能处理与分析的基本原理、方法及其应用。全书共分为遥感影像分类、目标检测和变化检测三大任务 13 个案例，主要包括作物精细识别、建筑物语义分割、道路交通多要素检测、桥梁目标检测、土地利用时空变化分析、建筑物变化检测等。

本书可供从事遥感测绘、图像处理、模式识别、土地资源管理、地理信息科学等领域的研究人员和工程技术人员阅读，也可供高校相关专业的师生参考。

图书在版编目（CIP）数据

遥感影像智能处理与分析案例集 / 黄亮等著 .
北京 ：冶金工业出版社，2025. 5. -- ISBN 978-7-5240-0135-5

Ⅰ. TP751

中国国家版本馆 CIP 数据核字第 202523LM69 号

遥感影像智能处理与分析案例集

出版发行	冶金工业出版社	**电　话**	(010)64027926
地　址	北京市东城区嵩祝院北巷 39 号	**邮　编**	100009
网　址	www. mip1953. com	**电子信箱**	service@ mip1953. com

责任编辑　卢　蕊　美术编辑　吕欣童　版式设计　郑小利
责任校对　王永欣　责任印制　范天娇
三河市双峰印刷装订有限公司印刷
2025 年 5 月第 1 版，2025 年 5 月第 1 次印刷
710mm×1000mm　1/16；14. 25 印张；277 千字；215 页
定价 78. 00 元

投稿电话　(010)64027932　投稿信箱　tougao@cnmip. com. cn
营销中心电话　(010)64044283
冶金工业出版社天猫旗舰店　yjgycbs. tmall. com
(本书如有印装质量问题，本社营销中心负责退换)

前　言

遥感技术已经发展成为当今科学和工程领域的重要组成部分。随着遥感影像获取技术的进步，我们获得了大量的时序地球观测数据，这些数据包含了地表、大气和海洋等各种信息。然而，传统的遥感数据处理方法往往需要大量的人力和时间，且难以应对大规模、高维度的数据处理需求。遥感智能处理与分析技术可以大幅提高遥感影像处理的效率和精度。通过机器学习、深度学习等人工智能技术，可以实现对海量遥感数据的快速处理和精确分析，从而更好地理解地球表面的变化和特征。

本书以遥感数字图像处理、计算机视觉、机器学习和深度学习理论为基础，将超像素分割、显著性检测、深度语义分割、目标检测、图像翻译等技术用于遥感影像分类、目标检测和变化检测三大任务，并给出典型应用案例。本书是对作者近年来在遥感影像智能处理与分析方面研究成果的阶段性总结。

本书的主要内容如下：第 1 章和第 2 章分别介绍了融合富尺度特征双分支网络和 CA-BASNet 网络的建筑物识别案例；第 3 章和第 4 章聚焦农作物提取，分别介绍了烟草和灯盏花提取案例；第 5 章结合超像素和直觉模糊 C 均值聚类实现地物非监督分类；第 6 章采用高分二号影像提取大理苍山地区植被覆盖度；第 7 章介绍了如何从无人机影像中检测道路交通多要素；第 8 章通过结合卷积神经网络和 Transformer 实现高分辨率遥感影像滑坡检测；第 9 章通过融合解耦头算法实现桥梁目标检测；第 10 章基于 GEE 平台实现了 1991—2020 年环洱海地带土地利用时空变化分析；第 11 章围绕异源遥感影像变化检测的图像域转换，介绍了光学图像和 SAR 图像风格迁移案例；第 12 章和第 13 章分别采用多注意力机制和显著性检测实现了多时相遥感影像建筑物变化检测。

本书内容涉及的有关研究得到了国家自然科学基金项目（项目号：42361054）、云南省“兴滇英才支持计划”青年人才项目（项目号：KKRD202221036）、云南省基础研究专项面上项目（项目号：202201AT070164）和云南省省级专业学位研究生教学案例库项目的支持。李小祥、孙宇、季欣然、杨威、裘木兰、吴春燕、朱娟娟、杜宇峰、王敏、田秋媛、乐伟鹏、吴强、成佳培、王美琪、张子轩等硕士研究生先后参与了部分研究工作和本书的编辑整理工作，在此对他们表示衷心的感谢。

本书中的部分成果已在 *International Journal of Applied Earth Observation and Geoinformation*、*International Journal of Digital Earth*、*Remote Sensing*、*Geocarto International*、*Journal of Electronic Imaging*、《农业机械学报》、《遥感信息》等国内外学术刊物上发表。在本书的编写过程中，参考了国内外有关优秀教材、论文及网络资料，在此对其作者表示诚挚谢意。

由于作者水平所限，书中不当之处，敬请有关专家及读者批评指正。

黄　亮

2024 年 9 月

目　　录

1 融合富尺度特征双分支网络遥感图像建筑物语义分割案例

1.1 案例目标

（1）熟悉传统图像分割方法和基于深度学习语义分割方法的优缺点，了解基于深度学习的遥感影像分割任务及其流程。

（2）了解基于深度学习的语义分割模型的基础理论与相关技术。

（3）了解融合富尺度特征双分支网络遥感图像建筑物语义分割方法。

1.2 背景信息

遥感图像建筑物提取在城市规划、城市动态变化监测、土地利用变更调查等实际应用中发挥着重要作用，但随着遥感图像空间分辨率不断提高，地物细节信息愈加丰富，且复杂程度更高，建筑物存在的尺度多样、形状各异、光谱异质性强等特点，致使高空间分辨率遥感图像建筑物语义分割极具挑战性。

遥感图像语义分割是根据图像语义信息，按照一定的规则和算法为每个像素分配一个对应的类别标签[1]。在遥感图像建筑物语义分割中，传统方法通过人工或机器学习方法获取纹理、灰度、几何等图像特征实现对建筑物语义分割，主要包括基于聚类、阈值、区域、图论模型等方法[2]。这类方法均建立在精准的数学模型上，但由于人工设计的特征会随传感器质量、光照条件、建筑物结构的差异产生较大变化，通常分割精度较低，且难以推广到其他数据集。

近年来，随着深度学习快速发展，如卷积神经网络[3]（convolutional neural network，CNN）、递归神经网络[4]、生成式对抗网络[5]出色地完成了各类计算机视觉任务，基于深度学习的语义分割网络也受到了广泛关注。Long 等[6]提出全卷积网络（full convolutional network，FCN），将传统 CNN 中全连接层替换为全卷积层，解决了语义级别的图像分割问题；Ronneberger 等[7]提出了一种用于医学图像分割的新型编码-解码网络架构 U-Net，解码器在上采样逐渐恢复图像分辨率过程中，使用跳跃连接与编码部分对应分辨率的特征进行融合，从而利用不同层次的语义特征来提高图像分割精度；Zhao 等[8]提出了一种金字塔场景解析网络，通过在 FCN 中嵌入不同场景的上下文特征提高分割效果；He 等[9]针对随模型深度加深网络出现退化问题，提出了一种减轻网络训练负担的残差学习框架(ResNet)，保证了网络精度随深度增加而增加。基于CNN遥感图像建筑物语义分割已成为建筑物提取的主要方法，田青林等[10]在解码阶段的横向连接过程中引入注意力机制以突出重要特征，并采用自上而下的密集连接方式计算特征金字塔，有效地提升了遥感图像语义分割中多尺度目标边缘分割的精度；徐胜军等[11]提出了一种基于多尺度特征融合空洞卷积ResNet分割网络，有效地解决了复杂场景下道路、树木及建筑物之间分割边界不清晰问题；赫晓慧等[12]针对遥感图像背景复杂，在建筑物提取时建筑物目标的部分细节特征与背景区分度较低，出现建筑物轮廓失真、缺失等问题，通过融合RGB特征图和边缘特征设计了自适应加权边缘特征融合网络（VAF-Net)，在Massachusetts Buildings数据集上取得了较好的分割效果；何青等[13]利用多层次编码-解码结构提取影像中建筑物不同尺度特征，在同层次特征之间引入密集连接提高浅层特征的准确性，并在相邻层次特征之间引入交换单元增加不同层次的特征交互能力，从而达到提升建筑物边缘提取精度和高分辨率特征利用率的目的；Chen等[14]以DeepLabV3编码-解码网络为主干，将深度卷积神经网络（DCNN）与ResNet结合，提出了一种密集残差神经网络（DR-Net)，解决浅层提取的低层特征与人工神经网络深层提取的抽象特征不能完全融合问题；Jin等[15]针对现有的大多数CNN因多尺度上下文信息聚合差、不同层次特征融合不充分以及未考虑语义边缘信息，而导致建筑物边界预测存在巨大不确定性问题，提出一种嵌入了特殊边界感知损失的新型网络（boundary-aware refined network，BARNet)，BARNet在跳跃连接中实现了跨级特征融合，通过引入边界增强损失函数，模型能够关注边界像素。

1.3 案例涉及的知识点

1.3.1 图像分割方法分类

（1）传统图像分割方法：传统的图像分割方法通常基于影像的亮度、熵、对比度等隐式特征以及形态学特征，再使用人工阈值或机器学习算法实现对遥感图像感兴趣目标的分割。随着分割场景的复杂化，对分割技术的要求也愈加严格，陆续出现了基于边缘、区域、聚类、图论和特定理论等的分割方法，分割的效果也因此得到了改善。

（2）基于深度学习的图像语义分割方法：传统图像分割方法过于依赖人工选取特征，其局限性导致了分割的准确率较低，且难以推广到其他数据集。自2006年深度学习概念提出之后，借助多媒体数据的不断增长以及计算机硬件和图片处理器（CPU）的高速发展，深度学习被应用到图像处理领域，赋予了分割区域更准确的语义信息，图像分割问题也取得了突破性的进展，如FCN、金字塔场景解析网络（pyramid scene parsing network，PSPNet）、DeepLab、Mask R-CNN 等基于深度学习的图像分割方法的出现，使得分割的准确度不断提高，分割的过程也更加智能化。

1.3.2 卷积神经网络基本结构

基于深度学习的影像语义分割流程：

（1）特征编码：利用连续的下采样或者池化层表征目标地物的语义特征。

（2）特征解码：将编码学习到的识别特征语义投影到像素空间。

（3）像素级分类：通过 Softmax 函数计算每一个像素所属的类别。

本节将依次介绍卷积神经网络中所使用的基本模块。

1.3.2.1 卷积层

卷积层作为 CNN 中最重要的结构，由一组过滤器构成，过滤器可看作一个二维数字矩阵，通过在图像上滑动来计算、提取特征，具体的计算方式是通过矩阵间点乘，然后求和，最后加上偏执项即可得到卷积后图像区域中心像素值。以二维矩阵为例，卷积核计算表达式如下：

$$\boldsymbol{f}^{l+1}(i,\ j)=\boldsymbol{f}^{l}(i,\ j)\cdot w(i,\ j)+b=\sum_{x=1}^{f}\sum_{y=1}^{f}\boldsymbol{f}^{l}(s_0\cdot i+x,\ s_0\cdot j+y)*w(i,\ j) \tag{1-1}$$

经卷积后输出特征图大小为

$$S_{l+1}=\frac{S_l+2p-s_k}{s_0} \tag{1-2}$$

式中，$\boldsymbol{f}^{l+1}$、$\boldsymbol{f}^{l}$分别为 $l+1$ 层卷积的输出特征张量和输入特征张量；s_0、p、s_k 分别为卷积步长、填充行列数、卷积核大小；S_{l+1}、S_l 分别为输出和输入的张量尺寸；$*$ 表示进行二维卷积运算。

1.3.2.2 池化层

池化（pooling）是卷积神经网络最基本层结构。在 CNN 训练过程中，CNN 通过卷积操作学习图像特征，之后将学习到的特征输入神经网络分类器获取最终结果，但仅叠加卷积层会带来大量的参数，增加的参数计算量将占用更多的计算机资源，并且模型容易出现过拟合现象。为避免出现过拟合现象，通常在连续的卷积层结构中周期性加入池化处理，用于降低上一层输入特征图的空间尺度，以达到压缩数据和参数量的效果。在保证模型训练的精度下，池化处理能有效地降低网络模型的训练参数量、计算量，提升神经网络训练的效率。

1.3.2.3 全连接层

卷积层、池化层、激活函数等操作在卷积神经网络中的任务可以视为原始数据向隐层特征空间的映射，而全连接层（fully connected layer）的任务则是将学到的“分布式特征表示”映射到样本标记空间，进而将卷积得到的局部特征连接起来，综合考虑整个图像。

当前一层为全连接的全连接层时，可将其转化为卷积核为 1×1 的卷积；而前一层为卷积层的全连接层时，则可转化为卷积核为 $h \times w$ 的全局卷积，其中 h 和 w 为前一层卷积结果的高和宽。

1.3.3 基于深度学习的经典语义分割方法

继 2015 年 Long 等提出 FCN 后，图像语义分割技术至此进入全卷积网络时期。借助卷积神经网络对图像语义信息的强大表征能力，对其进行大量图像样本训练，从而准确地归纳出输入图片中相同语义的像素点，实现了精准、高效的图像分割。本节将重点介绍以下基于深度学习的经典分割方法：FCN、PSPNet 和 DeepLab 系列。

（1）FCN：FCN 作为深度学习中最经典的语义模型之一，将 VGG 中后面几个全连接均换为卷积，进而实现二维特征图的输出，最后接上 Softmax 层完成逐像素分类，解决了特征图到像素空间的映射问题。FCN 网络将输入 Image 经过多个卷积和一个最大池化处理后得到特征图 Pool1，Pool1 的分辨率减半，即原始输入 Image 大小的 1/2；特征图 Pool1 再经过多个卷积与一个最大池化处理后得到特征图 Pool2 feature，宽高变为输入 Image 的 1/4；以此类推，生成特征图 Pool5 时，其特征图分辨率降为 Image 的 1/32。接下来通过对不同分辨率的特征图上采样至 Image 大小，最后将相同大小的特征图进行逐像素 Softmax 预测即可得到分割图，其中按特征图的上采样倍数将模型细分为 FCN-32s、FCN-16s、FCN-8s。对于 FCN-32s 网络结构，直接将特征图 Pool5 进行 32 倍上采样获得 32×特征图；而 FCN-16s，则是先对 Pool5 进行 2 倍上采样得到 2×特征图，再将 2×特征图与 Pool4 相加融合，最后对融合得到的新特征图进行 16 倍上采样；FCN-8s 具体过程与 FCN-16s 类似，此处不再赘述。

（2）PSPNet：PSPNet 整合上下文信息，充分利用全局特征先验知识，对不同场景进行解析，实现对场景目标的语义分割。PSPNet 网络首先采用 CNN 编码得到最后一个卷积层的特征图，再用金字塔池化模块（pyramid pooling module，PPM）收集不同的子区域特征，并进行上采样（upsample），然后串联（concat）融合各子区域特征以形成包含局部和全局上下文信息的特征表征，最后将得到的特征表征进行卷积和 Softmax 分类，获得最终的对每个像素的预测结果。

（3）DeepLab 系列：DeepLab 系列是谷歌团队提出的一系列语义分割算法。2014 年推出的 DeepLab V1 在 PASCAL VOC2012 数据集上取得了分割任务第二名的成绩，随后 2017—2018 年又相继推出了 DeepLab V2、DeepLab V3 以及 DeepLab V3+。DeepLab 系列的核心是使用 Atrous 卷积，即采用在卷积核里插孔的方式，不仅能在计算特征响应时明确地控制响应的分辨率，而且还能扩大卷积核的感受野，在不增加参数量和计算量的同时，能够整合更多的特征信息。

1.3.4 融合富尺度特征双分支网络遥感图像建筑物语义分割

为获取遥感图像中建筑物准确的边缘特征，在 BiSeNet[16] 的基础上提出了 RF-DPNet 结构，其架构设计如图 1-1 所示。深层语义路径基于混合空洞卷积的 ResNet50 提取不同层次的建筑物语义特征，保证了较高的输出特征分辨率，同时避免网格效应造成局部区域特征表达能力弱等问题；然后将提取的深层语义特征经空间金字塔处理，从而获取深层特征中的多尺度信息；浅层空间路径采用较小的下采样倍数以保持图像的分辨率，主要以 Res2Net 模块及富尺度特征提取模块获取准确的图像空间信息；最后设计了一种新的特征融合模块，将深层特征与浅层特征自适应融合，最终获得有效的分割结果。

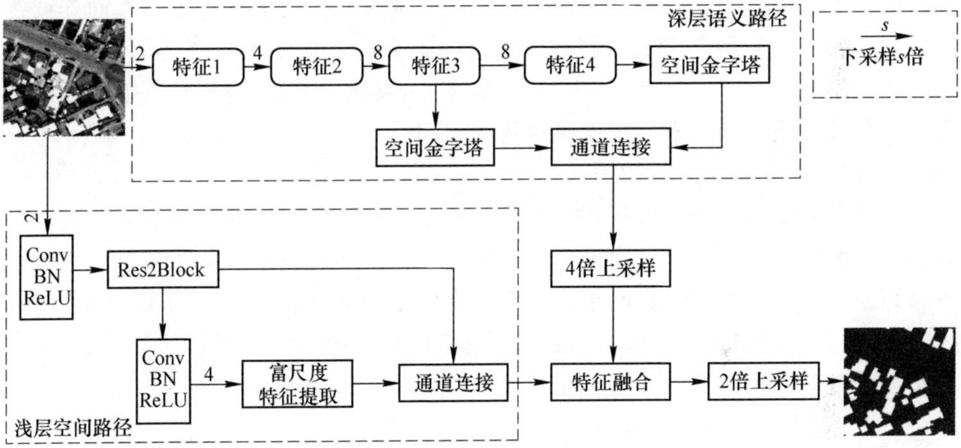

图 1-1 整体网络架构示意图

1.3.4.1 深层语义路径

深层语义路径的主要作用是提供足够的感受野，提取深层语义特征。由于连续池化和下采样在获取感受野的同时也不可避免地损失了分辨率，造成建筑物细节信息丢失，Chen 等[17] 删除了 ResNet 中最后两个下采样层，利用空洞卷积来扩大感受野。本案例的深层语义路径则进一步采用扩张率依次为 1、2、5 的混合空洞卷积替换下采样中的常规卷积以保证足够大的感受野，得到了更密集、更精准的特征图。

深层语义特征包含了大量语义和较少位置信息，使用空间金字塔对不同区域的上下文进行聚合，能有效提升网络利用全局上下文信息的能力，基于该优点，本案例对残差网络提取到的深层语义特征再进行空间金字塔处理。

(1) 常规卷积表达式为

$$O(x, y) \cdot W(x, y) = \sum_{i} \sum_{j} O(x - i, y - j) \cdot W(i, j) \tag{1-3}$$

式中，$O(x, y)$ 为图像在 (x, y) 位置处的像素值；$W(x, y)$ 为与 $O(x, y)$ 相乘的卷积核，大小为 $k \times k$；i、j 取值为 $[-(k-1)/2, \cdots, 0, \cdots, (k-1)/2]$。

(2) 混合空洞卷积计算式为

$$O(x, y) \cdot W'(x, y) = \sum_{i} \sum_{j} O(x - i \times r, y - j \times r) \cdot W'(i, j) \tag{1-4}$$

$$O(x, y) \cdot W''(x, y) = \prod_{r=m}^{M} \sum_{i} \sum_{j} O(x - i \times r, y - j \times r) \cdot W''(i, j) \tag{1-5}$$

式中，r 为空洞率（dilation rate）；$W'(x, y)$ 为空洞卷积核；$W''(x, y)$ 为混合空洞卷积核；$m \in (1, 2, 5, 1, 2, 5)$。

结合式（1-3）和式（1-4）可知，与常规卷积相比，空洞卷积实质上是对卷积核进行了 0 填充，在保证与常规卷积相同分辨率下扩大了感受野。然而连续叠加空洞率相同的卷积会产生网格效应以及远距离信息可能不相关等问题[18]，采用 [1, 2, 5, …, 1, 2, 5] 的循环空洞率，这种锯齿形的卷积核既能保证感受野的连贯性，还能满足不同尺度建筑物的分割需求。

1.3.4.2 浅层空间路径

浅层空间路径保持较大的输出特征分辨率，有利于编码丰富的空间特征，对建筑物边缘细节分割的好坏有着重要影响。此外，针对建筑物形状多样、尺度不一，以及浅层特征纹理、空间信息复杂，在浅层空间路径中，结合 Res2Net 设计了一种富尺度特征提取模块，通过同时增加块外、块内的感受野，提高浅层特征对分割的映射能力。

A 多尺度特征模块 Res2Net

Res2Net 模块由南开大学、牛津大学和加州大学默塞德分校的研究人员共同提出，面向目标检测和分割任务[19]。Res2Net 在不增加计算负载量的情况下，增加块内的感受野，重点突出图像中感兴趣的特征，从而提高整体模型的准确性。Res2Net 模块如图 1-2 所示。

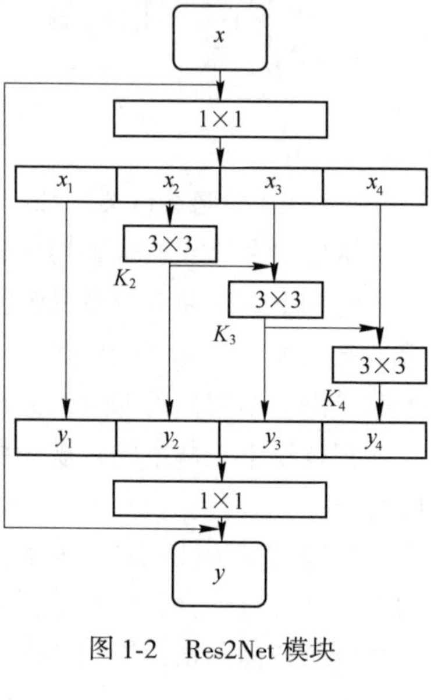

图 1-2 Res2Net 模块

Res2Net 模块首先将输入特征 x 进行 1×1 卷积调整通道，其次按通道数等分为 s（图 1-2 中 $s=4$）块，每一块是 x_i，$i \in \{1, 2, \cdots, s\}$。第二个 x_i 开始进行3×3 卷积，将卷积后特征一部分直接输出，用 K_i 表示，另一部分传至后一个块即成为 K_{i-1}，K_{i-1}与后一个块的特征子集 x_i 相加。经过上述处理后可得到不同数量、不同感受野的输出（y_i），其中假设 y_2 具有 3×3 大小的感受野，那么 y_3 便具有 5×5 大小的感受野，y_4 感受野则为 7×7。然后将 y_1 至 y_4 融合，经 1×1 卷积通道调整后与原输入特征 x 相加，得到最终输出特征 y。Res2Net 模块先拆分后融合的策略能够使卷积更高效地处理输入特征。使用 y_i 表示各块的输出：

$$y_i = \begin{cases} X_i & (i = 1) \\ K_i(X_i) & (i = 2) \\ K_i(X_i + y_{i-1}) & (2 < i \leqslant s) \end{cases} \tag{1-6}$$

B　富尺度特征提取模块

遥感图像中建筑物尺寸大小不一，利用固定大小的建筑物特征将无法对一些较小尺寸的建筑物实现精细化分割，甚至会出现漏分的问题；遥感图像建筑物的分割易受背景中道路、树木及建筑物之间距离等因素影响，导致建筑物与其他物体边界相互混淆，造成建筑物边缘分割效果差。针对此问题，基于 Inception Module 思想设计了富尺度特征提取模块，如图 1-3 所示。

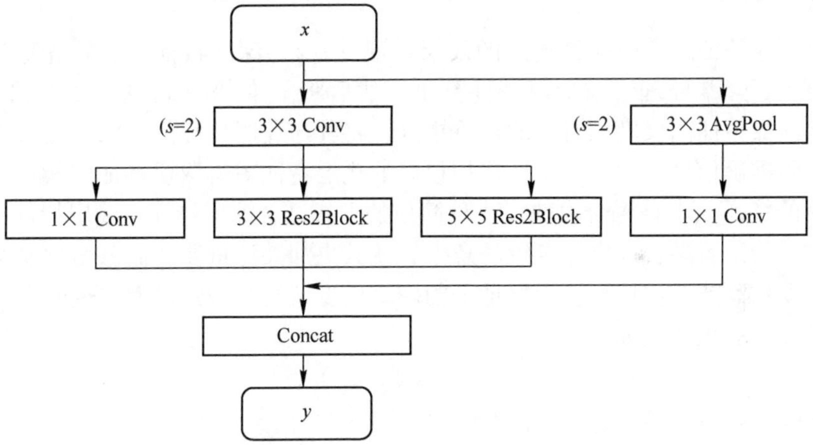

图 1-3　富尺度特征提取模块

富尺度特征提取模块由卷积、平均池化、Res2NetBlock 组成。首先对输入的特征 x 分别进行 3×3 卷积和 3×3 平均池化完成 2 倍下采样，以获取足够的感受野；再对下采样后的特征分别进行 1×1 卷积、卷积核为 3 的 Res2Block、卷积核为 5 的 Res2Block；最后将不同尺度的特征级联，得到输出特征 y。顾及输入特征 x 的分辨率大小，并未考虑卷积核为 7×7 的情况。搭建富尺度特征提取模块不仅有利于从块间获取多尺度特征，而且在“宽度”上顾及了大感受野，最终提取到了富尺度特征。

C　特征融合模块

浅层特征中具有丰富的空间纹理信息，同时也存在不准确的语义信息[20]，当前的编码-解码网络一般将深层特征逐级上采样后直接与浅层特征图级联或相加，这种特征融合方式未考虑不同特征图感受野的差异，忽略了特征之间的特异性，错误地将浅层特征中的不准确信息融合，从而影响后续解码过程中的特征映射。鉴于此，在深浅层特征融合的过程中，设计了一种自适应特征融合模块，去抑制浅层特征中的错误信息或冗余信息，模块示意图如图 1-4 所示。

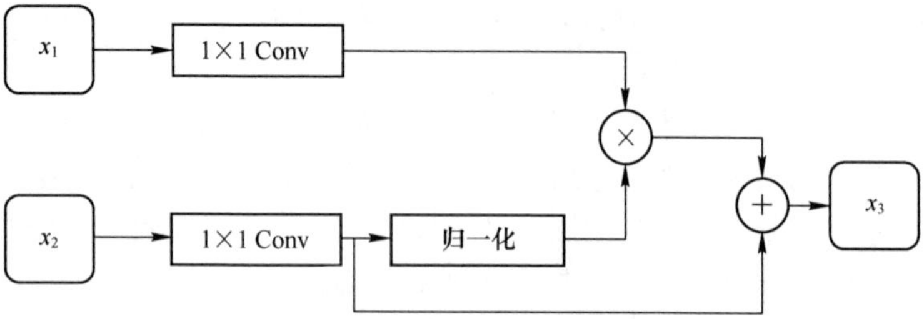

图 1-4　特征融合模块示意图

自适应特征融合模块将输入的浅层特征（x_1）、深层特征（x_2）先通过 1×1 卷积核进行降维处理，减少模型计算量，然后将降维后的 x_2 进行归一化处理，得到与浅层特征图尺度相对应的权重矩阵，将其与浅层特征图相乘，完成对浅层特征中不准确信息的约束，最后将加权后的浅层特征图与深层特征图相加，得到融合后的特征 x_3。该融合模块以一种简单的方式结合深层特征与浅层特征获取权重系数，为二者融合提供像素级注意力，使其更加关注重要的高分辨率特征，抑制不重要信息或错误信息，更好地平衡网络模型架构与增强模型表达能力。

特征融合表达式如下：

$$x_3 = F(x_1, x_2) \tag{1-7}$$

$$x_3 = F(x_1, x_2) = (K_{(2, 1, 1, c)} \cdot x_1) * \mathrm{LN}(K_{(2, 1, 1, c)} \cdot x_2) + K_{(2, 1, 1, c)} \cdot x_2 \tag{1-8}$$

式中，$K_{(2, 1, 1, c)}$ 为 1×1 卷积核；c 为卷积核通道数；2 为实验采用的批量大小。在进行归一化优化特征参数时，考虑到实验训练批量较小，采用 Layer-Normalization 方式调整深层特征 x_2 的数据分布，其归一化表达式如下：

$$\mu = \frac{1}{m}\sum_{i=1}^{m} \alpha_i^l \tag{1-9}$$

$$\sigma = \sqrt{\frac{1}{m}\sum_{i=1}^{m} (\alpha_i^l - \mu)^2} \tag{1-10}$$

$$\bar{\alpha}_i = \frac{\alpha_i^l - \mu}{\sqrt{\sigma^2 + \varepsilon}} \tag{1-11}$$

式中，m 为一层中隐层节点个数；l 为多层感知机的层数；μ 为输入向量均值；σ 为标准差；ε 为维持参数稳定所设常量；α_i^l 为输入的第 i 个样本值；$\bar{\alpha}_i$ 为输入的第 i 个样本值对应的归一化值。相较于 Batch-Normalization，LN 归一化统计量与 batch size 无关，它的数量只取决于 m 大小。

1.4 实验结果与分析

1.4.1 实验数据及平台

为充分验证 RF-DPNet 的有效性，使用空间分辨率不同、建筑物特征差异较大的 WHU 航空数据集[21]和 Massachusetts 建筑物数据集[22]进行建筑物提取实验。两个数据集介绍如下：

(1) WHU 航空数据集：WHU 数据集由新西兰土地信息服务（https://data.linz.govt.nz）提供，原始图像空间分辨率为 0.075 m，图像大小为 15354 像素×32507 像素，实验中将数据集切分成 512 像素×512 像素的子图，并划分为训练集、验证集、测试集。其中训练集图像数量为 1330 张，验证集及测试集分别为 70 张、427 张。

(2) Massachusetts 建筑物数据集：该数据集由 Minh 建立，地表覆盖面积约为 340 km^2，影像空间分辨率为 1 m。原 Massachusetts 数据集已被划分为训练集、验证集和测试集，每张影像大小均为 1500 像素×1500 像素。相比于 WHU 航空数据集，Massachusetts 影像空间分辨率较低，建筑物占比较小，同时标签存在一定错误，因此对分类算法要求更高。

实验所使用的计算机配置为 Intel(R) i7-9700k CPU，NVIDIA GeForce GTX1070 显卡，8 GB 显存；深度学习框架采用 TensorFlow1.14.0，以及 NVIDIA 公司 CUDA10.0 的 GPU 运算平台和 CUDNN7.4 深度学习 GPU 加速库。为验证 RF-DPNet 的有效性，对比实验分别采用 U-Net[7]、DeepLabV3Plus[23]、BiSeNet[16]、PAN[24]、DenseASPP[25]。实验中所有模型均采用交叉熵损失函数及 Adam 优化器，超参数设置（起始学习率为 0.0001，总迭代次数为 70 次，batch size 设置为 2）保证一致，其中二分类交叉熵损失函数如式（1-12）所示：

$$L = \frac{1}{N}\sum_i L_i = \frac{1}{N}\sum_i -[y_i \cdot \lg P_i + (1 - y_i) \cdot \lg(1 - P_i)] \tag{1-12}$$

式中，N 为图像中所有像素的数量；y_i 为第 i 个像素的标签值，正类（建筑物）为 1，负类（非建筑物）为 0；P_i 为第 i 个像素预测为正类的概率。

1.4.2　分割性能评价指标

为直观有效地分析所提模型的分割精度，使用 MIoU[6] 和 MPA[6] 对 427 张场景图像的整体精度进行了评价；以 Precision[26]、Recall[26]、F1 值[27]、IoU[6] 和 PA[6] 为评价指标，定量评价每张场景图像的语义分割精度。

1.4.3　网络模型分析

（1）训练迭代分析：在相同实验环境下完成 70 次迭代训练，各个模型在 WHU 训练集的平均交并比（MIoU）、损失值（Loss）随迭代次数的变化曲线如图 1-5 所示。图 1-5（a）给出了 MIoU 与迭代次数的变化关系，其中纵坐标表示 MIoU，可以看出所提模型在前 40 个 Epoch 存在轻微波动，之后模型逐渐稳定，经过 70 次迭代后模型达到收敛状态，相对于 DeepLabV3Plus、BiSeNet、PAN、DenseASPP、U-Net，所提模型性能更优。图 1-5（b）给出了 Loss 与迭代次数的变化关系，其中纵坐标表示 Loss，Loss 越小，模型拟合度越高，从图中可以看出本案例提出的 RF-DPNet 的 Loss 明显低于对比模型。在训练过程迭代对比结果中，RF-DPNet 的平均交并比与损失值均达到最优，分别为 0.994 和 0.004。

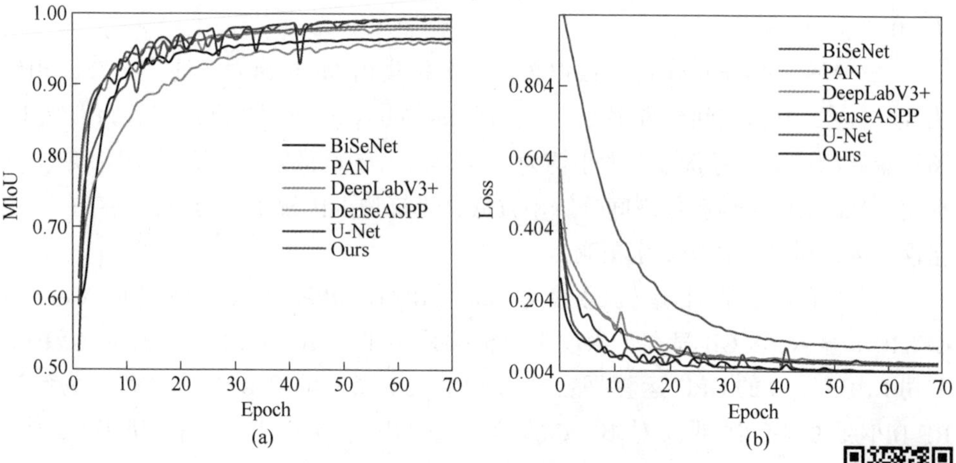

图 1-5　模型训练 MIoU 与 Loss 验证

（a）MIoU 与迭代次数关系；（b）Loss 与迭代次数关系

图 1-5 彩图

（2）分割性能分析：为验证本案例所提模型 RF-DPNet 的优势，对 WHU 数据集的 427 张验证集使用了 MIoU、MPA、Recall、Precision、F1 值 5 项指标进行分割性能评估，获取各模型 5 项指标平均值如表 1-1 所示，可以看出 RF-DPNet 的 MIoU 为 91.41%、MPA 为 96.24%、Recall 为 94.79%、Precision 为 96.24%、F1 值为 95.51%，每个指标平均高出其他模型 1.5%以上，实验数据表明 RF-DPNet 在遥感图像建筑物提取中具有很好的应用能力。

表 1-1 各模型分割性能评价指标 (%)

模型	MIoU	MPA	Recall	Precision	F1 值
DeepLabV3Plus	76.54	92.06	81.95	92.06	86.71
BiSeNet	84.40	91.07	92.07	91.07	91.54
DenseASPP	85.64	92.23	92.30	92.23	92.26
PAN	86.49	92.18	93.34	92.18	92.75
U-Net	88.82	94.81	93.36	94.08	94.08
RF-DPNet	**91.41**	**96.24**	**94.79**	**96.24**	**95.51**

注：加粗字体为各项最优结果。

1.4.4 不同场景下对比实验结果分析

(1) 密集建筑群分割结果分析：图 1-6 给出了小尺度密集建筑物的遥感图像分割结果对比。如图 1-6 所示，密集建筑群场景下建筑物排列错综复杂，而且建筑物形状、屋顶材质及光谱呈现出多种类型。对于密集区域建筑物的提取，本案例所提出的方法的优势在于浅层空间路径通过 Res2Net 及富尺度特征提取模块可获得精准的建筑物空间信息，从而提高模型建筑物轮廓特征的提取能力。

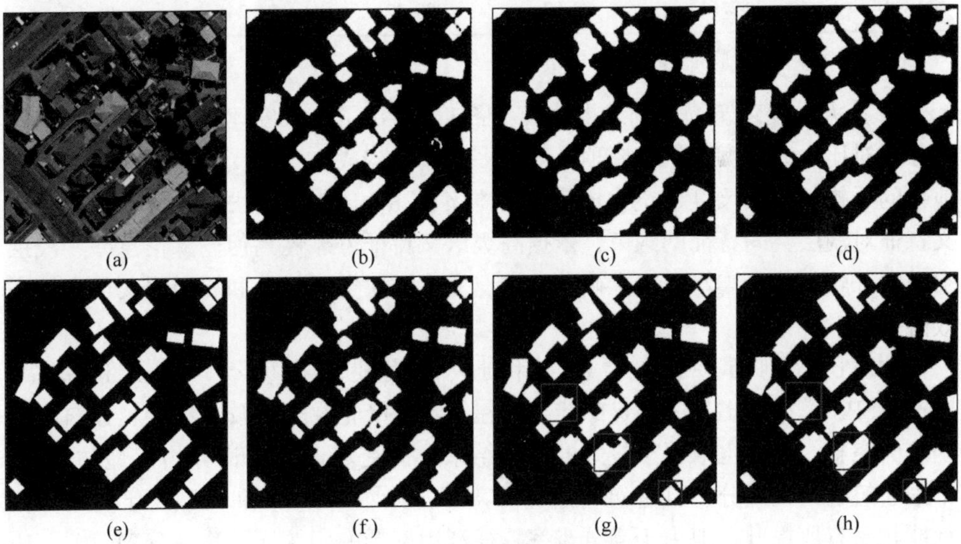

图 1-6 密集建筑群提取结果

(a) Input; (b) DeepLabV3Plus; (c) BiSeNet; (d) DenseASPP; (e) Label; (f) PAN; (g) U-Net; (h) RF-DPNet

由图 1-6 中深度神经网络模型分割结果可知，6 种模型均能确定出建筑物的位置，但建筑物的边缘分割效果差距大。BiSeNet 模型在城市驾驶场景数据集中分割性优秀，但并不适用于建筑物分割，其建筑物轮廓提取效果差；DeepLabV3Plus、DenseASPP、PAN 边缘分割相较于 BiSeNet 有一定改善，但也不理想，且容易受背景影响出现错分、漏分现象；U-Net 在建筑物分割中仍然表现出较强的性能，但建筑物边缘拟合度低且出现错分现象，如图 1-6（g）中方框标记的位置；本案例方法 RF-DPNet 有效避免了背景中道路、树荫的影响，获得了建筑物的完整边缘信息，边界分割结果更佳。对该密集建筑群场景各模型语义分割结果进行 IoU、PA、Recall、Precision、F1 值性能指标评价，如表 1-2 所示，相对于其他 5 种模型，RF-DPNet 方法分割精度最优。

表 1-2　建筑物密集场景下分割性能对比　　（%）

模型	IoU	PA	Recall	Precision	F1 值
DeepLabV3Plus	75.79	91.73	95.30	78.74	86.23
BiSeNet	83.02	95.01	89.82	91.64	90.72
DenseASPP	85.66	95.79	92.51	92.04	92.27
PAN	86.39	96.09	91.30	94.14	92.70
U-Net	91.76	97.62	97.35	94.11	95.70
RF-DPNet	**92.61**	**97.87**	**98.17**	**94.24**	**96.16**

注：加粗字体为各项最优结果。

（2）大尺度建筑物分割结果分析：图 1-7 给出了大尺度建筑物场景下遥感图像分割对比。大尺度建筑物屋顶一般由多种材质构成，且易受背景中阴影、相邻地物的干扰。在大尺度建筑物场景下，本案例 RF-DPNet 方法的优势在于高级语义特征对浅层空间特征的约束，依据高级语义特征可靠性高但轮廓信息差、浅层空间特征轮廓信息丰富但不准确等特点，完成浅层空间信息和深层语义信息的高效融合。

从对比分割结果可以看出，针对大尺度建筑物场景，DeepLabV3Plus、DenseASPP 模型均出现了明显的错分，建筑物边缘轮廓分割较差；PAN 建筑物分割较为完整，边界也取得了较好的分割结果，但受邻近“同谱异物”地物影响，个别建筑物出现漏分，且建筑物边界分割不清晰；BiSeNet 在大型建筑物中分割性能相对有所提升，但由于高分辨率特征利用率低的问题导致边缘分割较差；U-Net 在边缘及边界分割效果相对较好，但高分辨率特征利用不当，导致将非建筑物错分为建筑物；RF-DPNet 克服了背景中相邻地物的干扰，且有效避免了“异物同谱”非建筑物的影响，精准地提取到遥感图像中的建筑物边缘信息，分割结果明显优于其他 5 种对比模型。由表 1-3 定量分析对比可知，所提 RF-DPNet 模型在分割性能指标上仍取得最优。

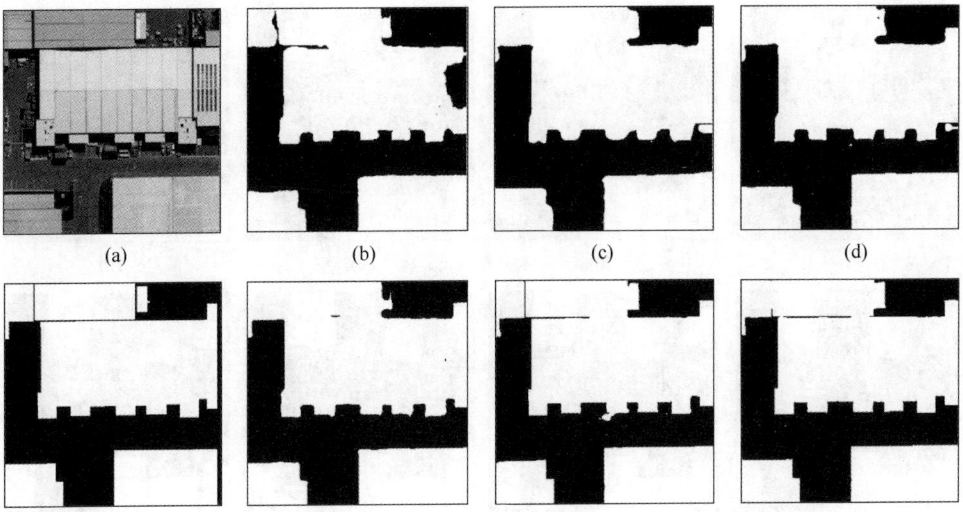

图 1-7 大型建筑物提取结果

（a） Input；（b） DeepLabV3Plus；（c） BiSeNet；（d） DenseASPP；（e） Label；（f） PAN；（g） U-Net；（h） RF-DPNet

表 1-3 大型建筑物分割性能对比 （%）

模型	IoU	PA	Recall	Precision	F1 值
DeepLabV3Plus	92.74	95.30	95.64	96.83	96.23
BiSeNet	97.28	98.27	98.94	98.31	98.62
DenseASPP	97.55	98.44	99.12	98.41	98.76
PAN	97.35	98.31	99.00	98.32	98.66
U-Net	98.41	98.99	**99.70**	98.70	99.19
RF-DPNet	**98.54**	**99.07**	99.64	**98.89**	**99.26**

注：加粗字体为各项最优结果。

（3）多尺度建筑物分割结果分析：图 1-8 给出了多尺度建筑物场景下遥感图像的分割实验对比，图中包含多个不同尺度的建筑物。从分割结果可以看出，6 种模型均取得了相对较完整的结果。其中 DeepLabV3Plus、DenseASPP、U-Net 模型受场景相似现状集装箱的影响，均将集装箱误分为建筑物；PAN 边缘分割效果好，然而受道路中“异物同谱”白色汽车的干扰，右上角建筑物未被预测；所提 RF-DPNet 未出现错分情况，边缘提取效果好、边界准确，整体效果最优。结合表 1-4 定量分析结果，可以得出所提 RF-DPNet 模型从目视效果和定量评价指标上均优于其他 5 种模型的结论。

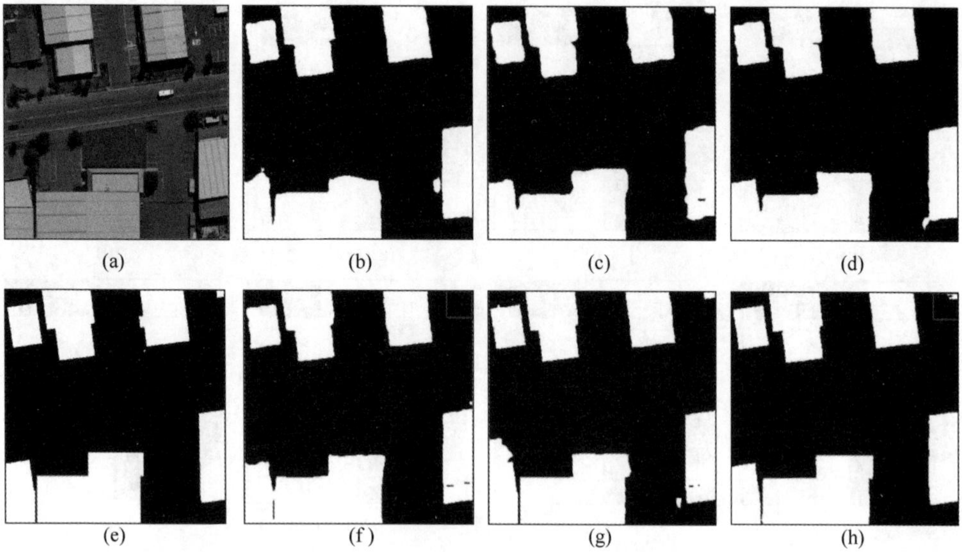

图 1-8　多尺度建筑物提取结果

(a) Input; (b) DeepLabV3Plus; (c) BiSeNet; (d) DenseASPP; (e) Label; (f) PAN; (g) U-Net; (h) RF-DPNet

表 1-4　建筑物多尺度场景下分割性能对比　(%)

模型	IoU	PA	Recall	Precision	F1 值
DeepLabV3Plus	89.83	96.41	95.94	93.34	94.64
BiSeNet	95.84	98.59	97.94	97.81	97.88
DenseASPP	95.78	98.58	97.66	98.03	97.84
PAN	96.05	98.68	97.42	**98.55**	97.99
U-Net	95.10	98.31	99.07	95.96	97.49
RF-DPNet	**97.64**	**99.21**	**99.10**	98.51	**98.81**

注：加粗字体为各项最优结果。

1.4.5　泛化能力验证

通过上述大量对比实验，可以看出融合富尺度特征双分支网络在 WHU 建筑物数据集上分割性能优秀。为进一步验证本案例提出的 RF-DPNet 方法的泛化能力，采用 Massachusetts 数据集进行泛化实验。由于 Massachusetts 数据集空间分辨率较低，建筑物占比小，实验将原图像及标签裁剪为 320 像素×320 像素大小，其中 1664 张用于模型训练、364 张作为验证集、160 张作为测试集。仍采用

MIoU、MPA、Recall、Precision、F1 值 5 项指标进行泛化实验的性能评价，对测试集 160 张图像计算指标取平均值得到表 1-5 中结果。

表 1-5 各模型泛化实验精度评定 (%)

模型	MIoU	MPA	Recall	Precision	F1 值
DeepLabV3Plus	41.61	44.91	**84.99**	44.91	58.76
BiSeNet	45.96	52.87	77.86	52.87	62.98
PAN	53.50	60.80	81.67	60.80	69.70
DenseASPP	54.85	64.93	77.93	64.93	70.84
U-Net	64.83	74.52	83.29	74.52	78.66
RF-DPNet	**65.67**	**75.92**	82.95	**75.92**	**79.28**

注：加粗字体为各项最优结果。

从分割评价指标（见表 1-5）可以看出，相较于 DeepLabV3Plus、BiSeNet、PAN、DenseASPP，RF-DPNet 泛化能力强，在 MIoU、MPA、Precision、F1 值 4 个指标上均达到最优，其中 MIoU 达 0.657，类别平均像素准确率（MPA）达 0.759，与泛化性较强的 U-Net 相比，MIoU、MPA 分别提升了 0.84%和 1.4%。图 1-9 给出了 Massachusetts 数据集中两个较有代表性场景的分割对比图，由 6 种深度神经网络模型分割结果可知，RF-DPNet 方法对不同尺度建筑物错分现象都有所改进，提取的建筑物边缘较其他方法也更为清晰。Massachusetts 数据集上的泛化试验结果从目视和定量评价上均验证了 RF-DPNet 方法的优越性，表明了 RF-DPNet 无论是对密集建筑群还是多尺度建筑物都具有一定的提取能力。

(a)

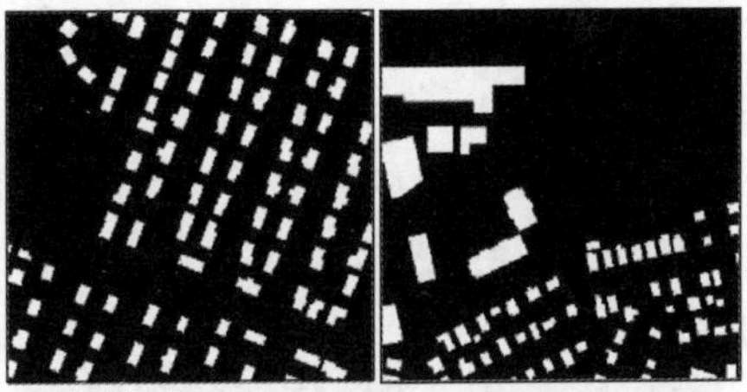
(b)

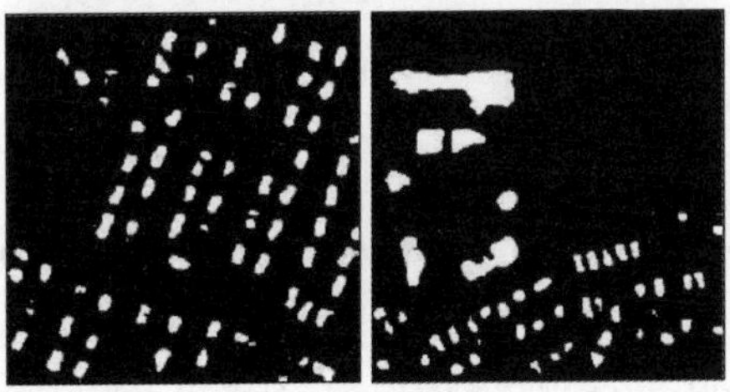
(c)

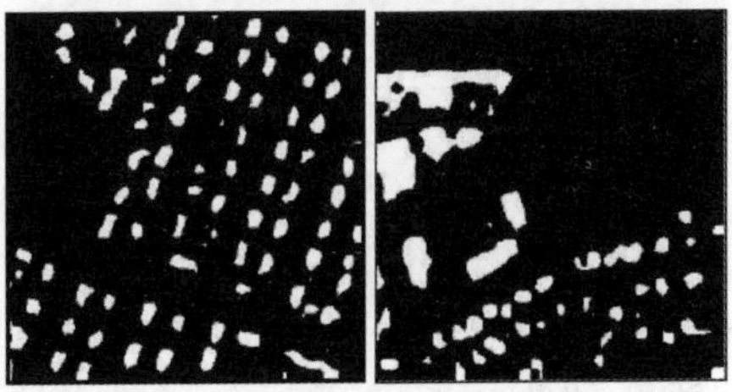
(d)

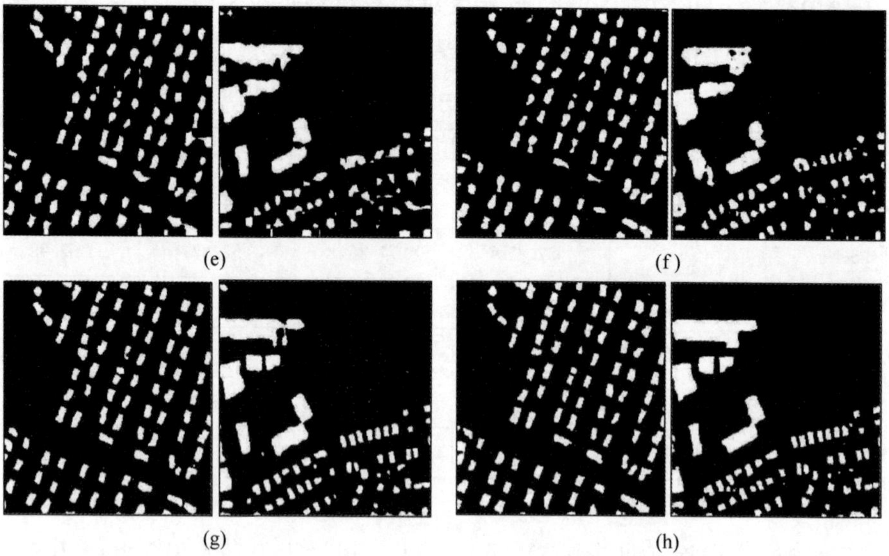

图 1-9　不同模型在 Massachusetts 数据集提取结果

（a）Input；（b）Label；（c）DeepLabV3Plus；（d）BiSeNet；（e）DenseASPP；（f）PAN；（g）U-Net；（h）RF-DPNet

1.5　案例要点

（1）通过案例分析了解现有语义分割方法的优缺点。针对建筑物自身特性选择语义分割方法并进行改进和提升。

（2）使用双路径分割网络可以避免不当的浅层特征提取对深度特征精度的影响。

（3）RF-DPNet 从浅层空间路径中提取具有丰富空间信息的高分辨率特征，从深度语义路径中获取聚合上下文信息的高级语义特征，确保了特征在不同层次上的有效利用。

（4）为了提高浅层特征的利用率，RF-DPNet 通过一种新的特征融合模块，对各级特征图自适应地赋权重，实现了更好的特征融合。

参考文献

[1] YUAN X, SHI J, GU L. A review of deep learning methods for semantic segmentation of remote sensing imagery [J]. Expert Systems with Applications, 2021, 169: 114417.

[2] 程擎，范满，李彦冬，等．无人机航拍图像语义分割研究综述［J］．计算机工程与应用，2021，57（19）：57-69.

[3] KRIZHEVSKY A, SUTSKEVER I, HINTON G E. Imagenet classification with deep convolutional neural networks [J]. Advances in Neural Information Processing Systems, 2012, 25: 1097-1105.

[4] GRAVES A, LIWICKI M, FERNANDEZ S, et al. A novel connectionist system for unconstrained handwriting recognition [J]. IEEE Transactions on Pattern Analysis and Machine Intelligence, 2009, 31: 855-868.

[5] GOODFELLOW I J, POUGET-ABADIE J, MIRZA M, et al. Generative adversarial networks [J]. Advances in Neural Information Processing Systems, 2014, 3: 2672-2680.

[6] LONG J, SHELHAMER E, DARRELL T. Fully convolutional networks for semantic segmentation [J]. IEEE Transactions on Pattern Analysis and Machine Intelligence, 2017, 39 (4): 640-651.

[7] RONNEBERGER O, FISCHER P, BROX T. U-Net: Convolutional networks for biomedical image segmentation [C] //Proceedings of the International Conference on Medical Image Computing and Computer-assisted Intervention. Berlin: Springer, 2015: 234-241.

[8] ZHAO H, SHI J, QI X, et al. Pyramid scene parsing network [C] //Proceedings of the IEEE Conference on Computer Vision and Pattern Recognition. 2017: 2881-2890.

[9] HE K, ZHANG X, REN S, et al. Deep residual learning for image recognition [C] //IEEE Conference on Computer Vision and Pattern Recognition. Seattle: [s. n.], 2016: 770-778.

[10] 田青林, 秦凯, 陈俊, 等. 基于注意力金字塔网络的航空影像建筑物变化检测 [J]. 光学学报, 2020, 40 (21): 47-56.

[11] 徐胜军, 欧阳朴衍, 郭学源, 等. 多尺度特征融合空洞卷积 ResNet 遥感图像建筑物分割 [J]. 光学精密工程, 2020, 28 (7): 1588-1599.

[12] 赫晓慧, 邱芳冰, 程淅杰, 等. 基于边缘特征融合的高分影像建筑物目标检测 [J]. 计算机科学, 2021, 48 (9): 140-145.

[13] 何青, 孟洋洋, 李华智. 多层次编码-解码网络遥感图像建筑物分割 [J]. 计算机应用研究, 2021, 38 (8): 2510-2514.

[14] CHEN M, WU J, LIU L, et al. DR-Net: An improved network for building extraction from high resolution remote sensing image [J]. Remote Sensing, 2021, 13 (2): 294.

[15] JIN Y, XU W, ZHANG C, et al. Boundary-aware refined network for automatic building extraction in very high-resolution urban aerial images [J]. Remote Sensing, 2021, 13 (4): 692.

[16] YU C Q, WANG J B, PENG C, et al. BiSeNet: Bilateral segmentation network for real-time semantic segmentation [J]. Lecture Notes in Computer Science, 2018, 11217: 334-349.

[17] CHEN L C, PAPANDREOU G, SCHROFF F, et al. Rethinking atrous convolution for semantic image segmentation [J]. arXiv preprint, arXiv: 1706. 05587, 2017.

[18] WANG P Q, CHEN P F, YUAN Y, et al. Understanding convolution for semantic segmentation [C] //Proceedings of the 2018 IEEE Winter Conference on Applications of Computer Vision. Nevada: [s. n.], 2018: 1451-1460.

[19] GAO S, CHENG M M, ZHAO K, et al. Res2Net: A new multi-scale backbone architecture [J]. IEEE Transactions on Pattern Analysis and Machine Intelligence, 2021, 43 (2): 652-662.

[20] GHIASI G, FOWLKES C C. Laplacian pyramid reconstruction and refinement for semantic segmentation [J]. Lecture Notes in Computer Science, 2016, 9907: 519-534.

[21] JI S P, WEI S Q, LU M, et al. Fully convolutional networks for multisource building extraction from an open aerial and satellite imagery data set [J]. IEEE Transactions on Geoscience and Remote Sensing, 2019, 57 (1): 574-586.

[22] MNIH V. Machine learning for aerial image labeling [D]. Toront: University of Toronto, 2013: 84-88.

[23] CHEN L C, ZHU Y K, PAPANDREOU G, et al. Encoder-decoder with atrous separable convolution for semantic image segmentation [J]. Lecture Notes in Computer Science, 2018, 11211: 833-851.

[24] LI H, XIONG P, AN J, et al. Pyramid attention network for semantic segmentation [J]. arXiv preprint, arXiv: 1805.10180, 2018.

[25] YANG M, YU K, ZHANG C, et al. DenseASPP for semantic segmentation in street scenes [C] //Proceedings of the IEEE Conference on Computer Vision and Pattern Recognition. Salt Lake City: [s. n.], 2018: 3684-3692.

[26] 黄亮, 姚丙秀, 陈朋弟, 等. 融合层次聚类的高分辨率遥感影像超像素分割方法 [J]. 红外与毫米波学报, 2020, 39 (2): 263-272.

[27] DU B, RU L, WU C, et al. Unsupervised deep slow feature analysis for change detection in multi-temporal remote sensing images [J]. IEEE Transactions on Geoscience and Remote Sensing, 2019, 57 (12): 9976-9992.

2 面向 CA-BASNet 网络的建筑物提取案例

2.1 案 例 目 标

（1）了解遥感影像建筑物提取方法的分类体系及混合损失函数的构建。

（2）了解 CA-BASNet 网络中不同模块的功能与作用。

（3）熟悉基于 CA-BASNet 网络的高分辨率遥感影像建筑物提取流程。

2.2 背 景 信 息

随着遥感影像的空间分辨率越来越高，遥感影像不仅具有更加明显的表层纹理结构，地物边缘信息也更加丰富[1]。从高空间分辨率遥感影像中自动提取建筑物信息可以为城市规划、土地管理、灾害监测等提供重要参考[2]。然而，由于遥感影像中含有冗余的地物信息，如建筑阴影、树木遮挡等现象增加了建筑物自动提取的难度[3]。此外，高空间分辨率遥感影像中存在地物尺度不一、“异物同谱”、“同物异谱” 等特点[4]，导致建筑物提取时存在边缘模糊和错漏检现象。因此，设计一种针对高空间分辨率遥感影像建筑物准确提取网络尤为重要。

2.3 案例涉及的知识点

2.3.1 建筑物提取方法分类

（1）传统的建筑物提取方法：传统的建筑物提取方法始于遥感影像信息提取初期，主要通过专家知识和相关经验设计低维特征来判断“什么是建筑物”，并构建特征集将建筑物从背景中分离出来。对于传统方法而言，颜色、纹理、形状、阈值、边缘和光谱等是较为明显的低维特征。常用的传统建筑物提取方法有基于颜色和阈值的建筑物提取[5-8]、基于纹理特征的建筑物提取[9-13]、基于边缘检测的建筑物提取[14-20]、基于区域的建筑物提取[21-27]与结合辅助信息的建筑物提取[28-30]。

传统的建筑物提取方法易于实现和理解，对于简单的建筑物提取任务能取得较好的效果。但传统方法需要大量的人工操作，尤其面对大规模遥感数据的处理时，耗费时间和人力成本较高。其次，传统方法提取建筑物时对光照、角度等因素敏感，容易受到干扰，必须保证图像的质量和采集条件符合标准。最后，传统的建筑物提取方法难以处理复杂场景，在建筑物遮挡、大量地物信息存在的情况下，建筑物提取的效果都会受到不同程度的干扰。

（2）基于深度学习的建筑物提取方法：相较于传统方法大部分只能从遥感影像中提取建筑物的低维特征，深度学习在此方面的表现更为优越。作为机器学习的一个分支，近年来深度学习发展势头迅猛，模型支持并行计算和分布式学习。其可通过大量数据进行训练和优化，自动发现数据中的关键特征，以提供准确的预测和结果。得益于深度学习具备不断提取图像中深层特征和学习语义信息的特点，很多搭建的深度学习算法被应用在高分影像的建筑物提取任务中。在深度学习领域内，建筑物提取方法主要包括“基于传统卷积神经网络（convolutional neural network，CNN）的建筑物提取”与“基于编码-解码器的建筑物提取”。基于 CNN 的建筑物提取方法包括 U-Net 系列[31-34]、DeepLab 系列[35-36]与残差网络[37]等。基于编码-解码器的建筑物提取方法包括 FCN 系列[38-40]、SegNet 系列[41]等。

以上方法证实了深度学习在建筑物提取方面具备一定的有效性和可行性，但这些方法仍存在不足之处：一方面，深度学习在提取建筑物的语义信息与轮廓特征时，网络层数的加深导致模型参数量不断增长，模型计算较慢；另一方面，深度学习在编码过程中，连续的卷积与下采样操作导致高层语义信息损失过多，建筑物空间细节信息的获取受到极大干扰。因此，基于深度学习的建筑物精细化提取问题还亟待解决。

2.3.2　面向遥感影像建筑物提取的 CA-BASNet 网络

Qin 等[42]提出了 BASNet 网络，该网络最初用于显著性目标的边缘增强分割。此深度网络在提取目标边界时完整度较好，分割结果准确性较高。因此，本案例将 BASNet 作为网络基础模型。BASNet 网络主要由两个模块组成：深度监督的 Encoder-Decoder 结构和残差优化模块。深度监督的 Encoder-Decoder 结构是一个分割目标预测模型，该结构捕获全局和局部上下文信息以提高建筑物提取精度；然后将提取到的特征图传入残差优化模块，改善影像区域的不确定性和边缘粗糙问题。但由于影像中部分建筑物与地物光谱信息相似，且屋顶尺度大小不一，导致提取时出现粘连和错检现象。针对上述问题，本案例提出 CA-BASNet 网络（如图 2-1 所示）。

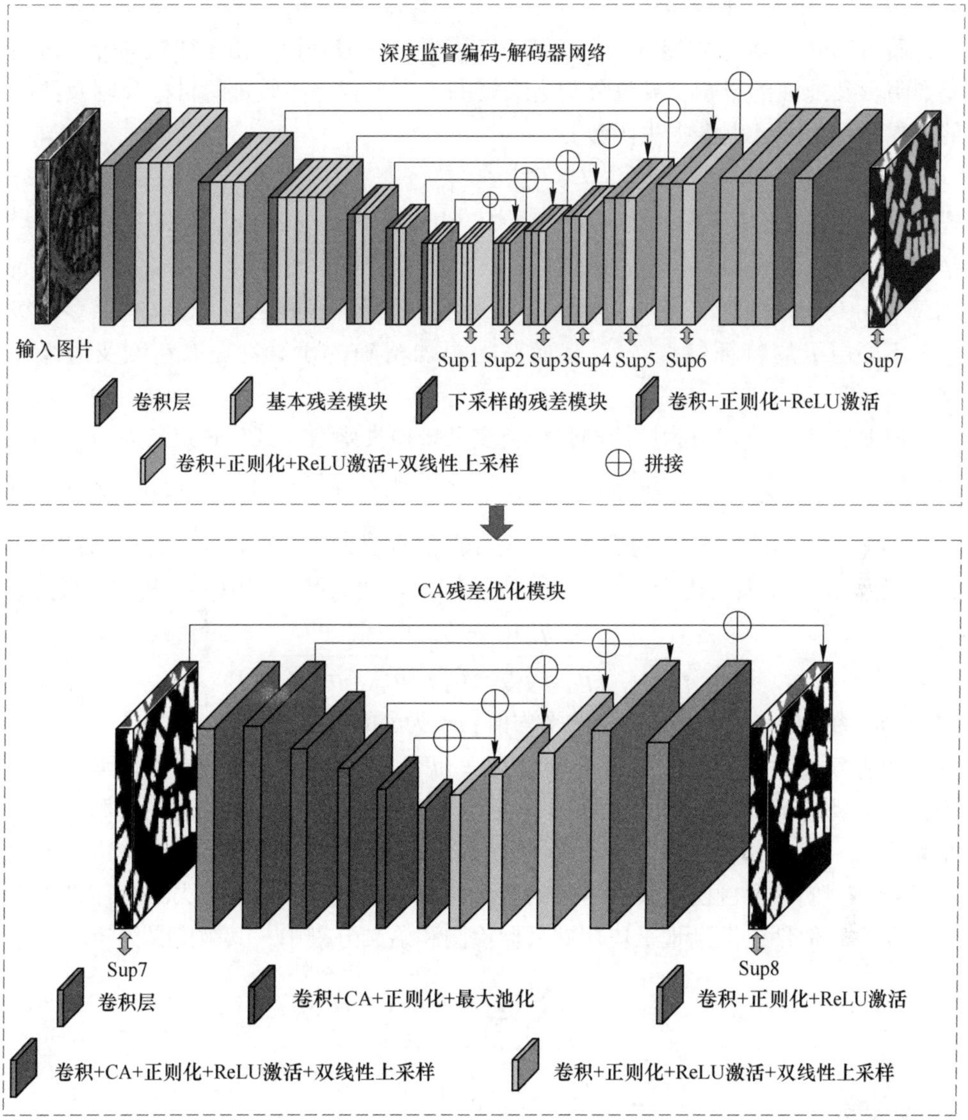

图 2-1　CA-BASNet 网络结构

图 2-1 彩图

2.3.3　深度学习框架模块

2.3.3.1　混合损失函数

本案例的训练损失函数定义为每层 Loss 的加权和：

$$L = \sum_{k=1}^{K} \alpha_k l^{(k)} \tag{2-1}$$

式中，$l^{(k)}$ 为第 k 个侧边输出的损失；K 为输出的个数；α_k 为每个损失的权重。

而每层的 Loss 又由混合损失函数 $l^{(k)}$ 组成。一般来说，由于建筑物分割时会受到阴影及地面的影响，导致分割边缘模糊，为了获得高质量的目标分割及清晰的边界特征，引入混合损失函数 $l^{(k)}$：

$$l^{(k)} = l_{\text{bce}}^{(k)} + l_{\text{ssim}}^{(k)} + l_{\text{iou}}^{(k)} \tag{2-2}$$

式中，$l_{\text{bce}}^{(k)}$、$l_{\text{ssim}}^{(k)}$、$l_{\text{iou}}^{(k)}$ 分别为二元交叉熵（binary cross entropy，BCE）损失[43]、结构相似性（structural similarity，SSIM）损失[44]、交并比（intersection over union，IoU）损失[45]，使网络模型能够关注到影像的像素级、对象级、影像级三个不同层级的特征信息[42]，从而获得更加精确的建筑物提取精度及边缘完整性。

BCE 损失是应用较为广泛的二分类交叉熵损失函数，其公式定义为

$$l_{\text{bce}} = -\sum_{(r,\ c)} \{G(r,\ c)\lg S(r,\ c) + [1 - G(r,\ c)]\lg[1 - S(r,\ c)]\} \tag{2-3}$$

式中，$G(r,\ c) \in \{0,\ 1\}$ 为像素点 $(r,\ c)$ 的真值标签；$S(r,\ c)$ 为分割目标的预测概率。SSIM 损失用于度量两幅影像 x 和 y 之间的结构相似性，其被定义为

$$l_{\text{ssim}} = 1 - \frac{(2\mu_x\mu_y + C_1)(2\sigma_{xy} + C_2)}{(\mu_x^2 + \mu_y^2 + C_1)(\sigma_x^2 + \sigma_y^2 + C_2)} \tag{2-4}$$

式中，μ_x 为 x 的平均值；μ_y 为 y 的平均值；σ_x^2 为 x 的方差；σ_y^2 为 y 的方差；σ_{xy} 为 x 和 y 的协方差；$C_1[C_1=(k_1L)^2]$、$C_2[C_2=(k_2L)^2]$ 为用来维持稳定的常数；L 为像素值的动态范围；$k_1 = 0.01$；$k_2 = 0.03$；每个像素点产生的 Loss 与其附近的局部块有关。因此，在网络训练时会对影像边缘的 Loss 进行加强，对非边缘部分进行抑制，使本案例网络关注更多的影像边缘细节信息。IoU 损失最初用来度量两个集合相似性，渐渐地被应用到目标检测和语义分割中，其被定义为

$$l_{\text{iou}} = 1 - \frac{\sum_{r=1}^{H}\sum_{c=1}^{W} S(r,\ c)G(r,\ c)}{\sum_{r=1}^{H}\sum_{c=1}^{W}[S(r,\ c) + G(r,\ c) - S(r,\ c)G(r,\ c)]} \tag{2-5}$$

2.3.3.2 坐标注意力机制

2021 年新加坡国立大学的 Hou 等[46]提出了一种新的注意力机制（coordinate attention，CA）。该注意力机制利用其高效捕获目标区域的特点，准确地获取建筑物区域，降低建筑物提取的错检率。CA 机制通过把位置信息嵌入通道注意力，从而使网络获取更大区域的语义信息而避免引入大的计算量；同时，为避免 2D 全局池化引入导致位置信息损失，将通道注意力分解为两个并行的 1D 特征编码来高效地整合空间坐标信息，不仅提高了 BASNet 网络性能，还提升了建筑物提取的准确度。CA 注意力机制实现过程如图 2-2 所示。

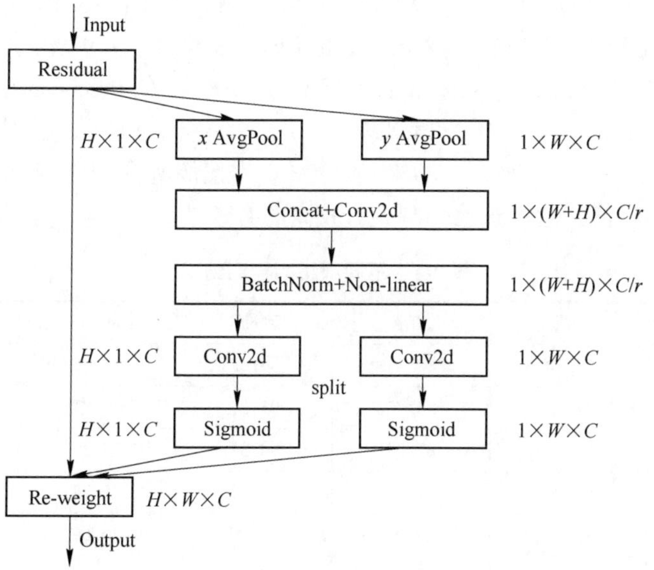

图 2-2　CA 注意力机制模块示意图[46]

（1）将输入图像在水平方向（W）和垂直方向（H）分别进行平均池化得到两个 1D 向量图。

（2）在空间维度上利用拼接与卷积操作使向量维度变为原来的 C/r（C 表示通道数，r 表示压缩比例参数），经过 BN 和 Non-linear 来编码水平和垂直方向的空间信息得到 $1\times(W+H)\times C/r$ 的向量图。

（3）将向量图通过原来的水平和垂直方向进行 1×1 的卷积，得到与输入图像一样的通道数。

（4）经过归一化加权（Sigmoid 函数）后，利用水平和垂直方向得到的特征图与原始输入图像进行乘法加权运算，得到最终带有 CA 注意力机制的输出特征图。

2.4　实验结果与分析

2.4.1　分割性能分析

为了检验 CA-BASNet 的建筑物提取效果，本案例选取语义分割经典网络 PSPNet[47]、SegNet[48]、DeepLabV3[49]、SE-U-Net[50]和 U-Net++[51]作为对比方法。在 WHU 建筑物数据集上进行性能测试，检测结果如表 2-1 所示。从表 2-1 中可以看出，本案例所提网络的 MIoU、MPA 两个指标分别达到 93.43%、95.86%，遥感影像建筑物分割精度得到显著提高。相比于其他网络，本案例网络在 MIoU 上分别提升了 19.69%、15.76%、11.13%、10.48%、9.66%；在 MPA 上分别提升了 15.43%、12.60%、8.79%、8.49%、7.94%；在 Recall 上分别提升了 9.17%、5.52%、4.45%、3.36%、2.70%；在 Precision 上分别提升了 27.27%、22.26%、14.74%、14.39%、13.44%；在 F1 值上分别提升了 17.46%、12.78%、7.55%、6.89%、6.05%。本案例所提网络与其他网络相比，各指标均为最高值，对建筑物分割具有较高的有效性。

表 2-1　不同网络的检测结果　（%）

网络	MIoU	MPA	Recall	Precision	F1 值
PSPNet	73.74	80.43	89.62	62.86	73.89
SegNet	77.67	83.26	93.27	67.87	78.57
DeepLabV3	82.30	87.07	94.34	75.39	83.80
SE-U-Net	82.95	87.37	95.43	75.74	84.46
U-Net++	83.77	87.92	96.09	76.69	85.30
CA-BASNet	**93.43**	**95.86**	**98.79**	**90.13**	**91.35**

注：加粗字体为各项最优结果。

2.4.2　定性定量分析

为分析各个网络在不同场景下测试性能差异的原因，本案例在测试集内选取小尺度、多尺度、大尺度建筑物用于定性定量分析。选取的预测场景如图 2-3 所示，(a)~(c) 分别代表 WHU 建筑物数据集内不同场景下的建筑物，其中第一行是输入影像，第二行是与之对应的地表真实情况。从实例图中可以看出：图 2-3 (a) 中的建筑物体积小但分布密集、高度较低，且部分建筑物与背景区光谱信息相近，如独立的住宅、商铺、车库等。这些建筑物通常在高分辨率遥感影像中呈现为小块状，在分割时容易造成漏分、错分现象，导致最终效果不够理想。图 2-3 (b) 中的建筑物尺度类型多样、大小不一，边缘构造比较复杂，包括高层建筑、低层建筑、别墅、厂房等。这些建筑物通常在高分辨率遥感影像中呈现为不同大小的块状，对网络的边缘完整提取能力有较高要求。图 2-3 (c) 中的建筑物体积较大，在分割时容易出现孔洞现象，如大型商业综合体、工业园区、机场等。这些建筑物通常在高分辨率遥感影像中呈现为大块状，对网络提取影像特征、整合上下文信息能力有较高要求。接下来按照图 2-3 (a)~(c) 中的影像分为小尺度、多尺度、大尺度三个场景分析各个网络测试性能差异的原因。

(1) 小尺度建筑物提取结果：表 2-2 和图 2-4 分别展示了小尺度建筑物场景下的检测结果和提取情况。由表 2-2 结果可知，与其他网络相比，本案例所提网络在此场景下各个指标均达到最优，其中 Recall 值高达 98.13%。从图 2-4 中建

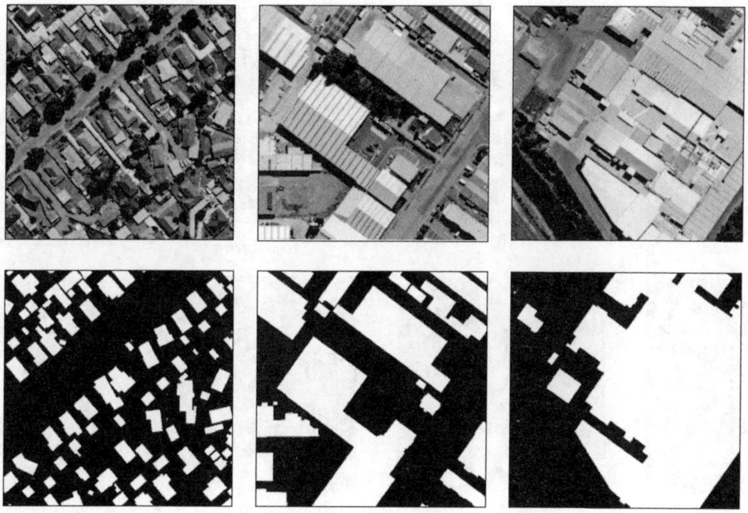

(a) (b) (c)

图 2-3 不同场景下建筑物实例图

(a) 小尺度；(b) 多尺度；(c) 大尺度

筑物可视化结果来看，PSPNet、SegNet 在小尺度建筑物的分割中提取效果较差，仅仅分割出大概轮廓；而其余网络在小尺度建筑物的分割中均取得较好的结果。但从输入图［见图 2-4（a）］看出黄框部分建筑物排列密集，导致分割时 DeepLabV3、U-Net++均出现粘连现象，错分严重；此外黄框左上角建筑物纹理与周围环境相似，导致 DeepLabV3 将其误分为建筑物，其余网络分割较好。红框内背景区与建筑物光谱信息高度相似且有树木遮挡，PSPNet、SegNet、DeepLabV3、SE-U-Net、U-Net++均出现漏分现象；而本案例所提网络分割效果良好，边缘分割取得了较满意的结果，但红框中也出现了误分现象。从表 2-2 和图 2-4 中可以看出，本案例所提网络相较于其他网络而言，特征提取较为完整，对建筑物的边缘处理效果更完善。

表 2-2 小尺度建筑物的检测结果 (%)

网络	MIoU	MPA	Recall	Precision	F1 值
PSPNet	59.41	69.39	81.54	42.12	55.55
SegNet	52.64	55.29	91.64	55.29	68.79
DeepLabV3	74.01	81.36	90.72	65.06	75.77
SE-U-Net	74.61	80.97	96.90	62.64	76.09
U-Net++	77.20	83.07	96.86	66.90	79.14
CA-BASNet	**92.01**	**95.36**	**98.13**	**89.16**	**91.89**

注：加粗字体为各项最优结果。

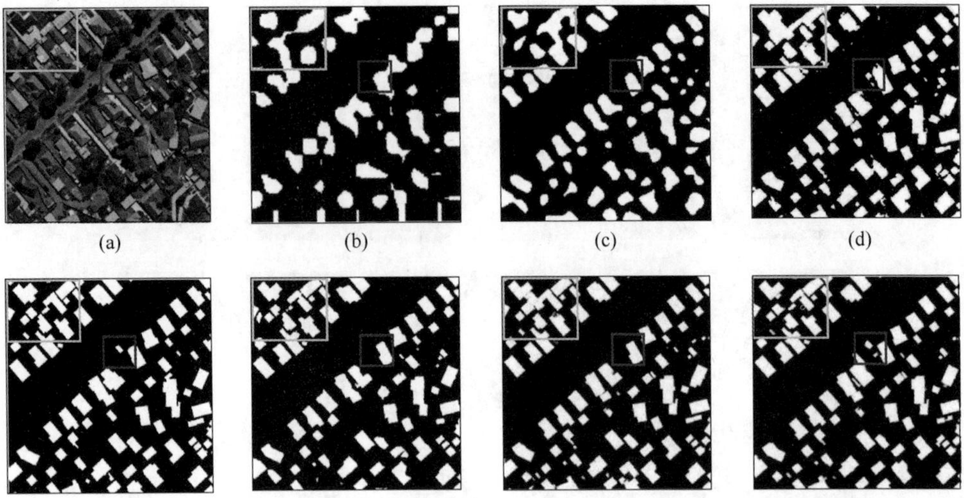

图 2-4　小尺度建筑物提取结果

(a) Input; (b) PSPNet; (c) SegNet; (d) DeepLabV3; (e) GT; (f) SE-U-Net; (g) U-Net++; (h) CA-BASNet

图 2-4 彩图

(2) 多尺度建筑物提取结果：表 2-3 和图 2-5 分别展示了多尺度建筑物场景下的检测结果和提取情况。由表 2-3 可知，本案例所提网络在 5 个评价指标中均为最优，MIoU、MPA、Recall、Precision 与 F1 值分别为 93.80%、97.16%、99.78%、91.05%和 93.07%。如图 2-5 方框所示，在建筑物尺度不一、间距小、密度大时，除本案例所提网络外，PSPNet、SegNet、DeepLapV3、SE-U-Net、U-Net++均出现严重错分现象；而在 PSPNet、SegNet、DeepLapV3、SE-U-Net、U-Net++网络中，方框右上角均出现不同程度的建筑物粘连问题。可视化结果表明，本案例所提网络在多尺度建筑物背景下的提取效果较为可观，对建筑物的特征提取更为优越，提取精度明显提高。

表 2-3　多尺度建筑物的检测结果　　(%)

网络	MIoU	MPA	Recall	Precision	F1 值
PSPNet	81.66	89.45	96.28	81.54	88.30
SegNet	78.76	79.79	98.37	79.89	88.12
DeepLabV3	85.44	91.70	98.39	84.56	90.95
SE-U-Net	87.55	92.94	99.11	86.54	92.40
U-Net++	88.13	93.33	98.38	87.88	92.84
CA-BASNet	**93.80**	**97.16**	**99.78**	**91.05**	**93.07**

注：加粗字体为各项最优结果。

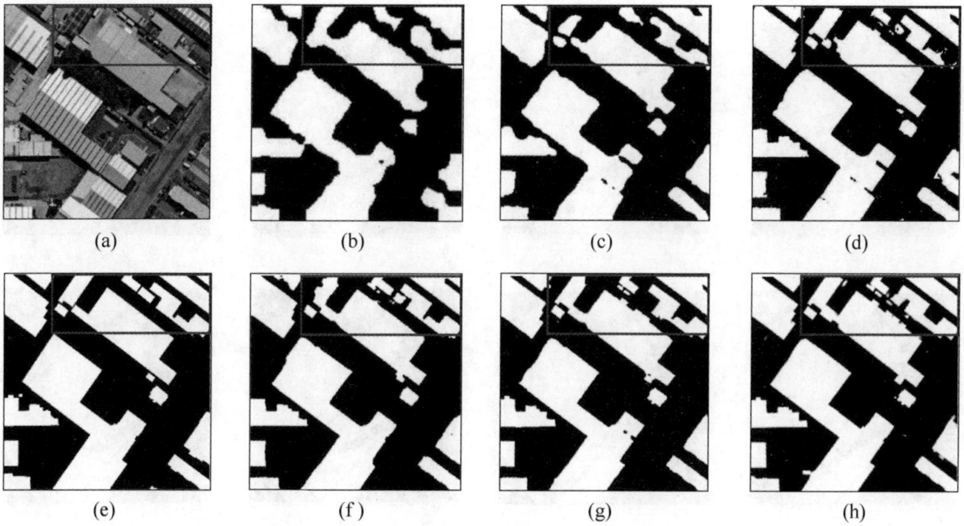

图 2-5 多尺度建筑物提取结果

（a）Input；（b）PSPNet；（c）SegNet；（d）DeepLabV3；（e）GT；（f）SE-U-Net；（g）U-Net++；（h）CA-BASNet

（3）大尺度建筑物提取结果：表 2-4 和图 2-6 分别展示了大尺度建筑物场景下的检测结果和提取情况。本案例所提网络相较于其他网络，评价指标仍为最优。由图 2-6 可知，大尺度建筑物屋顶材质混杂，纹理信息多样，不同层之间还存在阴影遮挡，对网络提取要求较高。如方框所示，本案例所提网络在大型建筑物区域的分割结果与地面真值的相似度最高，内部出现的孔洞最小，建筑物面积提取最为完整。从提取结果来看，PSPNet、SegNet 粘连问题较为严重，DeepLabV3、SE-U-Net、U-Net++ 均有不同程度的粘连；从漏分现象来看，PSPNet、SegNet、DeepLabV3 漏检率较高，SE-U-Net、U-Net++也有不同程度的漏分，而本案例所提网络漏检率最低；从网络边缘的约束能力来看，本案例所提网络对边缘的处理效果最优。

表 2-4 大尺度建筑物的检测结果 （%）

网络	MIoU	MPA	Recall	Precision	F1 值
PSPNet	86.01	93.52	99.22	88.02	93.29
SegNet	87.43	88.55	98.58	88.70	93.26
DeepLabV3	87.32	93.86	97.58	90.92	94.14
SE-U-Net	83.02	91.98	98.97	85.21	91.58
U-Net++	88.54	94.71	98.99	90.73	94.68
CA-BASNet	**93.06**	**97.16**	**99.80**	**95.21**	**96.95**

注：加粗字体为各项最优结果。

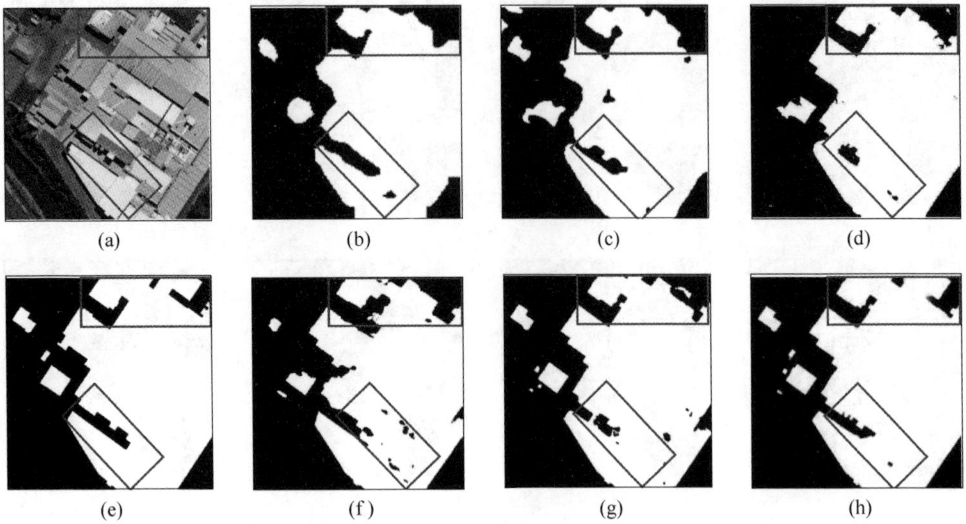

图 2-6　大尺度建筑物提取结果

(a) Input; (b) PSPNet; (c) SegNet; (d) DeepLabV3; (e) GT; (f) SE-U-Net; (g) U-Net++; (h) CA-BASNet

2.4.3　消融实验分析

为验证本章所提网络的有效性，进行 WHU 建筑物数据集的消融实验，选择原 BASNet 与本章网络作为对比，并选取 MIoU、MAP、Precision、Recall 和 F1 值作为评价指标对其进行精度评定，表 2-5 展示了消融实验检测结果。从表 2-5 中可以看出，BASNet 与本章所提网络在建筑物场景中适应性强，均取得了较好的提取结果，本案例所提网络每个指标性能均达到最优。相较于 BASNet，CA-BASNet 在 MIoU 上提升了 3.33%；在 MPA 上提升了 1.98%，在 Recall 上提升了 0.39%，在 Precision 上提升了 2.69%，在 F1 值上提升了 1.43%。分别选取小尺度、多尺度、大尺度建筑物用于可视化，如图 2-7 所示。从表 2-5 和图 2-7 可知，本章所提网络提取效果明显变好：漏检率减少，粘连问题得到改善，边缘分割也较为完整，总体精度更高。

表 2-5　消融实验检测结果　　(%)

网络	MIoU	MPA	Recall	Precision	F1 值
BASNet	90.10	93.88	98.40	87.44	89.92
CA-BASNet	**93.43**	**95.86**	**98.79**	**90.13**	**91.35**

注：加粗字体为各项最优结果。

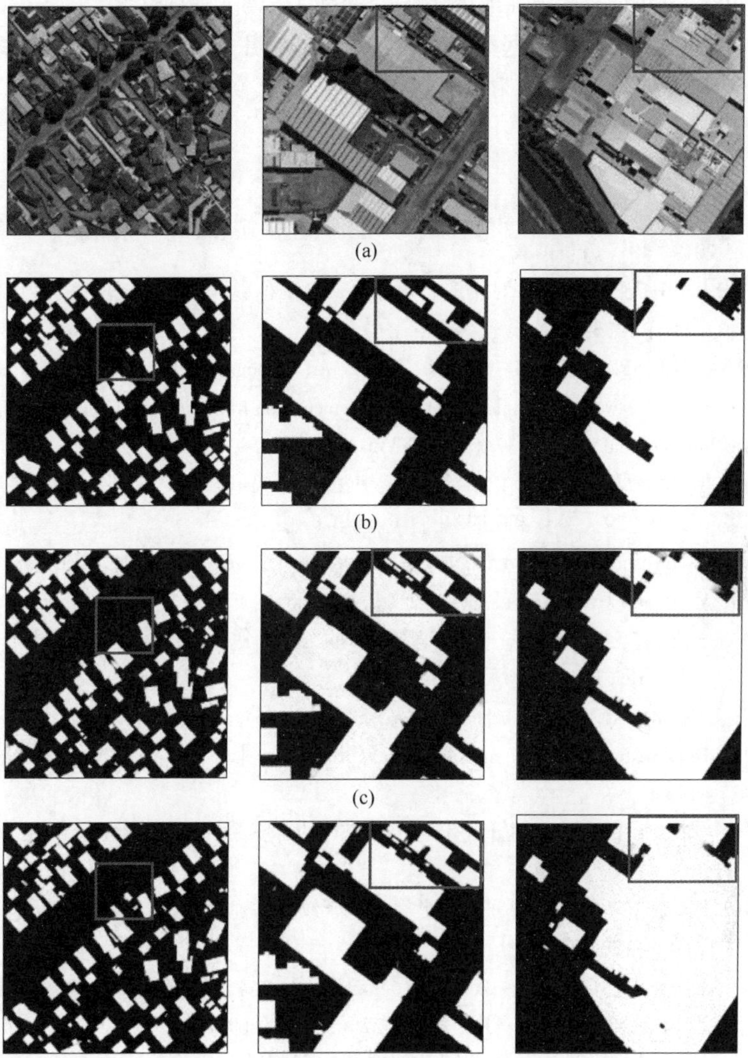

(a)

(b)

(c)

(d)

图 2-7 消融实验对比结果

(a) Input; (b) GT; (c) BASNet; (d) CA-BASNet

2.5 案例要点

(1) 提出了一种新的高空间分辨率遥感图像提取网络 CA-BASNet，实现了高效的建筑物信息提取。

(2) 引入了由二元交叉熵、结构相似性和交并比组成的混合损失函数，减少了粗糙边缘分割对建筑物提取的影响，增强了建筑物提取的效果。

（3）在 WHU 建筑物数据集上的实验结果表明，与其他建筑物提取网络相比，本案例所提网络在 MIoU 和 MPA 上分别提高了 9.66%和 7.94%。

参 考 文 献

[1] 范荣双，陈洋，徐启恒，等. 基于深度学习的高分辨率遥感影像建筑物提取方法 [J]. 测绘学报，2019，48（1）：34-41.

[2] 李雪，张力，王庆栋，等. 多时相遥感影像语义分割色彩一致性对抗网络 [J]. 测绘学报，2020，49（11）：1473-1484.

[3] ABDOLLAHI A，PRADHAN B，ALAMRI A M. An ensemble architecture of deep convolutional SegNet and UNet networks for building semantic segmentation from high-resolution aerial images [J]. Geocarto International，2022，37（12）：3355-3370.

[4] 贾建鑫，孙海彬，蒋长辉，等. 多源遥感数据的道路提取技术研究现状及展望 [J]. 光学精密工程，2021，29（2）：430-442.

[5] OTSU N. A threshold selection method from gray-level histograms [J]. IEEE Transactions on Systems，Man，and Cybernetics，1979，9（1）：62-66.

[6] 孔令军，王茜雯，包云超，等. 基于深度学习的医疗图像分割综述 [J]. 无线电通信技术，2021，47（2）：121-130.

[7] MOLTZ J H，BORNEMANN L，DICKEN V，et al. Segmentation of liver metastases in CT scans by adaptive thresholding and morphological processing [C] //MICCAI Workshop. 2008，41（43）：195.

[8] 刘文静，贾振红，郜青梅. 基于小波包与 OTSU 的含噪遥感图像分割算法 [J]. 计算机工程，2011，37（15）：203-204，217.

[9] 陈超祥，陈华锋，叶时平. 高分辨率影像中基于纹理的建筑区信息提取 [J]. 计算机工程，2011，37（21）：126-130.

[10] 徐佳，陈媛媛，黄其欢，等. 综合灰度与纹理特征的高分辨率星载 SAR 图像建筑区提取方法研究 [J]. 遥感技术与应用，2012，27（5）：692-698.

[11] 沈小乐，邵振峰，田英洁. 纹理特征与视觉注意相结合的建筑区提取 [J]. 测绘学报，2014，43（8）：842-847.

[12] BRAMHE V S，GHOSH S K，GARG P K. Extraction of built-up areas from Landsat-8 OLI data based on spectral-textural information and feature selection using support vector machine method [J]. Geocarto International，2020，35（10）：1067-1087.

[13] 李祖传，马建文，张睿，等. 利用融合纹理与形态特征进行地震倒塌房屋信息自动提取 [J]. 武汉大学学报（信息科学版），2010，35（4）：446-450.

[14] CANNY J. A computational approach to edge detection [J]. IEEE Transactions on Pattern Analysis and Machine Intelligence，1986（6）：679-698.

[15] PREWITT J M S. Object enhancement and extraction [J]. Picture Processing and Psychopictorics，1970，10（1）：15-19.

[16] 马尔．视觉计算理论［M］．姚国正，等译．北京：科学出版社，1988.
[17] CANNY J F. Finding edges and lines in images［R］. Cambridge：Massachusetts Inst of Tech Cambridge Artificial Intelligence Lab，1983.
[18] 李星华，白学辰，李正军，等．面向高分影像建筑物提取的多层次特征融合网络［J］．武汉大学学报（信息科学版），2022，47（8）：1236-1244.
[19] 卢兴，陈晓勇．边缘检测与面向对象结合的高分影像建筑物提取［J］．江西科学，2018，36（2）：220-224，231.
[20] 陶刚，刘洋．基于面向对象的高分影像城市房屋信息提取与分析［J］．电子技术与软件工程，2019（9）：76-78.
[21] TANG J. A color image segmentation algorithm based on region growing［C］//2010 2nd International Conference on Computer Engineering and Technology. State of New Jersey：［s. n.］，2010，6：6634-6637.
[22] CHEN P C，PAVLIDIS T. Segmentation by texture using a co-occurrence matrix and a split-and-merge algorithm［J］. Computer Graphics and Image Processing，1979，10（2）：172-182.
[23] ZHANG M，ZHANG L，CHENG H D. A neutrosophic approach to image segmentation based on watershed method［J］. Signal Processing，2010，90（5）：1510-1517.
[24] 舒国栋，刘传杰，王露．机载 LIDAR 点云的城市平顶建筑物提取方法研究［J］．现代测绘，2019，42（1）：21-23.
[25] 周俊，晏非，孙曼．基于区域分割合并的建筑物半自动提取方法［J］．海洋测绘，2005（1）：58-60.
[26] 罗壮，李明，张德朝．结合边界约束网络和分水岭分割算法的建筑物提取［J］．遥感学报，2022，26（7）：1459-1468.
[27] 赵宗泽，张永军．基于植被指数限制分水岭算法的机载激光点云建筑物提取［J］．光学学报，2016，36（10）：503-511.
[28] 王子明．一种结合数字表面模型的建筑物提取方法［J］．地理空间信息，2019，17（1）：38-40，11.
[29] 葛荣存，赵强，汪李娜，等．结合高分辨率 DOM 和 DSM 数据的建筑物提取方法［J］．信息技术与信息化，2023（1）：62-65.
[30] 吴炜，骆剑承，沈占锋，等．光谱和形状特征相结合的高分辨率遥感图像的建筑物提取方法［J］．武汉大学学报（信息科学版），2012，37（7）：800-805.
[31] ZHANG Z J，ZHANG C R，LI W D. Semantic segmentation of urban buildings from VHR remotely sensed imagery using attention-based CNN［C］//2020 IEEE International Geoscience and Remote Sensing Symposium. Hawaii：［s. n.］，2020：1833-1836.
[32] LI C，FU L，ZHU Q，et al. Attention enhanced U-Net for building extraction from farmland based on Google and WorldView-2 remote sensing images［J］. Remote Sensing，2021，13（21）：4411.
[33] CHEN D Y，PENG L，LI W C，et al. Building extraction and number statistics in WUI areas based on UNet structure and ensemble learning［J］. Remote Sensing，2021，13（6）：1172.
[34] YOU D，WANG S，WANG F，et al. EfficientUNet +：A building extraction method for

emergency shelters based on deep learning [J]. Remote Sensing, 2022, 14 (9): 2207.

[35] 胡智翔, 鲍胜利, 徐传淇, 等. 基于 DeepLabV3+的遥感建筑物语义分割算法 [J]. 计算机应用, 2021, 41 (S2): 71-75.

[36] 王华俊, 葛小三. 一种轻量级的 DeepLabV3+遥感影像建筑物提取方法 [J]. 自然资源遥感, 2022, 34 (2): 128-135.

[37] HE K M, ZHANG X Y, REN S Q, et al. Deep residual learning for image recognition [C] // Proceedings of the IEEE Conference on Computer Vision and Pattern Recognition. Las Vegas: [s. n.], 2016: 770-778.

[38] CHEN S, SHI W, ZHOU M, et al. CGSANet: A contour-guided and local structure-aware encoder-decoder network for accurate building extraction from very high-resolution remote densing imagery [J]. IEEE Journal of Selected Topics in Applied Earth Observations and Remote Sensing, 2021, 15: 1526-1542.

[39] QIAO W, SHEN L, WANG J, et al. A fine-grained fully convolutional network for extraction of building along high-speed rail lines from VHR remote sensing image [C] //2019 IEEE International Geoscience and Remote Sensing Symposium. Yokohama: [s. n.], 2019: 1244-1247.

[40] BITTNER K, ADAM F, CUI S, et al. Building footprint extraction from VHR remote sensing images combined with normalized DSMs using fused fully convolutional networks [J]. IEEE Journal of Selected Topics in Applied Earth Observations and Remote Sensing, 2018, 11 (8): 2615-2629.

[41] ZHU B, GAO H, WANG X, et al. Change detection based on the combination of improved SegNet neural network and morphology [C] //2018 IEEE 3rd International Conference on Image, Vision and Computing. Chongqing: [s. n.], 2018: 55-59.

[42] QIN X, ZHANG Z, HUANG C, et al. BASNet: Boundary-aware salient object detection [C] // Proceedings of the IEEE/CVF Conference on Computer Vision and Pattern Recognition. Long Beach: [s. n.], 2019: 7479-7489.

[43] DE BOER P T, KROESE D P, MANNOR S, et al. A tutorial on the cross-entropy method [J]. Annals of Operations Research, 2005, 134: 19-67.

[44] WANG Z, SIMONCELLI E P, BOVIK A C. Multiscale structural similarity for image quality assessment [C] //The Thrity-Seventh Asilomar Conference on Signals, Systems & Computers. California: [s. n.], 2003, 2: 1398-1402.

[45] MÁTTYUS G, LUO W, URTASUN R. Deeproadmapper: Extracting road topology from aerial images [C] //2017 IEEE International Conference on Computer Vision. Venice: [s. n.], 2017: 3438-3446.

[46] HOU Q, ZHOU D, FENG J. Coordinate attention for efficient mobile network design [C] // Proceedings of the IEEE/CVF Conference on Computer Vision and Pattern Recognition. 2021: 13713-13722.

[47] ZHAO H, SHI J, QI X, et al. Pyramid scene parsing network [C] //2017 IEEE Conference on Computer Vision and Pattern Recognition. Honolulu: [s. n.], 2017: 2881-2890.

[48] BADRINARAYANAN V, KENDALL A, CIPOLLA R. SegNet: A deep convolutional encoder-decoder architecture for image segmentation [J]. IEEE Transactions on Pattern Analysis and Machine Intelligence, 2017, 39 (12): 2481-2495.

[49] CHEN L C, PAPANDREOU G, SCHROFF F, et al. Rethinking atrous convolution for semantic image segmentation [J]. arXiv preprint, arXiv: 1706.05587, 2017.

[50] 刘浩, 骆剑承, 黄波, 等. 基于特征压缩激活 UNet 网络的建筑物提取 [J]. 地球信息科学学报, 2019, 21 (11): 1779-1789.

[51] ZHOU Z, SIDDIQUEE M M R, TAJBAKHSH N, et al. UNet++: Redesigning skip connections to exploit multiscale features in image segmentation [J]. IEEE Transactions on Medical Imaging, 2019, 39 (6): 1856-1867.

3　高原山地烟草植株精细提取案例

3.1　案例目标

（1）熟悉当前作物精细提取的主要方法。

（2）了解基于深度学习的语义分割网络（U-Net）基本原理及其在作物语义分割任务中的技术流程。

（3）了解常见的植被指数以及植被指数构建。

（4）了解简单线性迭代聚类（simple linear iterative clustering，SLIC）超像素分割算法原理及其步骤。

（5）掌握烟草植株精细提取流程及其技术方法。

3.2　背景信息

云贵高原得天独厚的气候条件使得烟草农业成为其特色农业之一，但大部分种植区域地形崎岖，海拔变化较大，地块破碎，人工统计困难，无法实现对烟草种植快速、及时的监测[1]；自动提取烟草信息为后期监测节省了大量人力、财力，提高了工作效率。烟株数量以及空间分布信息的准确掌握能够为后期的施肥、灌溉和虫害防治提供依据。

目前国内外学者围绕烟草种植面积和烟草植株精细提取已开展了较多研究。对于种植面积的提取方面，李天坤[2]和董梅等[3]采用面向对象的方法提取烟田面积，但该方法需选取合适的分割尺度和特征；Zhu 等[4]通过监督分类与图像形态学操作相结合，从而实现烟田面积提取。在烟草植株精细提取的研究中，夏炎等[5]结合多特征和 SLIC 算法进行烟株提取；谢红辉[6]和 Xie 等[7]基于支持向量机进行烟株提取；Fan 等[8]则通过结合分水岭分割和深度神经网络提取烟株。但这些研究大多是基于传统图像处理方法，提取精度不高，自动化程度较低。近年来，随着无人机技术的发展，消费级无人机的使用有了较大增长，无人机遥感技术也被普遍应用于各个领域。由于无人机遥感能以灵活、经济、高效的方式获取超高空间分辨率影像[9]，为精准农业提供作物空间分布信息，因而无人机遥感被广泛用于精准农业生产中[10]。另外，随着计算机软硬件和算力的提升，深度学习在科学研究和实际应用中都受到了极大的关注，越来越多的学者将其运用到农业领域。结合无人机遥感技术和深度学习，精准农业得到了迅速的发展，但前人的研究主要针对粮食作物，而对烟草的研究还鲜见报道。因此，本案例基于天池 2019 年县域农业大脑 AI 挑战赛提供的无人机遥感数据[11]，运用 U-Net[12] 和 SLIC[13] 超像素分割技术来实现烟株的自动精细提取，旨在降低人工成本，提高烟株计数效率，为烟草的科学种植提供依据。

3.3 案例涉及的知识点

3.3.1 经典深度学习语义分割网络

U-Net 从本质上来说属于一种全卷积网络模型[14-15]，采用编码-解码的结构，这两部分组合形成一个 U 形的网络结构，因此被称为 U-Net，如图 3-1 所示。

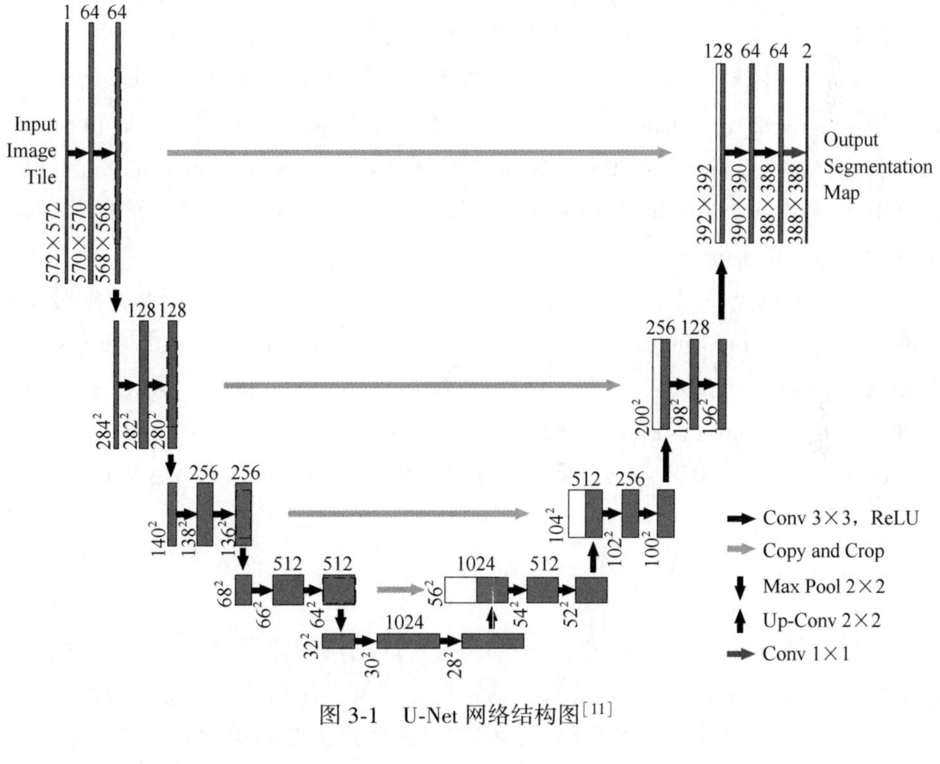

图 3-1 U-Net 网络结构图[11]

U-Net 架构使用以下类型的层和特殊操作：

（1）卷积层，通过多个 3×3 卷积核进行特征提取。

（2）裁剪层，裁剪和拼接特征图。

（3）非线性激活函数层，其中采用了广泛使用的整流线性单元（ReLU）。

（4）最大池化层，用于特征图下采样。

（5）上采样层，用于恢复被最大池化层下采样的特征图的大小。

（6）连接层，用于将深层的上采样特征图与来自浅层的相应特征图相结合。

（7）添加一个 Softmax 层生成最终的分割图。编码器和解码器部分的结构是对称的，它们之间有跳跃连接，可以有效地产生细粒度的分割结果。

更重要的是，U-Net 可以将特征图保留为与原始图像相同的大小，其中上采样层之后是卷积层，可以产生具有更精细分辨率的密集特征。

3.3.2　植被指数

植被指数是根据植被的光谱特性，将遥感影像可见光和近红外波段进行组合，是提取植被最常用的一种方法，通过植被指数也可以有效地反演植被的覆盖度、叶绿素含量和叶面积指数等。植被指数是监测地表植被的生长、覆盖等状况最简单、有效的技术手段，截至目前，国内外提出的植被指数有上百种，这些植被指数被广泛地应用于植被覆盖度调查、植被分类和林业监测等。

常见的近红外波段植被指数包括比值植被指数（ratio vegetation index，RVI）、归一化植被指数（normalized difference vegetation index，NDVI）、差值植被指数（difference vegetation index，DVI）、绿度植被指数（green vegetation index，GVI）、垂直植被指数（perpendicular vegetation index，PVI）、土壤调节植被指数（soil adjusted vegetation index，SAVI）等。

常见的可见光波段植被指数包括过绿（excess green，ExG）指数、红绿比值指数（red green ratio index，RGRI）、归一化绿红差异指数（normalized green-red difference index，NGRDI）、绿蓝比值指数（green blue ratio index，GBRI）、超红指数（excess red index，ExR）、归一化绿蓝差异指数（normalized green-blue difference index，NGBDI）、红绿蓝植被指数（red-green-blue vegetation index，RGBVI）等。

3.3.3　超像素

超像素是具有相似光谱特性且空间位置连续的均匀像素块，一般根据图像的光谱信息和空间位置信息计算像素间的特征相似度，然后特征相似度对像素点进行聚类[16-17]。在图像处理和分割中，通常以超像素为基本单元来代替原始像素，减少图像像素数量，提高了计算机处理图像信息的速度，使超像素方法得到了广泛的应用。其中，SLIC 是目前最常用的超像素算法，下面介绍 SLIC 具体实现的步骤：

（1）初始化种子点（聚类中心）。按照设定的超像素个数，在图像内均匀地分配种子点。

（2）在种子点的一定邻域内重新选择种子点。目的是避免种子点落在梯度较大的轮廓边界上，以免影响后续聚类效果。

（3）在每个种子点周围的邻域内为每个像素点分配类标签。

（4）距离度量。包括颜色距离和空间距离。对于每个搜索到的像素点，分别计算它和该种子点的距离。

（5）迭代优化。上述步骤不断迭代直到误差收敛，一般迭代次数取 10。

（6）增强连通性。将尺寸过小的超像素与邻近的超像素进行合并，增强连通性。

3.3.4　烟株精细提取

结合 U-Net 和 SLIC 超像素分割方法，实现烟草植株自动提取和计数。该算法分为 5 个步骤：

（1）制作语义分割数据集。

（2）训练 U-Net 网络提取烟田种植地块。

（3）构建过绿差值指数去除杂草并对烟草覆盖面进行精确提取。

（4）使用 SLIC 超像素分割方法对烟草区域进行分割。

（5）提取烟株，标记烟株位置并统计烟株数量，最后进行精度评价。

技术流程见图 3-2。

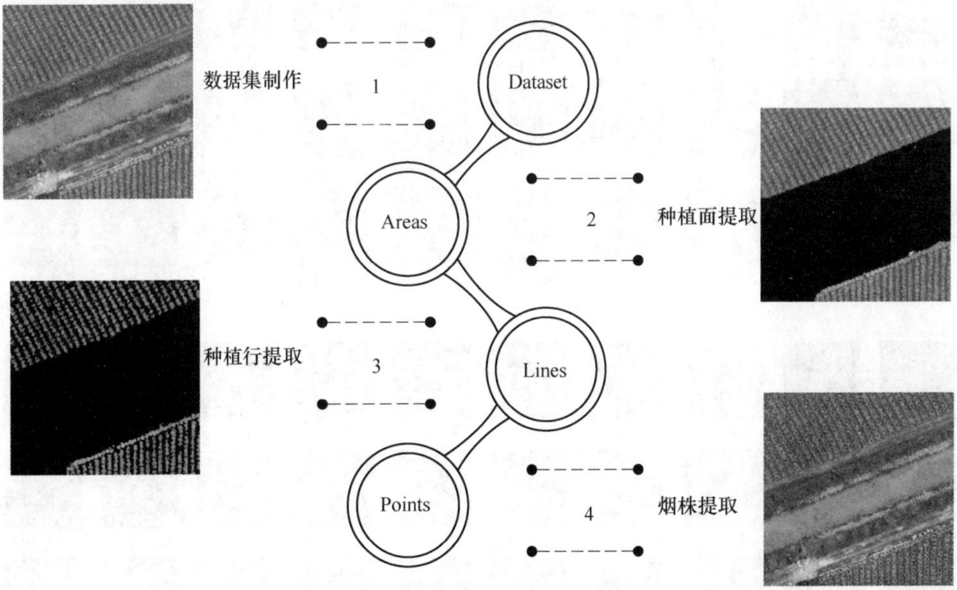

图 3-2　技术流程图

3.3.4.1　U-Net 语义分割

本案例试验手工标注数据集 190 张，其中 90%（171 张）的图像用于训练模型，其余 10%（19 张）的图像用于模型测试，如图 3-3 所示。试验环境配置为：Intel Core i7-7700HQ 四核处理器；NVIDIA GTX1060 显卡，8G DDR4 内存；深度学习框架为 TensorFlow，编程语言为 Python3.6。在训练模型之前，为减少过拟合现象的发生和提升模型的泛化能力，使用水平翻转、缩放、裁剪、平移对训练数据集进行图像增强。训练 U-Net 的学习率为 1×10^{-5}，训练批次大小为 2，训练周期为 100。

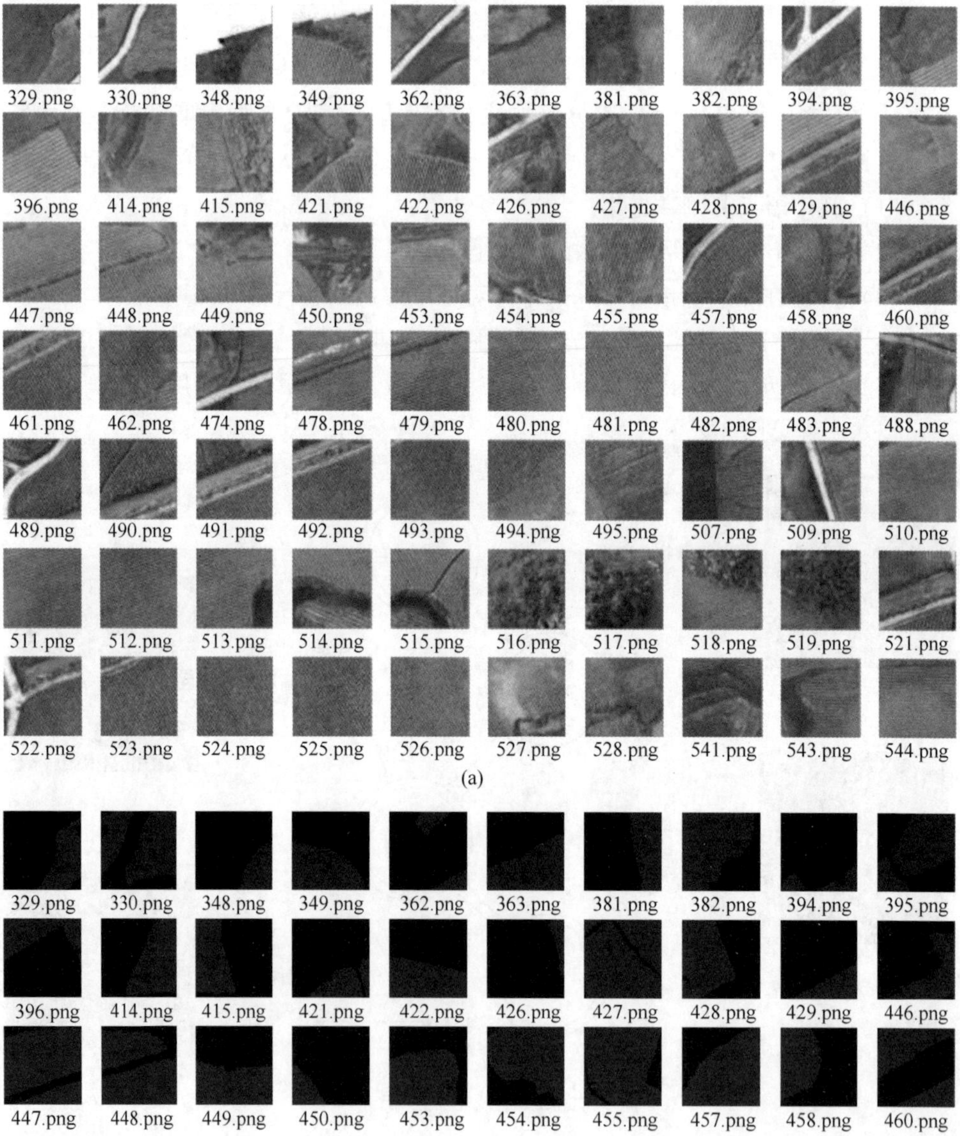

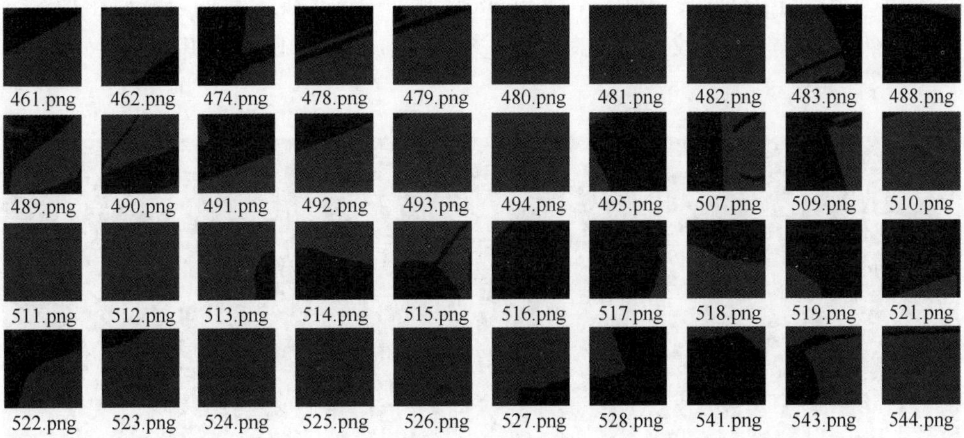

(b)

图 3-3　数据集

（a）原始影像；（b）标签数据

3.3.4.2　过绿差值指数构建

提取烟田面积之后，大部分烟田中有杂草及其他地物，很大程度上会影响后续的分割结果，使用其他常用的植被指数很难将烟草覆盖面单独提取出来，所以构建一种新的植被指数——过绿差值指数（EGDI）来区分烟草和杂草，提取烟草覆盖区域的计算公式如下：

$$EGDI = 3G - 1.2R - 0.8B \tag{3-1}$$

式中，G 为绿波段值；R 为红波段值；B 为蓝波段值。

3.3.4.3　SLIC 超像素分割

利用 OpenCV-Python 实现 SLIC 算法对影像的分割，为达到最佳实验效果，经过多次分割实验，分割尺度设为 20，迭代次数设为 20 次，分割完成之后使用 OpenCV 轮廓检测函数找出含有烟草的每一个超像素内接矩形，并在矩形中心位置用红色圆点进行标记，红点数量则为烟株数量。

3.4　实验结果与分析

3.4.1　U-Net 模型的烟田面积提取结果分析

使用训练完成的 U-Net 模型分别对 3 景示例数据进行预测，得到烟田面积的提取结果如图 3-4（d）~（f）所示。对比手工标记的标签结果［见图 3-4（a）~（c）］，可以看出训练的 U-Net 网络模型能够有效地提取烟田面积。将传统的面向对象分类方法作为对照，利用 eCognition8.0 软件中多尺度分割的方法对影像进行分割，然后根据光谱和纹理特征对影像进行分类，得到烟田面积提取结果如图 3-4（g）~（i）所示。

图 3-4　烟田面积提取结果

（a）数据 1 手工标记；（b）数据 2 手工标记；（c）数据 3 手工标记；（d）数据 1 U-Net 提取结果；（e）数据 2 U-Net 提取结果；（f）数据 3 U-Net 提取结果；（g）数据 1 面向对象提取结果；（h）数据 2 面向对象提取结果；（i）数据 3 面向对象提取结果

使用语义分割常用评价指标平均交并比（MIoU）、召回率（Recall）、精确度（Precision）和F1值（F1 Score）分别对U-Net分割方法和面向对象方法提取烟田面积进行精度评价，结果见表3-1。从表3-1中可以看出，使用U-Net分割各类指标数值最高，提取烟田面积效果最佳。

表3-1　烟田面积提取精度评价　（%）

方法	MIoU	Recall	Precision	F1值
U-Net	**98.24**	**98.47**	**99.76**	**99.11**
面向对象	93.35	95.43	93.76	96.56

注：加粗字体为各项最优结果。

3.4.2　过绿差值指数烟草覆盖面提取结果分析

过绿差值指数能够有效地将每一垄烟草边界识别出来，同时又可以将烟田中的杂草去除，见图3-5（a）~（c），并且能够将烟草覆盖区域精准地提取出来，见图3-5（g）~（i）。而过绿（ExG）指数使得边界模糊，烟草与杂草混淆，见图3-5（d）~（f）。

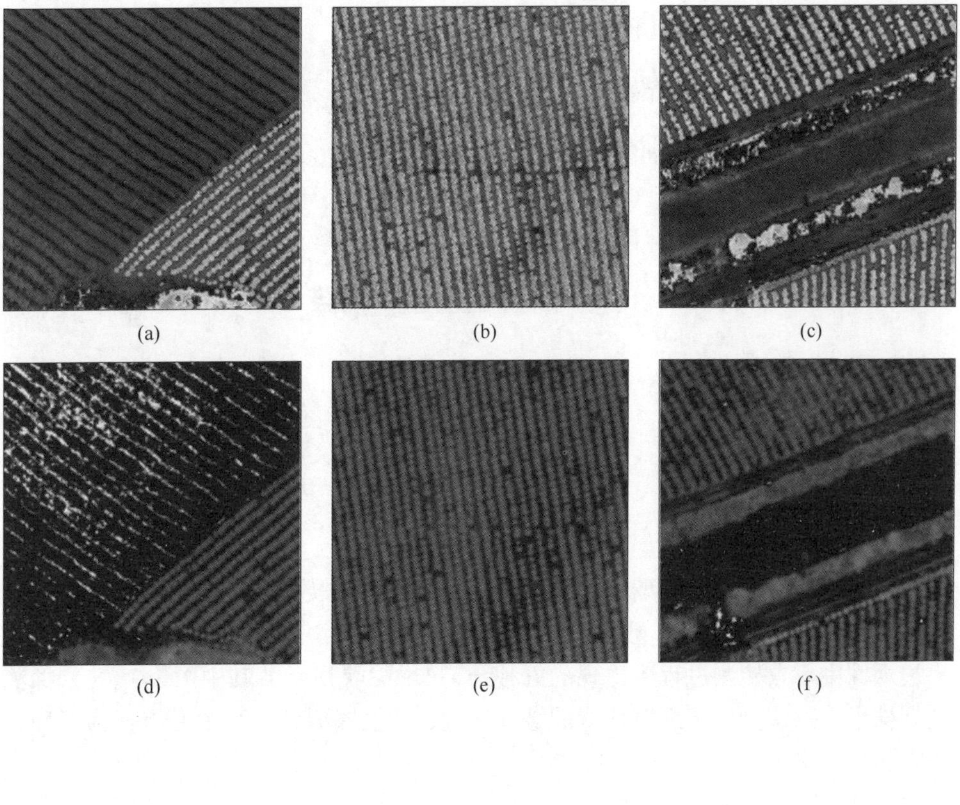

(a)　(b)　(c)

(d)　(e)　(f)

(g)　(h)　(i)

图 3-5　过绿差值指数提取烟草覆盖面

（a）数据 1 EGDI 提取结果；（b）数据 2 EGDI 提取结果；（c）数据 3 EGDI 提取结果；（d）数据 1 过绿指数提取结果；（e）数据 2 过绿指数提取结果；（f）数据 3 过绿指数提取结果；（g）数据 1 烟草覆盖面提取；（h）数据 2 烟草覆盖面提取；（i）数据 3 烟草覆盖面提取

3.4.3　SLIC 超像素分割与烟株提取结果分析

分割结果见图 3-6（a）~（c），所围成的封闭不规则形状为一个超像素。提取结果见图 3-6（d）~（f）。最终数据 1、数据 2 和数据 3 自动提取出来的烟株数分别为 257 株、1264 株和 513 株。

3.4.4　烟株提取精度分析

采用总体精度（overall accuracy，OA）、错检误差（commission error，CE）、漏检误差（omission error，OE）和准确度（accuracy rate，AR）作为精度评价标准[18]。各个精度评价指标计算公式如下：

$$OA = 1 - \frac{|N_d - N_v|}{N_v} \times 100\% \tag{3-2}$$

$$CE = \frac{N_c}{N_v} \times 100\% \tag{3-3}$$

$$OE = \frac{N_o}{N_v} \times 100\% \tag{3-4}$$

$$AR = 1 - CE - OE \tag{3-5}$$

式中，N_d 为计算得出的烟株数；N_v 为实际样本烟株数；N_c 为错误标注的烟株数；N_o 为遗漏标注的烟株数。

烟株中心点检测过程中出现的五种结果如图 3-7 所示，其中图 3-7（a）探测到烟株中心点位置位于烟草位置的缓冲区内，且仅探测到一个中心点，为正确标

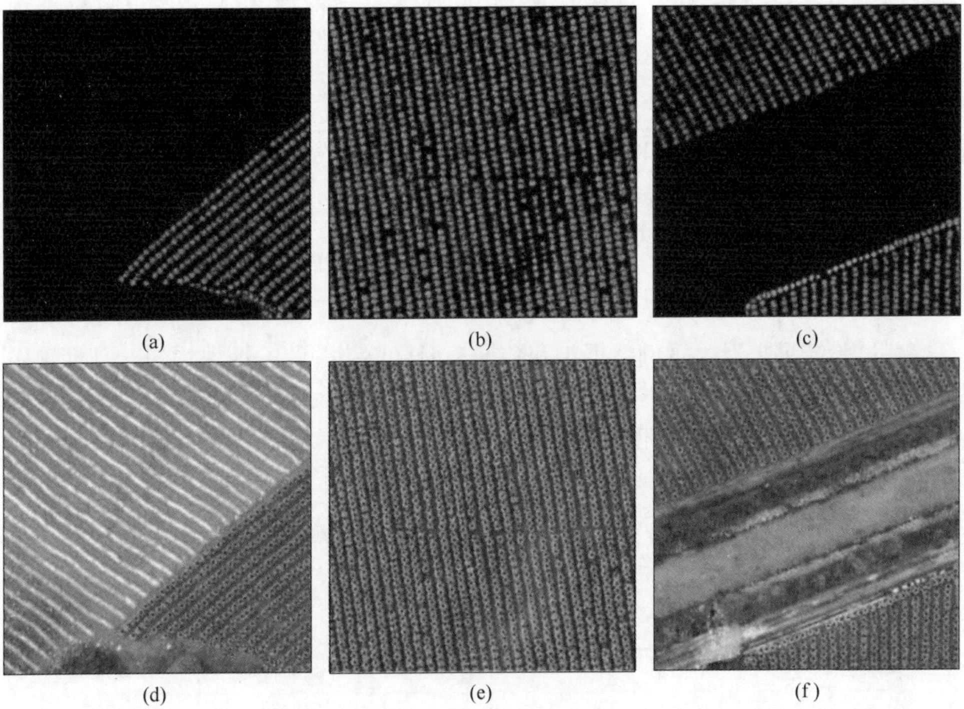

图 3-6 SLIC 分割及烟株识别结果

（a）数据 1 SLIC 分割结果；（b）数据 2 SLIC 分割结果；（c）数据 3 SLIC 分割结果；（d）数据 1 烟株识别结果；（e）数据 2 烟株识别结果；（f）数据 3 烟株识别结果

注；图 3-7（b）（c）为两种错检情况；图 3-7（d）（e）为两种漏检情况。其中图 3-7（b）（e）分别作为一个正确标注和一个错误标注处理。

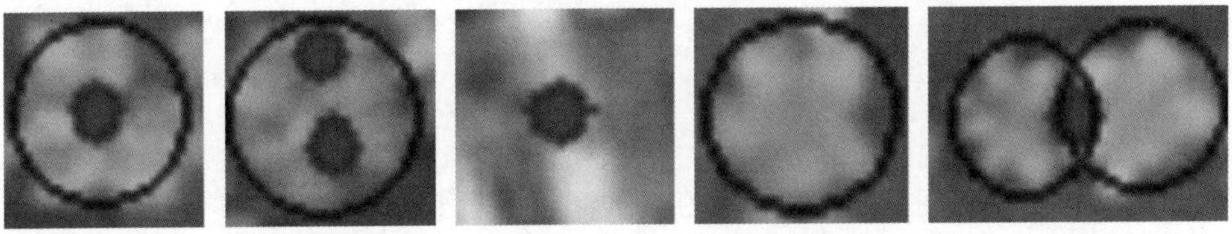

图 3-7 烟株识别中出现的几种情况

（a）正确标注；（b）（c）错检；（d）（e）漏检

数据 1 的实际烟株数为 259 株，本试验中提取的烟株数为 257 株，总体精度为 99. 23%，错检率为 3. 86%，漏检率为 2. 32%，准确度为 93. 82%；数据 2 的实际烟株数为 1272 株，提取的烟株数为 1264 株，总体精度为 99. 37%，错检率为 3. 62%，漏检率为 2. 67%，准确度为 93. 71%；数据 3 的实际烟株数为 508 株，提取的烟株数为 513 株，总体精度为 99.02%，错检率为 4.13%，漏检率为 3.15%，准确度为 92.72%。精度分析结果见表 3-2。

表 3-2　烟株提取精度分析

示例	提取烟株数	实际烟株数	总体精度/%	错检率/%	漏检率/%	准确度/%
数据 1	257	259	99.23	3.86	2.32	93.82
数据 2	1264	1272	99.37	3.62	2.67	93.71
数据 3	513	508	99.02	4.13	3.15	92.72

从试验结果来看，示例数据 1 和数据 2 烟草长势一致，烟株均匀，且烟田中无杂草，试验总体精度和准确度较高；数据 3 中烟株大小不一致，很多小烟株被漏检，而较大的烟株被分开导致错检。但是总体而言，烟株提取的平均总体精度和平均准确度均较高，分别为 99.21%和 93.42%。

不同提取方法对烟株的提取效果见表 3-3。从表 3-3 中可以看出，本试验采用的方法平均总体精度和平均准确度均最高。

表 3-3　不同提取方法的比较　　(%)

方法	平均总体精度	平均错检率	平均漏检率	平均准确度
方法 1[5]	98.80	11.19	**0.82**	87.99
方法 2[6]	94.48	4.72	7.41	87.87
方法 3[7]	96.10	**3.74**	5.74	90.52
方法 4[8]	93.28	4.09	5.21	90.70
本案例方法	**99.21**	3.87	2.71	**93.42**

注：加粗字体为各项最优结果。

3.5　案例要点

（1）为解决田间烟株自动识别和计数问题，基于 U-Net 和 SLIC 超像素分割，建立了一种烟株自动识别与计数的方法。

（2）构建的过绿差值指数（EGDI）能有效去除杂草，提升了烟株覆盖面提取精度。

参考文献

[1] 陶健，申国明，徐宜民，等．遥感在烟草种植监测及管理中的应用展望［J］．中国烟草学报，2015，21（2）：111-116.

[2] 李天坤．基于面向对象分类方法的烟草种植面积提取研究［D］．成都：四川农业大

学, 2013.
[3] 董梅, 苏建东, 刘广玉, 等. 面向对象的无人机遥感影像烟草种植面提取和监测 [J]. 测绘科学, 2014, 39 (9): 87-90.
[4] ZHU X F, XIAO G F, WEN P, et al. Mapping tobacco fields using UAV RGB images [J]. Sensors, 2019, 19 (8): 1791.
[5] 夏炎, 黄亮, 王枭轩, 等. 基于无人机影像的烟草精细提取 [J]. 遥感技术与应用, 2020, 35 (5): 1158-1166.
[6] 谢红辉. 基于无人机航拍图像的烟草植株识别与计数 [D]. 汕头: 汕头大学, 2017.
[7] XIE H H, FAN Z, LI W J, et al. Tobacco plant recognizing and counting based on SVM [C] //2016 International Conference on Industrial Informatics-Computing Technology, Intelligent Technology, Industrial Information Integration. Wuhan: [s. n.], 2016: 109-113.
[8] FAN Z, LU J W, GONG M G, et al. Automatic tobacco plant detection in UAV images via deep neural networks [J]. IEEE Journal of Selected Topics in Applied Earth Observations and Remote Sensing, 2018, 11 (3): 876-887.
[9] 汪小钦, 王苗苗, 王绍强, 等. 基于可见光波段无人机遥感的植被信息提取 [J]. 农业工程学报, 2015, 31 (5): 152-159.
[10] 史舟, 梁宗正, 杨媛媛, 等. 农业遥感研究现状与展望 [J]. 农业机械学报, 2015, 46 (2): 247-260.
[11] 阿里云天池. 2019 年县域农业大脑 AI 挑战赛 [DB/OL]. https: //tianchi. aliyun. com/dataset/dataDetail?dataId=74952.
[12] RONNEBERGER O, FISCHER P, BROX T. U-Net: Convolutional networks for biomedical image segmentation [C] //18th International Conference on Medical Image Computing and Computer-Assisted Intervention. Munich: [s. n.], 2015: 234-241.
[13] PSALTA A, KARATHANASSI V, KOLOKOUSSIS P. Modified versions of SLIC algorithm for generating superpixels in hyperspectral images [C] //2016 8th Workshop on Hyperspectral Image and Signal Processing: Evolution in Remote Sensing. Los Angeles: [s. n.], 2016: 1-5.
[14] SHELHAMER E, LONG J, DARRELL T. Fully convolutional networks for semantic segmentation [J]. IEEE Transactions on Pattern Analysis and Machine Intelligence, 2017, 39 (6): 640-651.
[15] LEI T, ZHANG Y X, LV Z Y, et al. Landslide inventory mapping from bitemporal images using deep convolutional neural networks [J]. IEEE Geoscience and Remote Sensing Letters, 2019, 16 (6): 982-986.
[16] LU L Z, WANG C, YIN X. Incorporating texture into SLIC super-pixels method for high spatial resolution remote sensing image segmentation [C] //2019 8th International Conference on Agro-Geoinformatics. Istanbul: [s. n.], 2019: 1-5.
[17] 王春瑶, 陈俊周, 李炜. 超像素分割算法研究综述 [J]. 计算机应用研究, 2014, 31 (1): 6-12.
[18] 李越帅, 郑宏伟, 罗格平, 等. 集成 U-Net 方法的无人机影像胡杨树冠提取和计数 [J]. 遥感技术与应用, 2019, 34 (5): 939-949.

4 弱监督语义分割的地块级单作物精细识别案例

4.1 案例目标

（1）熟悉经典的作物识别方法和基于卷积神经网络（convolutional neural network，CNN）的作物识别方法的优缺点，以及无人机遥感影像单作物精细识别技术流程。

（2）理解 CNN 的基础理论，能够应用 CNN 架构的语义分割模型进行作物识别。

（3）了解弱监督语义分割方法原理，并熟悉地块级单作物精细识别所需的边框级数据标注流程。

（4）理解并掌握地块级单作物精细识别评价指标，如精确度、召回率和 F1 值，并了解它们的计算方法和含义。

4.2 背景信息

在农业领域，准确识别和监测农作物的生长状态和种类对于实现精准农业、提高农田管理效率和农作物产量至关重要。然而，传统的手动标注大规模农田中的每个作物地块的方法耗时费力，限制了作物识别的规模和效率。弱监督语义分割技术为解决这一问题提供了一种有效的方法。通过利用仅具有边框级标注的数据，弱监督语义分割方法能够实现地块级单作物的精细识别，无需每个像素级别的准确标注。这种方法不仅提高了标注效率，还可以适应大规模农田的识别需求，并为精准农业和农作物监测提供了强有力的技术支持。

在本案例中，将介绍基于弱监督语义分割的地块级单作物精细识别的方法和技术。通过实际案例介绍弱监督语义分割方法的原理和流程，并介绍如何使用深度学习框架进行模型训练。此外，本案例还将介绍地块级单作物精细识别在农业领域中的实际应用和潜在影响，为未来相关领域的研究和探索奠定坚实基础。

4.3 案例涉及的知识点

4.3.1 经典的单作物识别方法

4.3.1.1 面向对象的作物种植信息提取方法

该方法首先使用对象生成模块，将影像分割成属性值不同的对象，这些对象的分割结果直接影响特征提取与分类精度；然后使用基于模糊逻辑的信息提取模块，给出每个对象隶属于某一类的概率；最后根据作物的特征和空间信息进行提取。面向对象的单一作物种植信息提取方法被广泛应用，并且大量研究者已经提出了多种不同的方法[1-7]。例如：史婷婷等[1]提出基于面向对象分类的人参种植分布信息提取方法，通过0~100的分割效果对比以确定最佳分割尺度；黄文静等[2]使用面向对象分类方法对陕西佳县大枣进行种植面积提取，通过0、20、40、60和80共5种尺度分割效果对比，选择最佳分割尺度；Luo等[3]运用Google Earth Engine对Sentinel-1时间序列图像进行面向对象作物分类，其研究不仅强调了面向对象分类方法的优点，而且分析了面向对象分类方法的限制；吴金胜等[4]运用面向对象分类方法估算市域水稻面积，总体分类精度达到93%以上。面向对象分类方法在单一作物种植信息提取方面具有很多优点，但也存在着以下不足：（1）该方法需要对图像进行分割，因此对数据的预处理要求较高，而且分割结果对后续的特征提取和分类精度有直接影响，获取最优分割尺度仍是一项艰巨的任务；（2）面向对象分类方法需要进行模型参数的调整和验证，这增加了更多的人力和时间成本。

4.3.1.2 基于经典机器学习的作物种植信息提取方法

经典机器学习方法在作物种植信息提取方面应用广泛，主要包括最大似然分类法（maximum likelihood classification，MLC）、支持向量机（support vector machine，SVM）和决策树分类法。

最大似然分类法基于统计原理，假设类别分布函数为正态分布，通过训练样本的统计和计算，可以得到各类别的均值和方差等参数，进而确定一个分类函数。待分类图像中的像元可代入分类函数进行计算，从而获得最优分类结果。

支持向量机基于VC维理论和结构风险最小原理，通过将影像的多个波段灰度视为一个向量，并构造一个最大间隔的超平面，以达到最优分类结果的目的。支持向量机能够在较小的样本情况下自动学习样本分类知识，从而获得较高精度的分类结果[8-11]。

决策树分类法则可以处理包含光谱信息、纹理信息、空间特征以及高程信息等多种数据。分类决策方式主要有专家知识决策树、CART决策树和随机森林等。随机森林分类算法是一种高效的组合决策树分类方法，通过随机重采样构建多个 CART 决策树，并采用决策树投票的方式确定数据的类别归属，其具有训练速度快、实现简单、精度高以及易实现并行化等优点[12-17]。

综上分析，基于经典机器学习的作物种植信息提取方法在一定程度上提高了作物种植信息提取的精度，但其性能主要依赖人工特征的选择，而且普适性能力较差，对不同地区的作物信息提取需要采用不同的方法或不同的特征组合。支持向量机的分类性能受特征选择的影响较大，如果选择的特征不够代表分类问题，分类器的性能可能会下降。尤其在多作物种植信息提取中，不同作物的光谱信息可能存在相似度较高的情况，而如何区分相似度高的作物成为一个挑战。随着作物数量的增加，模型的训练时间和预测时间会增加，计算复杂度较高，使得模型在实际应用中存在一定的局限性。由于随机森林的训练需要构建多个决策树，因此计算量较大，需要更多的计算资源和时间。同时，随机森林中树的数量需要适当控制，因为如果数量过多，会影响分类的速度和性能；而数量过少则可能导致欠拟合的问题。此外，随机森林中的树是基于随机特征选择建立的，如果特征选择不当或者特征相关性过高，可能会导致建立的树的决策过于相似，从而影响分类效果。

4.3.2　基于 CNN 的单作物识别方法

深度学习技术在作物种植信息提取方面表现出色，能够自动学习特征和规则，无需先验知识，解决了传统方法难以处理的问题。该方法有效地提高了作物的自动提取精度，同时避免了人工特征选择的主观性，保证了模型在多场景下的普适性能力。近年来，基于深度学习的语义分割方法性能表现优异，在农业生产中得到了广泛应用，为作物生长阶段的自动化监测和精准管控提供了有利手段。CNN 是深度学习的代表算法之一，其凭借多层卷积和池化、空间平移不变性和权重共享等特点，广泛应用于作物种植生产的多个领域[18-22]。Huang 等[21]运用 DeepLabV3+、PSPNet、SegNet 和 U-Net 四种网络对高原山区无人机遥感图像烟草种植区进行深度语义分割，得到烟草的 MIoU 分别为 0.9436、0.9118、0.9392 和 0.9473；Ning 等[23]利用 Mobile U-Net 模型和 Radarsat-2 数据对水稻种植面积进行提取，总体精度达到 96.4%；Wei 等[24]利用 U-Net 对不同作物类别进行预测，在 U-Net 模型中引入批处理归一化算法，解决了作物数量多和样本数量不平衡的问题，大大提高了网络训练的效率。

4.3.2.1　CNN 基本原理

CNN 的发展可以追溯到 20 世纪 80 年代。当时，LeCun 等在贝尔实验室开始研究手写数字识别问题，使用了类似于 CNN 的结构[25]。在 20 世纪 90 年代，CNN 又发展成为 LeNet，这是第一个成功应用于手写数字识别问题的 CNN。随后，CNN 在图像识别领域取得了显著的成果，但在其他领域的应用却不多。直到 2012 年，由 Alex Krizhevsky 等提出的 AlexNet 横空出世，它在 ImageNet 图像识别比赛中取得了突出成绩，并为 CNN 在计算机视觉领域的发展奠定了基础。随后几年，CNN 又不断发展，如 VGG、GoogLeNet、ResNet 等，在计算机视觉领域取得了更高的精度。近年来，CNN 因高效的学习性能和良好的应用效果被广泛应用于各种任务，如图像分类、目标检测、语音识别、自然语言处理等。

CNN 是一种前馈神经网络，主要由输入层、卷积层、批量归一化层、池化层以及激活函数组成。该网络采用多个卷积层和池化层逐步提取图像的特征，将底层特征逐步转化为高层语义特征。通过 CNN 的全连接层和输出层，可以对图像进行分类。CNN 采用分层的数据表示方法，即高层特征依赖于底层特征，通过不断抽象和整合底层特征生成高层特征。卷积核是 CNN 的核心，具有平移不变性和局部敏感性等归纳偏置，能够捕捉局部的空间信息。由于其特殊的网络结构，CNN 特别适合处理图像数据，对平移、伸缩、倾斜等图像变形具有较高的不变性。

A 输入层

在进行遥感影像语义分割处理时，CNN 的输入层一般是由 RGB 图片组成的长度×宽度×深度的像素矩阵。CNN 的输入一般为整张图像或者图像的部分块。卷积神经网络可同时接收多张图片并行处理，此时输入层的结构为 N×长度×宽度×深度，其中 N 为 CNN 一次处理影像的个数。

B 卷积层

卷积层（convolution layer）通常由多个卷积核组成，每个卷积核都有自己的权重参数，这些参数会在训练过程中被调整，以便从输入图像中提取最为关键的特征。首先对输入图像进行卷积操作，即对每个卷积核与输入图像对应位置上的像素值进行权重累加，并将结果存储在一个输出特征图中。这个过程会对输入图像的每个位置进行，因此卷积层能够在图像的不同区域中提取特征。在一个卷积层中通常使用多个卷积核进行特征提取，以提高网络的学习和表达能力，然后采用线性叠加的方法对不同特征图进行叠加获得最后输出结果，因此卷积运算效率极高。

常见的三种边缘卷积核（也称为滤波器）主要有整体边缘滤波器、横向边缘滤波器和纵向边缘滤波器，对应式（4-1）、式（4-2）和式（4-3）中 3×3 大小卷积核 K_e、K_h 和 K_v。以横向边缘滤波器为例来说明 CNN 中卷积操作的运用，如图 4-1 所示。

$$K_e = \begin{bmatrix} 0 & -4 & 0 \\ -4 & 16 & -4 \\ 0 & -4 & 0 \end{bmatrix} \tag{4-1}$$

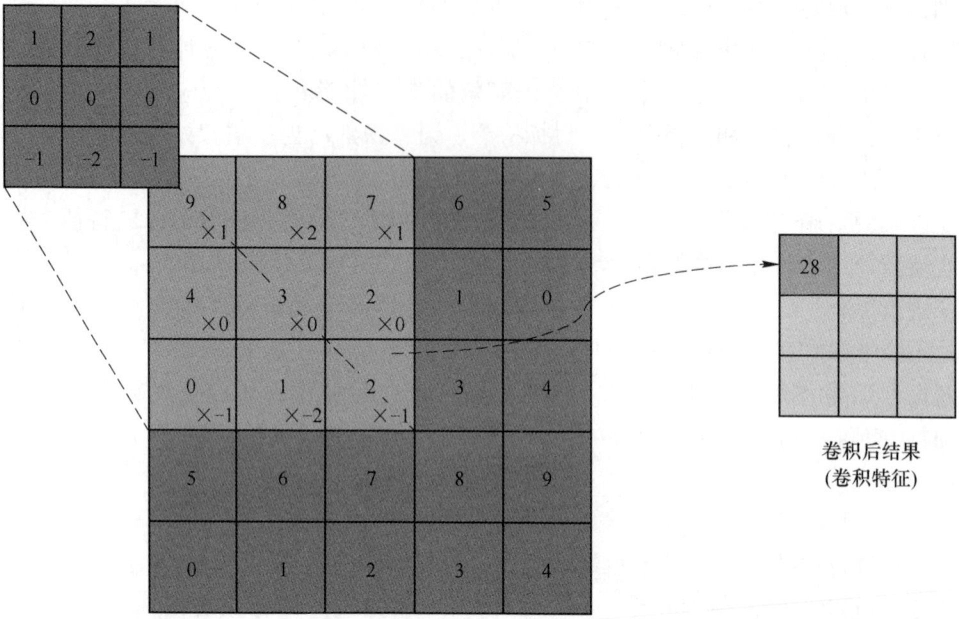
1 2 1
0 0 0
-1 -2 -1
9 ×1 8 ×2 7 ×1 6 5
4 ×0 3 ×0 2 ×0 1 0
0 ×-1 1 ×-2 2 ×-1 3 4
5 6 7 8 9
0 1 2 3 4
28
卷积后结果
(卷积特征)

(a)

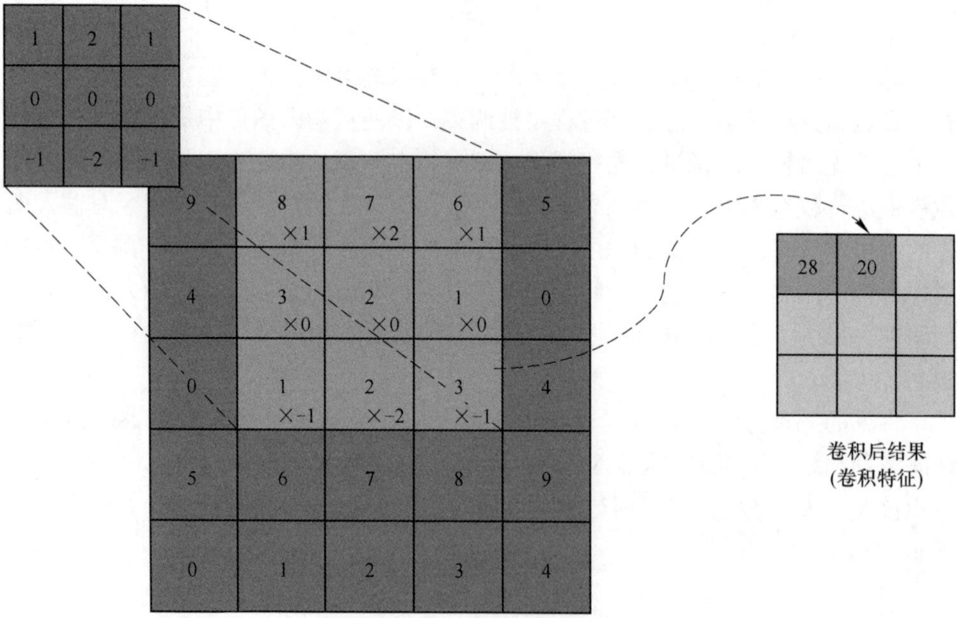
1 2 1
0 0 0
-1 -2 -1
9 8 ×1 7 ×2 6 ×1 5
4 3 ×0 2 ×0 1 ×0 0
0 1 ×-1 2 ×-2 3 ×-1 4
5 6 7 8 9
0 1 2 3 4
28 20
卷积后结果
(卷积特征)

(b)

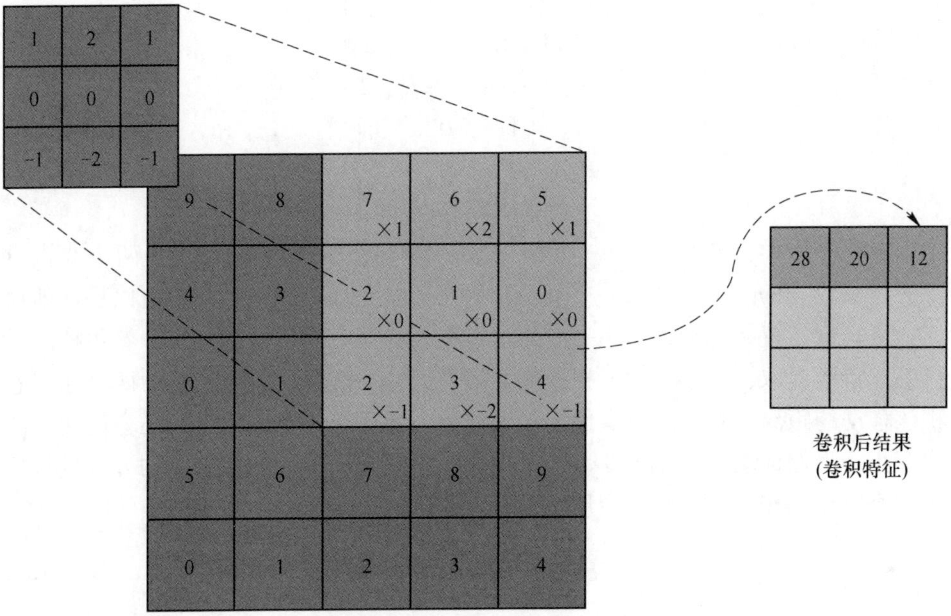

(c)

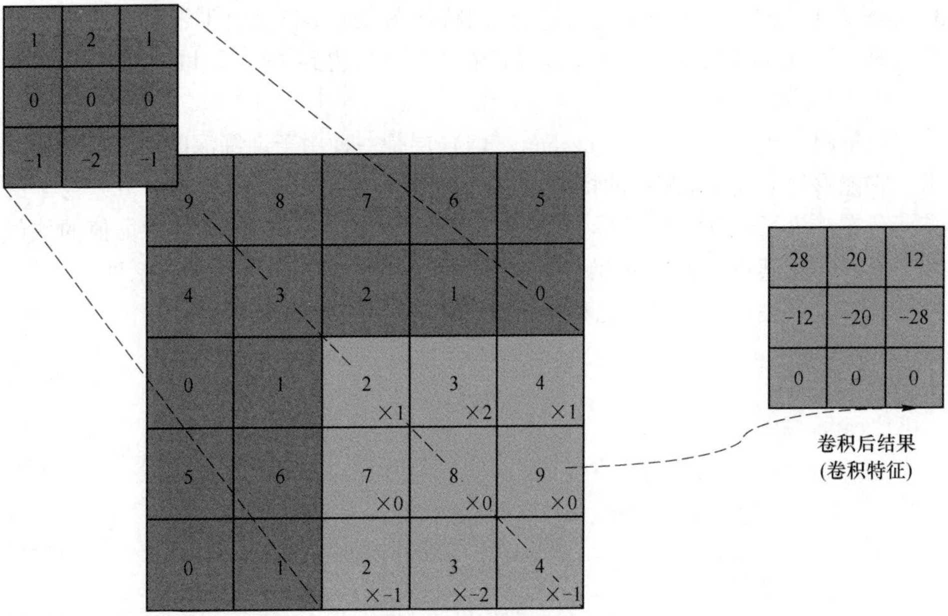

(d)

图 4-1 横向边缘滤波器卷积操作示例

(a) 第一次卷积操作；(b) 第二次卷积操作；(c) 第三次卷积操作；(d) 第九次卷积操作

$$K_h = \begin{bmatrix} 1 & 2 & 1 \\ 0 & 0 & 0 \\ -1 & -2 & -1 \end{bmatrix} \tag{4-2}$$

$$K_v = \begin{bmatrix} 1 & 0 & -1 \\ 2 & 0 & -2 \\ 1 & -2 & -1 \end{bmatrix} \tag{4-3}$$

卷积操作中，卷积核大小（filter size）和卷积步长（stride）是两个非常重要的超参数（hyper parameter）。卷积核大小通常是3×3或5×5，也可以是其他尺寸，可自行设置。卷积核大小一般为小于输入特征图的整数，大尺寸卷积核能进行整体特征提取，而小尺寸卷积核能实现局部特征提取。卷积步长为两个相邻卷积核移动的距离。卷积运算操作会丢失原始图像边缘位置的信息，还会使输出图像变小。为保证图像大小不变，可采用在原始图像周围添加像素点的方式进行填充。经卷积操作后输出特征图尺寸为

$$S_{l+1} = \frac{S_l + 2p - f}{s_0} + 1 \tag{4-4}$$

式中，S_{l+1} 为特征图尺寸；S_l 为输入图片尺寸；p 为填充行列数；f 为卷积核大小；s_0 为卷积步长。图4-1中的输入图片尺寸为5，填充行列数为0，卷积核大小为3，卷积步长为1，经式（4-4）计算得到特征图尺寸为3。由于未对原始图片进行填充，所以5×5尺寸的输入图片经过卷积操作后得到3×3尺寸的特征图。

C　批量归一化层

批量归一化（batch normalization，BN）层是一种用于训练深度学习模型的技术。它能够将mini-batch中的特征值进行映射，使其服从均值为0、方差为1的高斯分布。为了实现这个目标，BN层对于每个mini-batch计算其特征值的均值和方差，并对其进行归一化操作。具体来说，BN层的计算过程包括四个步骤：均值计算、方差计算、归一化和修正操作。BN层的数学表达式如下：

$$\mu = \frac{1}{m}\sum_{i=1}^{m} Z^{(i)} \tag{4-5}$$

$$\sigma^2 = \frac{1}{m}\sum_{i=1}^{m} (Z^{(i)} - \mu)^2 \tag{4-6}$$

$$Z_{\text{norm}}^{i} = \frac{Z^{(i)} - \mu}{\sqrt{\sigma^2 + \varepsilon}} \tag{4-7}$$

$$\tilde{Z}^{(i)} = \gamma \odot Z_{\text{norm}}^{i} + \beta \tag{4-8}$$

式中，μ 和 σ^2 分别为多组特征图的均值和方差；$Z^{(i)}$ 为 i 张图像；Z_{norm}^{i} 为将 i 张图像的特征图经过归一化处理后的结果；γ 和 β 为可学习参数；$\odot$表示向量元素乘积。

BN层可以让各层的输入数据在0值附近稳定分布，对网络的有效学习区间

起到限定作用，从而加快网络的学习效率。批量归一化操作的好处不仅在于能够提高神经网络的收敛速度，同时还能增强训练模型的稳定性和易用性。此外，该操作还能够有效提高网络的泛化能力，从而在实际应用中发挥更好的效果。

D　池化层

池化层（pooling layer）是仿照人的视觉系统对视觉输入对象进行降维和抽象。输入特征在经过池化操作后能够在空间范围内进行维度约减，达到降采样的效果，同时减小了下一层输入大小，进而减少计算量和参数个数。池化层具有特征不变性，在对特征图进行降采样过程中，通过滑动窗口的方式从窗口内挑选出最具有代表性的特征值，更关注具有代表性的特征而不是特征具体的位置。与卷积层操作不同的是，池化层不包含需要学习的参数。常用的池化方法包括最大池化和平均池化。这两种方法都是在卷积神经网络中常用的下采样技术，用于减小输入数据的空间维度并提取出最显著的特征。最大池化将每个滑动窗口内的最大值作为输出，而平均池化则是输出窗口内所有值的平均值。具体操作如图 4-2、

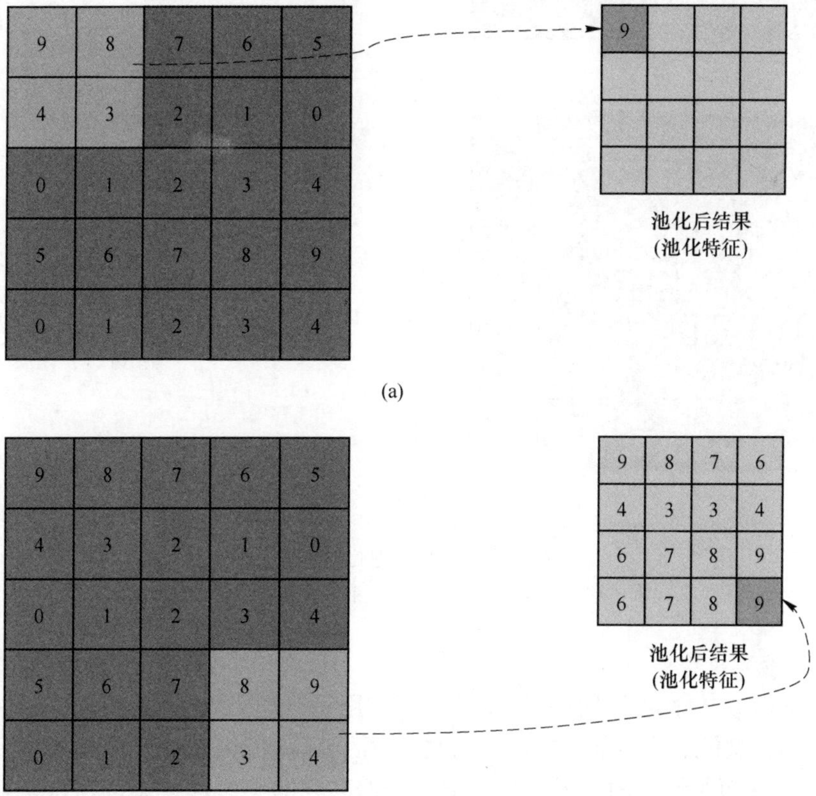

图 4-2　最大池化操作

（a）第一次最大池化操作；（b）第十六次最大池化操作

图 4-3 所示。使用池化层时，需要指定池化方式、池化操作的核大小和池化操作的步长。对于大小为 5×5 的输入特征图，经过 2×2 的池化窗口和池化操作步长为 1 的处理后，得到池化特征尺寸为 4×4。最大池化提取池化核中最大特征值，可以更好地保留图像的纹理特征。平均池化提取池化核中所有特征的平均值，有利于保留图像的整体特征。

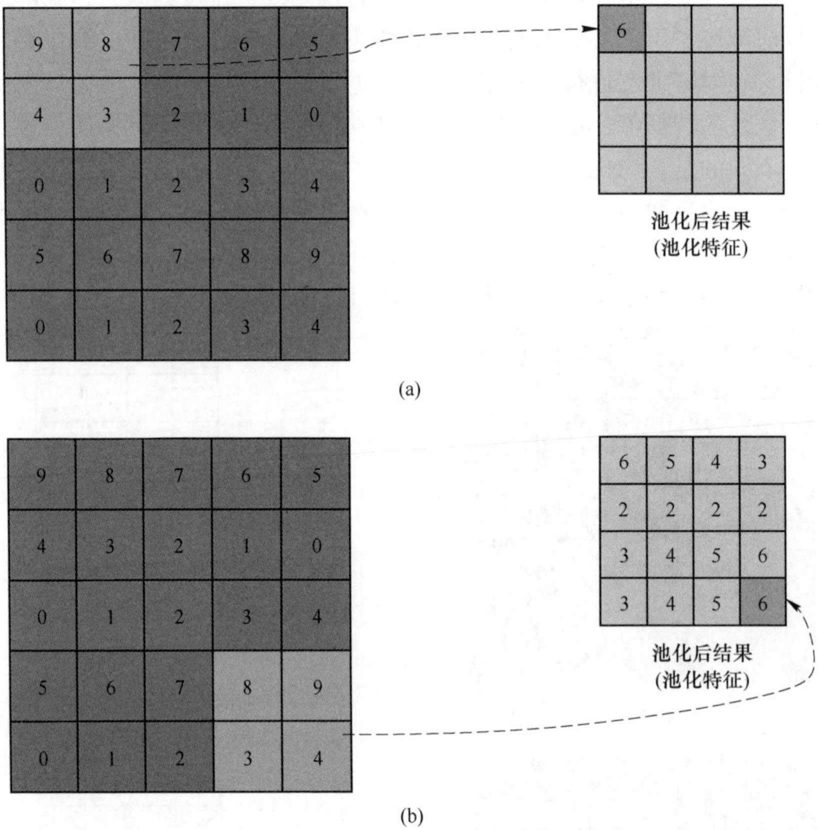

图 4-3　平均池化操作

（a）第一次平均池化操作；（b）第十六次平均池化操作

E　激活函数

激活函数又称为非线性映射函数，其作用是对输入的信号进行非线性映射，从而提高模型的非线性能力。通俗地说，激活函数的作用是决定一个神经元是否“激活”，从而对信号的传递产生影响。根据问题的类型和模型的需求来选择激活函数，以提高模型的准确性和稳定性。Sigmoid 激活函数和 ReLU 激活函数[26]常用于图像处理的 CNN 模型。

a Sigmoid 激活函数

$$f(x)=\frac{1}{1+e^{-x}} \tag{4-9}$$

Sigmoid 函数，又称为 Logistic 函数，可将所有输入值映射到［0，1］区间内。其中，0 表示生物神经元的抑制状态，而 1 表示神经元的兴奋状态。由图 4-4 可见，当输入值大于 5 时，无论输入值多大都会被压缩到 1；当输入值小于-5 时，无论输入值多小都会被压缩到 0，这样就会存在“饱和效应”。当输入数据大于 5（或小于-5）时，Sigmoid 函数的一阶导数接近 0，在进行反向传播时其导数值会逐层相乘使得前一层的梯度逐渐减小，导致误差无法向前传播，使得网络无法进行训练。

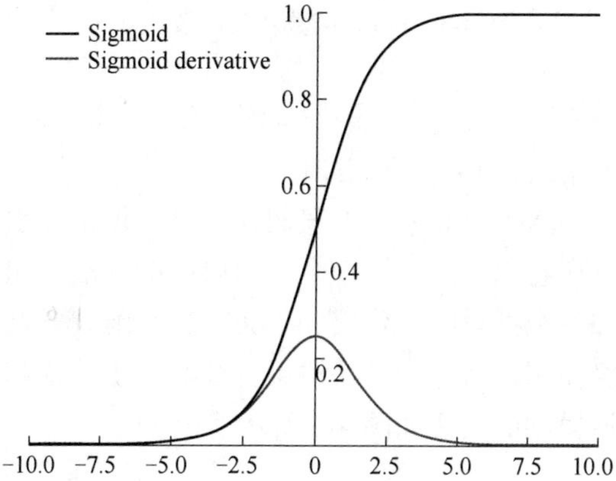

图 4-4 Sigmoid 函数及其函数梯度

b ReLU 激活函数

$$f(x)=\max\{0,\ x\}=\begin{cases}x & (x\geqslant 0)\\ 0 & (x<0)\end{cases} \tag{4-10}$$

ReLU 函数如式（4-10）所示，是一个分段函数。当 ReLU 函数的输入值 $x\geqslant 0$ 时，输出值与输入值相等；当输入值 $x<0$ 时，其输出值为 0。由图 4-5 可见，ReLU 函数在输入值 $x\geqslant 0$ 时，梯度为 1；输入值 $x<0$ 时，梯度为 0。ReLU 函数的优点在于它可以有效地避免梯度爆炸，防止过拟合。由于 ReLU 函数非负区间的梯度是一个常数，可以更好地传播误差信号，从而提高了模型的训练效率和准确性。同时，ReLU 函数的计算速度也非常快，可以大大减少训练时间。相比于 Sigmoid 函数，ReLU 函数的收敛速度约快 6 倍，是目前应用最广泛的激活函数之一。

4.3.2.2 轻量级 U-Net

U-Net 是一种高效的深度学习语义分割网络，其能够在样本数据量低的情况

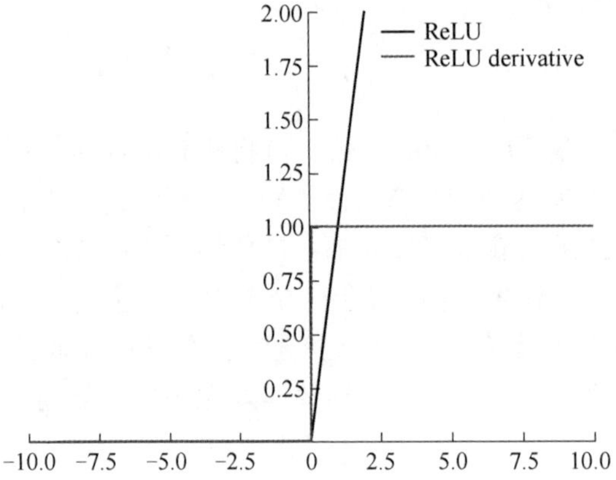

图 4-5　ReLU 函数及其函数梯度

下获取较好的分割效果[25]。由于灯盏花种植区域较为密集，且垄间边界不清晰，因此使用弱标注数据集进行 U-Net 网络训练。

为了进一步提高 U-Net 的效率，本案例在特征提取部分引入了深度可分离卷积技术，用深度可分离卷积操作替换每个卷积层中的标准卷积操作。在深度可分离卷积层之后，添加一个批量归一化层和 ReLU 激活函数，以进一步提高模型性能。同时，在同一级使用跳跃连接，将浅层特征和深层特征相结合，实现对灯盏花的多尺度预测。该模型的结构如图 4-6 所示。

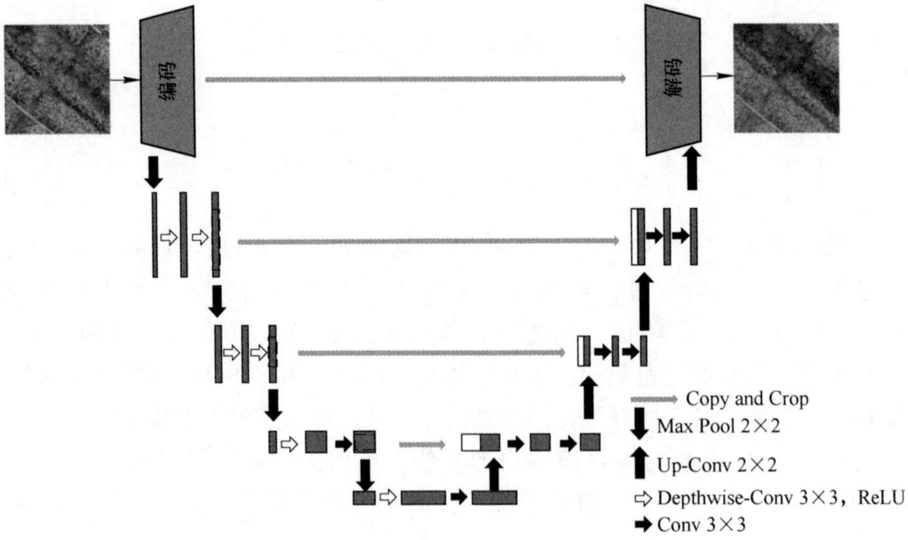

图 4-6　轻量级 U-Net 网络结构

训练深度神经网络并不是一件简单的事情，因为这些网络通常具有大量的参数和层级，需要在大量数据上进行反复迭代训练才能取得好的效果。同样的网络结构使用不同的训练方法，其结果差异可能较大。为了获得更好的训练效果，有许多技巧和方法可以使用。本案例采用了四种训练技巧对模型进行训练，能够降低训练成本，并获得更好的预测结果。

（1）训练数据随机打乱。训练数据的顺序对深度神经网络的训练非常重要。如果数据顺序不变，网络可能会学到一些与数据顺序相关的规律，而无法泛化到新的数据上。因此，采用随机批处理的训练机制，使网络接收到的数据不同，有助于神经网络学习到更广泛的数据分布。这样的处理不仅提高了网络收敛速率，同时增加了网络的鲁棒性，而且能略微提升模型在测试集上的预测结果。

（2）批规范化操作。批规范化是一种用于加速深度神经网络训练的方法。该方法通过规范化每一层的输入数据，使得网络更易于学习，并且能够更快地收敛。这种方法可以帮助防止过拟合，提高模型的泛化能力。

（3）网络模型优化算法选择。网络模型优化算法的目的是在训练过程中优化网络的权重和偏置，以最小化训练误差。随机梯度下降法（stochastic gradient descent，SGD）的收敛效果较稳定，但其使用高方差进行频繁更新，导致收敛速度较慢，目标函数波动剧烈。为了改善 SGD 更新时可能出现的振荡现象，研究者提出了一种基于动量的随机梯度下降法。然而，这些方法的学习率一直保持不变，并未考虑学习率的自适应性。相比之下，Adam 算法经过偏置校正后，参数更新比较稳定，能够处理学习率自适应的问题。因此，本案例选择 Adam 算法作为网络模型优化算法。

（4）骨干网络替换。骨干网络是深度神经网络中非常重要的组成部分，它通常用于提取输入数据的特征。一些常见的骨干网络有 AlexNet、VGG、GoogLeNet、MobileNet 等。AlexNet 是 CNN 发展的重要节点，但其网络深度不够，准确度较低。VGG 与 AlexNet 相比能更加准确地提取图像信息，且网络模型所需内存较小，但随着模型深度的加深，其参数量增加，导致训练时间变长。GoogLeNet 通过对模型进行改进，提取效果优于 VGG，但复杂度较高。MobileNet 通过选用合适的参数使得网络在保证精度的情况下，训练速度有所提升。本案例选择 VGG16、GoogLeNet 和 MobileNet-V1 作为 U-Net 的骨干网络，对模型的训练时间以及参数量进行了定量评估，结果如表 4-1 所示，可以看出 MobileNet-V1 网络的训练成本最低，因此本案例将其设定为 U-Net 的骨干网络。

表 4-1 不同骨干网络的性能

骨干网络	训练时间/h	参数量
U-Net + VGG16	4.1	12322946

续表 4-1

骨干网络	训练时间/h	参数量
U-Net + GoogLeNet	6.1	16256386
U-Net + MobileNet-V1	2.7	6315522

4.3.3　弱监督语义分割

弱监督语义分割是一种使用缺乏像素级别准确标注的数据进行语义分割任务的方法。与传统的语义分割方法需要每个像素精确标注的数据不同，弱监督语义分割方法通过利用具有粗略标签或边界框标注的数据来训练模型。这种方法的优势在于减轻了标注数据的负担，提高了标注的效率，并且适用于大规模数据集和复杂场景的语义分割任务。弱监督语义分割方法的意义在于提高了语义分割任务的效率和可扩展性。通过使用弱监督语义分割方法，研究者和从业者可以更轻松地处理大规模数据集，并在缺乏像素级别准确标注的情况下获得具有实际应用价值的分割结果。边框级弱标注数据制作过程如图 4-7 所示。

4.3.4　RGB 波段最大差异法

RGB 波段最大差异法用来计算对象在红（Red）、绿（Green）、蓝（Blue）这三个波段的最大差异值，公式如下：

$$f(c) = \frac{\max|\bar{c}_i(v) - \bar{c}_j(v)|}{\bar{c}(v)} \tag{4-11}$$

式中，$\bar{c}(v)$ 为对象 v 的灰度值；$\bar{c}_i(v)$ 为对象 v 在波段 i 的灰度值；$\bar{c}_j(v)$ 为对象 v 在波段 j 的灰度值。

为了精确提取灯盏花的种植信息，运用 RGB 波段最大差异法去除背景地物，并对灯盏花种植区的语义分割结果进行掩膜提取。采用基于样本数据的阈值确定方法，随机选取了 500 个其他背景地物样本和 500 个灯盏花样本，经实验测定，灯盏花与其他背景地物的阈值为 0.4。若 RGB 波段最大差异值比 0.4 大，即为其他背景地物，如图 4-8 所示。

4.3.5　精度评价指标

选取交并比（intersection over union，IoU）、像素准确率（pixel accuracy，PA）、F1 值作为评价指标，定量评价灯盏花提取精度。在选择评价指标时，考虑到了 IoU、PA、F1 值是广泛应用于图像分割任务中的三种基本指标。IoU 衡量预测结果与实际标签之间的重叠度。PA 衡量预测结果中正确分类像素的比例。而 F1 值是精确度和召回率的调和平均值，既考虑了分类的准确性，又考虑了漏

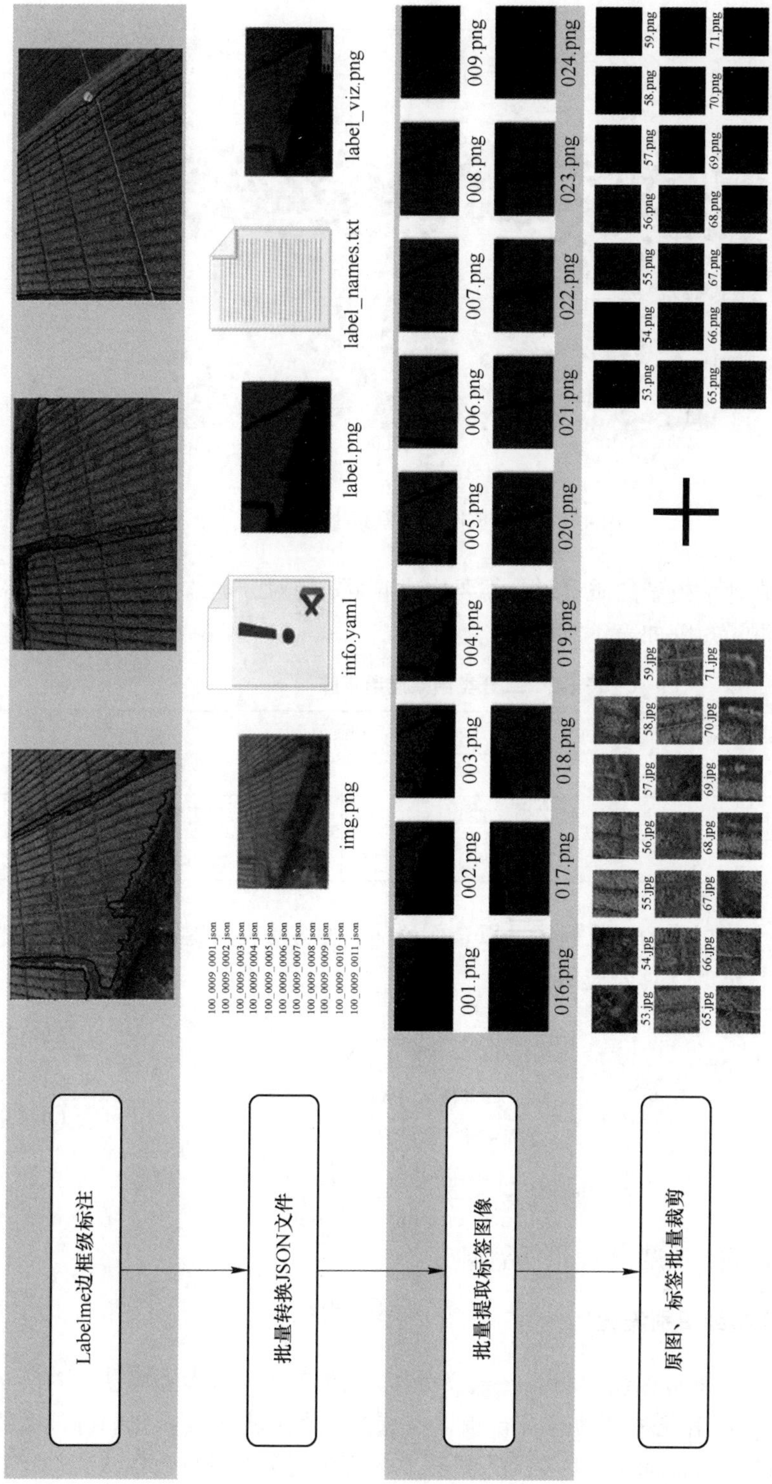

图 4-7 边框级弱标注数据制作过程

图 4-7彩图

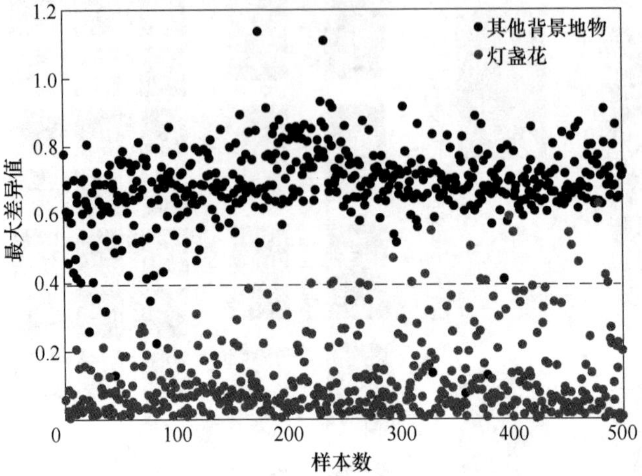

图 4-8　RGB 波段最大差异值图

分类的情况。在评估模型的质量时，需要构建混淆矩阵对分类结果进行统计。以二分类为例，混淆矩阵如表 4-2 所示。

表 4-2　二分类结果混淆矩阵

真实值	预测值	
	正例	反例
正例	真阳例（TP）	假阴例（FN）
反例	假阳例（FP）	真阴例（TN）

选择这三个指标作为评价指标，以全面评估三种方法在灯盏花提取任务中的表现。各评价指标的计算公式如下：

$$\mathrm{IoU} = \frac{\mathrm{TP}}{\mathrm{TP} + \mathrm{FP} + \mathrm{FN}} \tag{4-12}$$

$$\mathrm{PA} = \frac{\mathrm{TP} + \mathrm{TN}}{\mathrm{TP} + \mathrm{TN} + \mathrm{FP} + \mathrm{FN}} \tag{4-13}$$

$$\mathrm{F1}\text{值} = 2 \times \frac{\mathrm{Precision} \times \mathrm{Recall}}{\mathrm{Precision} + \mathrm{Recall}} \tag{4-14}$$

式中，Precision 为精确度；Recall 为召回率。

4.3.6　单作物精细识别流程

本案例使用边框级标注的弱监督语义分割和 RGB 波段最大差异法，对无人机遥感影像中的灯盏花种植信息进行提取。首先，为了构建灯盏花弱标注数据集，运用 Labelme 图像标注工具对无人机获取的灯盏花影像进行边框级标注，这种标注方法相对于像素级标注来说，标注成本更低，且可以利用边框的位置信息来辅助分割。其次，为了进行灯盏花种植区语义分割，使用轻量级 U-Net 网络对弱标注数据集进行训练，U-Net 网络具有较好的分割效果和较低的计算复杂度，适用于处理无人机遥感影像数据。最后，为了进一步提高灯盏花种植信息的提取精度，采用 RGB 波段最大差异法进行精细提取。这种方法利用 RGB 三个波段的像素值之间的最大差异来进行分割，可以有效地区分不同地物的波段差异，并提取出更准确的种植信息。本案例采用的技术路线如图 4-9 所示。

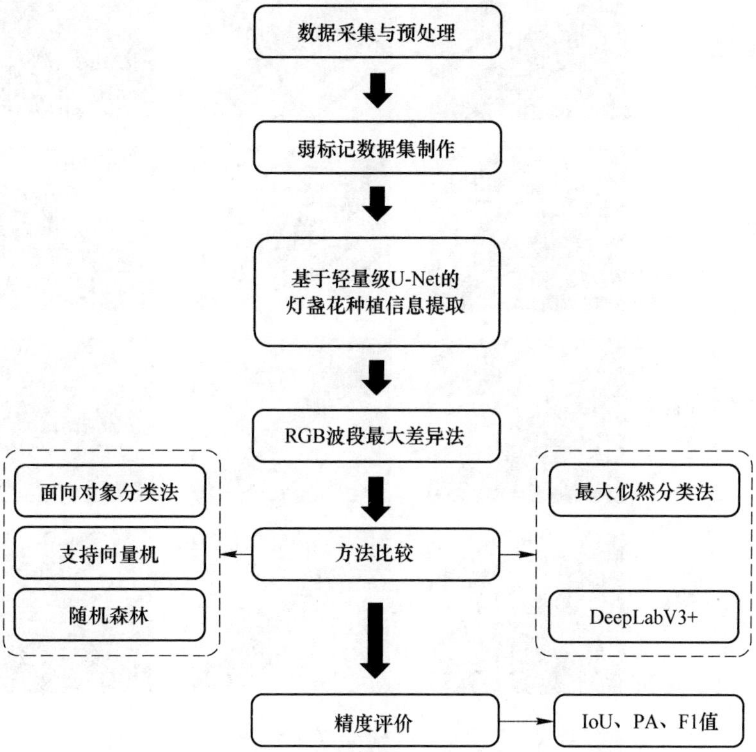

图 4-9 技术路线图

4.4 实验结果与分析

4.4.1 定性评价

运用面向对象分类法、最大似然分类法、支持向量机、随机森林、DeepLabV3+和本案例方法对具有代表性的三个场景灯盏花进行提取，并通过视觉分析比较它们的提取效果。灯盏花提取结果如图 4-10 所示，面向对象分类法

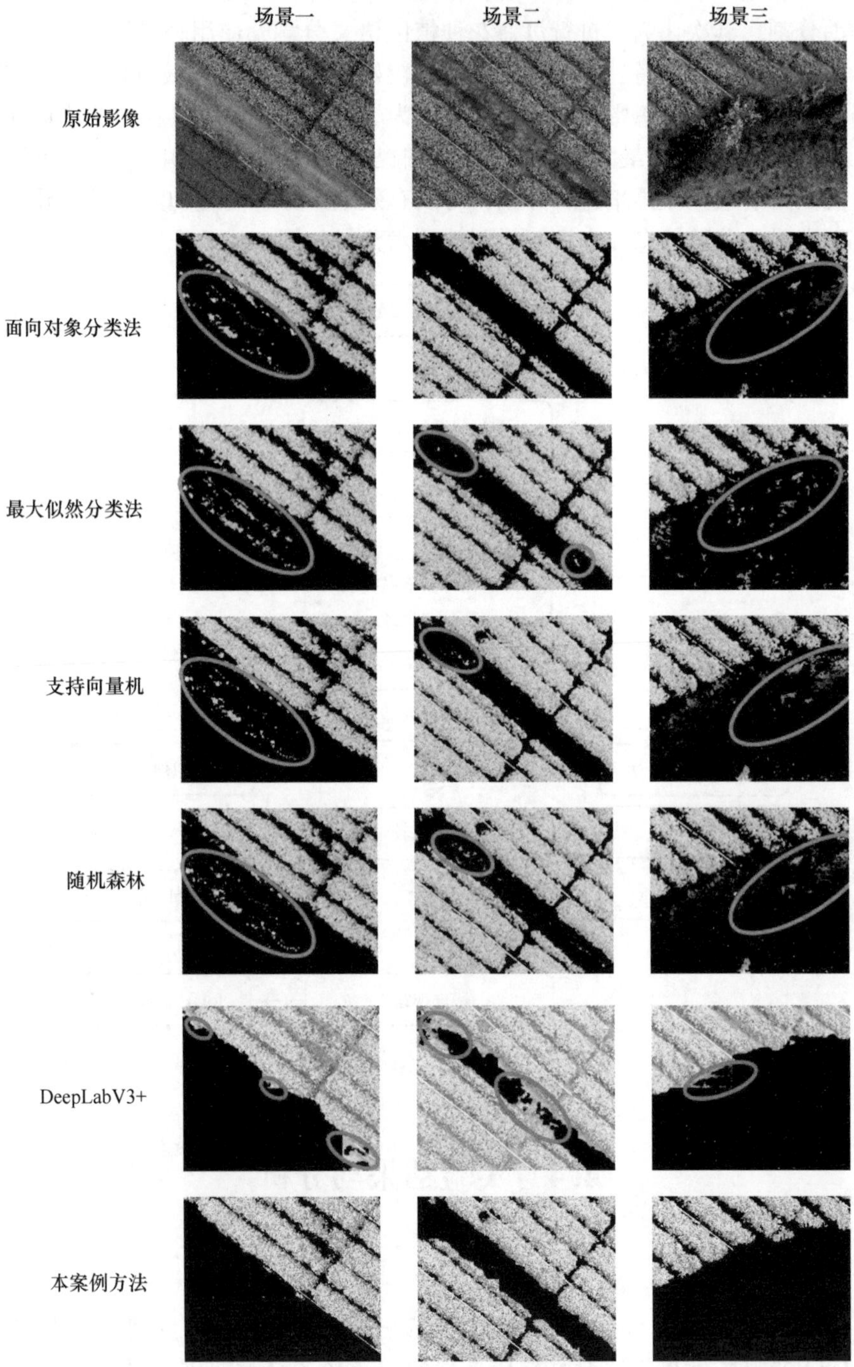

图 4-10　不同方法的灯盏花提取结果

在场景一和场景三中均出现错分现象。在场景一中，碎石道路与灯盏花具有相似的光谱特征，使得面向对象分类法和最大似然分类法无法准确区分碎石道路与灯盏花，导致部分碎石道路被错误识别为灯盏花。在场景三中，面向对象分类法将部分其他植被识别为灯盏花，且灯盏花信息识别较为细碎，且花与花之间出现空洞，每垄灯盏花的整体性较差。最大似然分类法、支持向量机、随机森林和DeepLabV3+这四种方法在三个场景中均存在错分现象。具体来说，场景一中的碎石道路与灯盏花具有相似的光谱特征，所有对比方法均无法准确区分碎石道路与灯盏花，使得部分碎石道路被错误识别为灯盏花。在场景二中，使用最大似然分类法、支持向量机、随机森林和 DeepLabV3+的识别方法会将少量田埂信息误分成灯盏花，导致提取精度降低。其中，DeepLabV3+的识别结果存在未将大量土壤去除的情况。在场景三中，运用最大似然分类法、支持向量机、随机森林和DeepLabV3+均存在将其他植物识别为灯盏花的情况。虽然最大似然分类法能有效去除管道噪声，但最大似然分类法所提取的灯盏花信息较为细碎，且每垄灯盏花的整体性较差（花与花之间出现空洞）。而本案例所提方法在三个场景中均能准确识别灯盏花信息，错分现象较少，并且本案例方法能够有效保留每垄灯盏花的整体性。

本案例提出的方法具有良好的提取效果和广泛的应用前景，可以为灯盏花识别和农业智能化提供技术支持。

4.4.2 定量评价

本案例评估了三个不同场景下不同方法的灯盏花识别准确度，并使用 IoU、PA、F1 值进行了量化评价。表 4-3 展示了每种方法在不同场景下的表现。

表 4-3 不同方法在三个场景下的提取精度 (%)

场景	方法	IoU	PA	F1 值
一	面向对象分类法	81.07	88.23	89.55
	最大似然分类法	76.44	87.24	86.65
	支持向量机	78.85	88.55	87.54
	随机森林	80.03	89.14	89.13
	DeepLabV3+	85.45	91.13	90.14
	本案例方法	**90.55**	**94.63**	**95.04**
二	面向对象分类法	90.14	91.77	94.81
	最大似然分类法	80.33	84.79	89.09
	支持向量机	89.99	91.94	92.93
	随机森林	89.42	91.70	91.60

续表 4-3

场景	方法	IoU	PA	F1 值
二	DeepLabV3+	81.34	82.50	81.51
	本案例方法	**90.74**	**92.35**	**95.15**
三	面向对象分类法	65.90	90.44	79.45
	最大似然分类法	61.18	89.14	75.91
	支持向量机	64.32	89.38	89.36
	随机森林	64.38	90.08	89.08
	DeepLabV3+	74.73	91.68	92.60
	本案例方法	**86.63**	**96.34**	**92.84**

注：加粗字体为各项最优结果。

场景一中，本案例方法在 IoU、PA 和 F1 值三个评价指标中表现最佳，相比之下，DeepLabV3+的表现略逊。值得一提的是，本案例方法在场景一中的 F1 值高达 95.04%，表明该方法对于灯盏花识别的准确性非常高。从 IoU 这一指标来看，本案例方法比面向对象分类法高 9.48%，比最大似然分类法高 14.11%，比支持向量机高 11.7%，比随机森林高 10.52%，比 DeepLabV3+高 5.1%；从 PA 这一指标来看，本案例方法比面向对象分类法高 6.4%，比最大似然分类法高 7.39%，比支持向量机高 6.08%，比随机森林高 5.49%，比 DeepLabV3+高 3.5%；从 F1 值这一指标来看，本案例方法比面向对象分类法高 5.49%，比最大似然分类法高 8.39%，比支持向量机高 7.5%，比随机森林高 5.91%，比 DeepLabV3+高 4.9%。场景一中，本案例方法能够有效去除碎石道路和土壤等背景地物，并且能更好地保留每垄灯盏花的完整性，从而使得灯盏花识别准确度较高。

场景二中，本案例方法在各个评价指标中均高于其他方法。具体而言，本案例方法的 IoU、PA、F1 值分别为 90.74%、92.35%和 95.15%。本案例方法与面向对象分类法相比，各指标分别提升了 0.6%、0.58%和 0.34%。本案例方法与最大似然分类法相比，各指标分别提升了 10.41%、7.56%和 6.06%。本案例方法与支持向量机相比，各指标分别提升了 0.75%、0.41%和 2.22%。本案例方法与随机森林相比，各指标分别提升了 1.32%、0.65%和 3.55%。本案例方法与 DeepLabV3+相比，各指标分别提升了 9.4%、9.85%和 13.64%。通过分析可以看出本案例方法与面向对象分类法相比提升程度较小，这是由于场景二的管道被隐藏在灯盏花中，而且与灯盏花具有相似的光谱特征，这种情况给图像分割带来了很大的挑战。最大似然分类法较注重地物的纹理特征和空间特征，在去除管道这一背景地物上表现较好。由于 DeepLabV3+未能去除土壤等背景地物，导致其提取精度较低。

场景三中，本案例方法在三个评价指标中依然表现最优。具体而言，本案例方法的 IoU、PA、F1 值分别为 86.63%、96.34%和 92.84%。本案例方法与面向对象分类法相比，各指标分别提升了 20.73%、5.9%和 13.39%。本案例方法与最大似然分类法相比，各指标分别提升了 25.45%、7.2%和 16.93%。本案例方法与支持向量机相比，各指标分别提升了 22.31%、6.96%和 3.48%。本案例方法与随机森林相比，各指标分别提升了 22.25%、6.26%和 3.76%。本案例方法与 DeepLabV3+相比，各指标分别提升了 11.9%、4.66%和 0.24%。相较于经典的作物种植信息提取方法，本案例方法能够显著提高精度。这表明深度学习能够从图像中提取具有鲁棒性的高层抽象特征，从而大幅提高图像的分类精度。运用本案例方法，能够有效去除图像中的其他植被、土壤干扰，实现对灯盏花的准确识别。

经过比较和评估，本案例方法在三个场景下均取得了最高的 IoU、PA 和 F1 值，相较于面向对象分类法、最大似然分类法、支持向量机、随机森林和 DeepLabV3+，本案例方法能更好地提取灯盏花种植信息。本案例方法不仅是针对一个场景，而且是经过实验验证在不同的场景下都有着出色的表现。这意味着本案例所提方法能够在不同的环境中保持高水平的性能，从而使得灯盏花的种植信息能够被更好地提取。

4.4.3 消融实验分析

为验证 RGB 波段最大差异法对提高灯盏花种植信息提取精度的作用，进行了一系列实验，并比较了轻量级 U-Net、RGB 波段最大差异法和本案例方法在三个场景下的表现。评价指标为 IoU、PA 和 F1 值，评估了这些方法在每个场景下的结果，如表 4-4 所示。实验结果表明，本案例提出的方法能够提高灯盏花信息提取的精度。在场景一中，运用本案例方法相较于轻量级 U-Net，灯盏花信息提取精度在 IoU、PA 和 F1 值上分别提高了 2.48%、1.72%和 1.38%；在场景二中，运用本案例方法相较于轻量级 U-Net，灯盏花提取精度在 IoU、PA 和 F1 值上分别提高了 1.68%、1.62%和 0.94%；在场景三中，运用本案例方法相较于轻量级 U-Net，灯盏花提取精度在 IoU、PA 和 F1 值上分别提高了 5.07%、1.86%和 3%。虽然 RGB 波段最大差异法在三个场景下的灯盏花信息提取结果的精度并不是非常高，但它能有效减弱土壤等背景地物的影响，从而提高整体（即本案例方法）的提取精度。

表 4-4 消融实验结果 (%)

场景	方法	IoU	PA	F1 值
一	轻量级 U-Net	88.07	92.91	93.66
	RGB 波段最大差异法	64.23	71.35	78.22
	本案例方法	**90.55**	**94.63**	**95.04**

续表 4-4

场景	方法	IoU	PA	F1 值
二	轻量级 U-Net	89.06	90.73	94.21
	RGB 波段最大差异法	82.20	83.68	90.23
	本案例方法	**90.74**	**92.35**	**95.15**
三	轻量级 U-Net	81.56	94.48	89.84
	RGB 波段最大差异法	35.91	57.50	52.85
	本案例方法	**86.63**	**96.34**	**92.84**

注：加粗字体为各项最优结果。

4.5 案例要点

（1）采用基于边框级标注的弱监督语义分割和 RGB 波段最大差异法对无人机遥感灯盏花种植信息进行了地块级高精度提取。

（2）边框级标注可以减少大量标注时间成本，但如何设计合理的模型提升语义分割精度是关键。

（3）采用 RGB 波段最大差异法对灯盏花种植区语义分割结果进行掩膜提取，可以实现灯盏花种植信息精细提取。

（4）本案例方法能够满足小农种植下的灯盏花自动提取，且提取到的每垄灯盏花的完整性较好。但仍存在一些问题：隐藏在灯盏花间的管道被错误检测；采用样本选择确定背景地物与灯盏花之间的 RGB 波段最大差异阈值存在主观性。

参考文献

[1] 史婷婷，张小波，曲晓波，等．基于面向对象分类的人参种植分布信息提取研究——以抚松县为例［J］. 中国中药杂志，2017，42（22）：4353-4357.

[2] 黄文静，蔡兴航，张严磊，等．基于面向对象分类法的陕西佳县大枣种植面积提取研究［J］. 中国中药杂志，2019，44（19）：4116-4120.

[3] LUO C，QI B，LIU H，et al. Using time series Sentinel-1 images for object-oriented crop classification in Google Earth Engine［J］. Remote Sensing，2021，13（4）：561.

[4] 吴金胜，刘红利，张锦水．无人机遥感影像面向对象分类方法估算市域水稻面积［J］. 农业工程学报，2018，34（1）：70-77.

[5] ZHANG X，SUN Y，SHANG K，et al. Crop classification based on feature band set construction and object-oriented approach using hyperspectral images［J］. IEEE Journal of Selected Topics in Applied Earth Observations Remote Sensing，2016，9（9）：4117-4128.

[6] 王晨丞，王永前，王利花．基于 SAR 纹理信息的农作物识别研究——以农安县为例［J］. 遥感技术与应用，2021，36：372-380.

[7] MURUGAN D, SINGH D. A step towards digital agriculture for development of object based phenology approach to classify sugarcane and paddy crops using multisensor data [C] //2019 IEEE International Geoscience and Remote Sensing Symposium. Yokohama: [s. n.], 2019: 5828-5831.

[8] 李苓苓, 潘耀忠, 张锦水, 等. 支持向量机与分类后验概率空间变化向量分析法相结合的冬小麦种植面积测量方法 [J]. 农业工程学报, 2010, 26: 210-217.

[9] 郭交, 朱琳, 靳标. 基于 Sentinel-1 和 Sentinel-2 数据融合的农作物分类 [J]. 农业机械学报, 2018, 49: 192-198.

[10] 单治彬, 孔金玲, 张永庭, 等. 面向对象的特色农作物种植遥感调查方法研究 [J]. 地球信息科学学报, 2018, 20: 1509-1519.

[11] KANG J, ZHANG H, YANG H, et al. Support vector machine classification of crop lands using Sentinel-2 imagery [C] //2018 7th International Conference on Agro-Geoinformatics. Hangzhou: [s. n.], 2018: 1-6.

[12] 贺原惠子, 王长林, 贾慧聪, 等. 基于随机森林算法的冬小麦提取研究 [J]. 遥感技术与应用, 2018, 33: 1132-1140.

[13] MASHABA-MUNGHEMEZULU Z, CHIRIMA G J, MUNGHEMEZULU C. Delineating smallholder maize farms from Sentinel-1 coupled with Sentinel-2 data using machine learning [J]. Sustainability, 2021, 13 (9): 4728.

[14] 郭其乐, 李军玲, 郭鹏. 基于作物双时相遥感特征的花生种植区提取 [J]. 应用气象学报, 2022, 33: 218-230.

[15] 王利民, 刘佳, 杨玲波, 等. 随机森林方法在玉米-大豆精细识别中的应用 [J]. 作物学报, 2018, 44: 569-580.

[16] 刘杰, 刘吉凯, 安晶晶, 等. 基于时序 Landsat8 OLI 多特征与随机森林算法的作物精细分类研究 [J]. 干旱地区农业研究, 2020, 38: 281-288, 298.

[17] WANG Z, ZHAO Z, YIN C. Fine crop classification based on UAV hyperspectral images and random forest [J]. ISPRS International Journal of Geo-Information, 2022, 11 (4): 252.

[18] 刘同星, 马明霞, 路长伦, 等. 基于无人机影像的冬小麦深度学习分类 [J]. 中国农业资源与区划, 2020, 41: 150-158.

[19] WEI P, CHAI D, LIN T, et al. Large-scale rice mapping under different years based on time-series Sentinel-1 images using deep semantic segmentation model [J]. ISPRS Journal of Photogrammetry Remote Sensing, 2021, 174: 198-214.

[20] 黄林生, 邵松, 卢宪菊, 等. 基于卷积神经网络的生菜多光谱图像分割与配准 [J]. 农业机械学报, 2021, 52: 186-194.

[21] HUANG L, WU X, PENG Q, et al. Depth semantic segmentation of tobacco planting areas from unmanned aerial vehicle remote sensing images in plateau mountains [J]. Journal of Spectroscopy, 2021, 2021: 6687799.

[22] LI Q, JIA W, SUN M, et al. A novel green apple segmentation algorithm based on ensemble U-Net under complex orchard environment [J]. Computers and Electronics in Agriculture, 2021, 180: 105900.

[23] NING S, LI S, HE Z, et al. Extraction of rice-planted area based on MobileUNet model and Radarsat-2 data [C] //2019 SAR in Big Data Era. Beijing: [s. n.], 2019: 8858473.

[24] WEI S, ZHANG H, WANG C, et al. Multi-temporal SAR data large-scale crop mapping based on U-Net model [J]. Remote Sensing, 2019, 11 (1): 68.

[25] LECUN Y, BOTTOU L, BENGIO Y, et al. Gradient-based learning applied to document recognition [J]. Proceedings of the IEEE, 1998, 86 (11): 2278-2324.

[26] NAIR V, HINTON G E. Rectified linear units improve restricted Boltzmann machines [C] // Proceedings of the 27th International Conference on Machine Learning. Haifa: [s. n.], 2010: 807-814.

5 超像素空间直觉模糊 C 均值聚类的高空间分辨率遥感影像非监督分类案例

5.1 案例目标

(1) 熟悉典型监督分类、半监督分类和非监督分类方法的优缺点，了解遥感影像非监督分类任务的流程。

(2) 了解基于超像素分割、模糊聚类算法和直觉模糊集基本原理。

(3) 掌握如何将超像素分割与空间直觉模糊 C 均值聚类相结合实现遥感影像非监督分类的技术方法。

5.2 背景信息

随着对地观测技术的蓬勃发展，高空间分辨率遥感（high spatial resolution remote sensing，HSRRS）影像已广泛应用于地质灾害监测、农业管理、城乡规划和国防建设等多个领域[1]。分类是 HSRRS 影像理解和计算机解译的基础和前提，是完成信息提取、数据挖掘和资源整合的关键步骤。分类结果的精准与否，对影像的定性定量分析、专题信息有效提取和利用起到了关键作用[2]。但“同物异谱”和“异物同谱”问题普遍存在，为 HSRRS 影像的精准分类带来了巨大的挑战。

HSRRS 影像分类主要分为监督分类和非监督分类。监督分类在实际应用中，分类结果受人为主观因素影响较大，同一地物存在光谱差异时训练样本的代表性不佳，对于未定义或数量太少的类别识别效果不佳。而非监督分类不需要地物先验信息，基于特定的算法和相似度概念对具有相近特征的像素进行聚类，获取目标数据的内在分布规律，因此得以推广运用[3]。但传统非监督分类方法如 K 均值聚类（K-means）算法和迭代自组织数据分析（ISODATA）算法，均属“硬”聚类方法，划分依据单一，产生的类别较难控制，易陷入局部最优，存在分类不确定问题。基于模糊数学理论的分类方法提出后，对于解决 HSRRS 影像分类不确定问题有较好成效。如模糊 C 均值（fuzzy C-means，FCM）在隶属度中考虑了样本与类之间的模糊特性，通过优化目标函数获取隶属度完成自动分类[4]。FCM 优于硬聚类，因为它对模糊性的容忍度更高，并能保留更多的原始图像信息。但

FCM 对噪声敏感、函数收敛速度慢，且仅依据单一隶属度划分类别不足以描述图像的模糊信息，无法完全解决分类不确定性。

为了解决 FCM 算法的不足，国内外学者开展了大量研究，主要形成了三种改进方法：（1）在目标函数中引入空间邻域信息，抑制异常数据对聚类结果的影响[5-6]，但空间邻域信息的引入往往会增加计算复杂度；（2）以核距离代替欧式距离进行聚类，解决目标函数初始聚类敏感问题[7-8]，但核距离用于复杂影像聚类的适用性还有待加强；（3）修改隶属度函数并增加特定参数，平衡单一隶属度聚类划分局限性[9-10]，分类效果虽有改善但未完全解决不确定问题。为了解决该问题，Xu 等[11]结合 FCM 和直觉模糊集（intuitionistic fuzzy set，IFS）提出了直觉模糊 C 均值聚类（intuitionistic fuzzy C-means clustering，IFCM）算法；文献［12］和［13］将直觉模糊聚类用于 HSRRS 影像变化检测和影像分割，较好地解决了聚类过程中的不确定问题。但以像素为基本单元的 IFCM 只考虑像素光谱信息，忽略了影像的空间特征，无法去除“椒盐”噪声。

Ren 等[14]在 2003 年首次提出超像素的概念并将其用于图像分割。利用超像素分割进行预处理可有效提取影像局部特征和表达影像结构信息，减少分类“椒盐”噪声，同时可有效降低非监督分类像素处理规模和计算复杂度[15]。近年来，大量国内外学者将目光转至超像素和 FCM 算法相结合的非监督分类方法研究，利用超像素引入局部空间信息提升 FCM 算法性能。超像素快速 FCM（superpixel-based fast fuzzy C-means clustering，SFFCM）算法[16]、快速鲁棒 FCM（fast and robust fuzzy C-means clustering，FRFCM）算法[17]，将传统的非监督分类由像素级转变为对象级，提升鲁棒性的同时降低算法复杂度，但是二者仅以隶属度作为划分依据，在实际运用中受分类不确定问题影响易出现错分情况；文献［18］和［19］结合超像素对 FCM 算法进行了改进，对于存在光谱异质性问题的影像，区分度不高；另有部分学者关注到 HSRRS 影像超像素分割的多尺度问题[20-21]，实现了自适应确定分割尺度，为后续的分类提供了有利支撑。超像素和 FCM 算法相结合的对象级非监督分类方法有着较好的分类性能，为综合利用光谱、空间等信息来对影像进行同质区域聚类提供了条件。

5.3　案例涉及的知识点

5.3.1　遥感影像分类方法

影像分类是遥感影像处理过程中最基本的任务，分类结果将极大地影响后续工作（如特征提取、目标辨识、地物分类等）的精度。高分辨率遥感影像的目标细节信息特征丰富，使其在大规模精准地物目标分类中应用前景与优势十分显著。本节针对该领域近期发表的文章中的主要方法、基本思想以及发展前沿和热点论题进行总结与分析。目前多光谱遥感影像分类采用的策略主要包括：

（1）以训练样本为依据的监督分类与非监督分类。

（2）以分类特征输入为依据的分类策略。

（3）以像元构成假设为前提的硬分类和软分类。

（4）以基本操作单元为基础的像素级分类和对象级分类。

（5）以分类器数量为区分准则的单分类器和多分类器集成。

在此，主要按照是否引入训练样本划分的监督分类、非监督分类及其所涉及的以基本操作单元区分的像素级分类、对象级分类对影像分类研究进展进行阐述。

5.3.1.1 监督分类

监督分类是一种常用的精度较高的统计判决分类，在已知类别的训练场地上提取各类训练样本，通过选择特征变量、确定判别函数或判别规则，从而把图像中的各个像元点划归到各个给定类。主要步骤如下：

（1）选择特征波段。

（2）选择训练区。

（3）选择或构造训练分类器。

（4）对分类精度进行评价。

常用的监督分类方法有基于深度学习的分类方法、K 邻近法（K-nearest neighbor，KNN）、决策树法（decision tree，DT）、贝叶斯分类法（Bayes classification，BC）、最大似然分类法（maximum likelihood classification，MLC）和支持向量机（support vector machine，SVM）。

深度学习（deep learning，DL）作为机器学习算法中的一个新兴技术，其动机在于建立模拟人脑进行分析学习的神经网络，它能通过海量的训练数据和具有很多隐藏层的深度模型学习更有用的特征，最终提升分类的准确性。近年来深度学习在图像分类应用中取得了令人瞩目的成绩，越来越多的学者开始将深度学习应用于遥感图像处理中。几种常用的基于深度学习的遥感影像分类方法包括自动编码器、卷积神经网络、深度信念网络和针对小训练样本的迁移学习。深度学习的出现，显著地提升了遥感图像分类的效果。一方面，与需要大量专业知识和经验的人工特征描述的分类方法相比，深度学习能通过深层架构自动学习数据特征，这是深度学习方法的关键优势；另一方面，与常用的浅层机器学习模型相比，由多个处理层组成的深度学习模型可以学习到更强大的具有多个抽象层次的数据特征，这些抽象的深层特征更适用于语义级别的目标分类。随着计算机计算能力的进步，深度学习网络结构往更深、更宽方向发展，但如何选择合适的网络结构和参数以达到最优的分类效果仍是亟待解决的问题，对各隐藏层提取的抽象特征的物理含义也缺乏明确的解释，同时缺乏有效的训练数据集也是制约分类精度提升的瓶颈。

KNN 是最简单的机器学习算法之一。该方法的思路是：如果一个样本在特征空间中的 K 个最相似（即特征空间中最邻近）的样本中的大多数属于某一个类别，则该样本也属于这个类别。

DT 是在遥感影像以及空间数据的基础上，采用具有专家经验的总结、数学统计分析和归纳等方法，获得分类的规则，从而完成分类的方法。决策树分类法从开始假设到完整的检验，倾向于自动进行整个分类过程，并可与其他算法整合到一起，尤其适合未经过处理的原始资料，且分类规则易于理解。

BC 是利用概率统计知识进行分类的算法，能运用到大型数据库中，方法简单、分类准确率高、速度快。

MLC 是遥感分类的主要手段之一。其分类器被认为是一种稳定性、鲁棒性好的分类器。但是，如果图像数据在特征空间中分布比较复杂、离散，或采集的训练样本不够充分、不具代表性，通过直接手段来估计最大似然函数的参数，就有可能造成与实际分布的较大偏差，导致分类结果精度下降。总之，最大似然分类法也不适用于地物细节丰富的高分辨率遥感影像分类。

SVM 是一种监督学习方法，它通过引入核函数的概念在高维特征空间解算最优化问题，进而寻找最优分类超平面，解决复杂数据分类问题，近年来在遥感图像识别分类问题中有着较多的应用。在实际应用中，SVM 具有稳定、易用等特点，但其在解决多类目标分类问题中表现较差，如何正确选择核函数也没有相关的理论依据。

监督分类算法在解决分类问题中存在许多不足之处，要么仅仅能解决线性问题，要么虽能解决非线性问题，但是计算复杂度高，在效率上无法满足要求。尤其对某些复杂地区和某些典型地物的分类，通常需要大量的标注图像作为样本训练分类器，对图像进行像素级的标注是一件费时费力的工作，且这样的样本数量往往较少，从而导致分类效果不理想。如果对分类器加以改进或者与其他方法结合使用，效果可能会有所改善。

5.3.1.2 半监督分类

针对特征维数高、样本数量少的特点，传统方案是通过波段选择和特征提取进行降维处理，将原始数据压缩到低维空间。近年来出现了两种新的解决方案：一是发展适用于小样本、高维特征的分类器，如支持向量机分类器；二是半监督分类（semi-supervised classification），即将半监督学习（semi-supervised learning，SSL）引入遥感影像分类中，在已知类别标记的训练样本不足的情况下，将未知类别的样本引入训练过程。半监督分类主要包括以下五类方法：自训练（self-training）、协同训练（co-training）、生成模型、基于低密度分离的方法、基于图的方法。

自训练方法指在迭代过程中通过某种技术手段不断增加可靠性较高的新样本来反复训练单一分类器，每个迭代过程结束后分类器用于预测所选择的样本标记信息。

协同训练方法基于不同特征/视图训练具有差异度的分类器，并利用这种差异性不断训练分类器。

生成模型的分类方法采用生成模型建立分类器，然后利用期望最大化来估计分类器参数。同时利用无标记样本和有标记样本调整决策边界，使其穿过各类之间的低密度区域，如基于核方法的代价效益迭代半监督学习、优化代价函数的半监督支持向量机。

基于低密度分离的方法利用未标记样本通过图对学习过程进行正则化，通过核复合方法融合空间和光谱信息，以综合解决样本有限、非线性等问题。将多元逻辑回归扩展到半监督方式，采用图方法进行类别标记信息传播，在高光谱影像分割中取得了较好的效果。

5.3.1.3 非监督分类

非监督分类方法是采用聚类思想，用相似度概念和算法将性质很相似的样本聚为一类，无需具体地物的先验类别知识，依据图像本身的统计特征及自然点群的分布来划分地物类别的分类；采用非监督分类还可以更好地获得目标数据内在的分布规律。目前常用的非监督分类方法有主成分分析法（principal component analysis，PCA）、独立分量分析法（independent component analysis，ICA）、ISODATA、K-means、FCM 等。

PCA 利用降维思想，把多指标转化为少数几个综合指标（即主成分），其中每个主成分都能够反映原始变量的大部分信息，且所含信息互不重复。这种方法在引进多方面变量的同时将复杂因素归结为几个主成分，使问题简单化，同时得到结果更加科学有效的数据信息。虽然结合 PCA 的深度学习在图像分类中已经取得了很好的效果，但如何在保证性能的前提下，利用小样本数，并简化深度学习的网络结构和参数，进一步提高神经网络迁移至高分辨率遥感影像分类的泛化能力，依然存在一些难题，还需要学者不断探索新的分类方法。

ICA 是对 PCA 的改进，它能从观测信号出发，估计出已知的信息量很少的源信号，而所获得的源信号是互相独立的。PCA 是基于二阶统计量的协方差矩阵，而 ICA 则基于高阶的统计量，不但能实现 PCA 的去相关特性，而且能获得分量之间相互独立的特性。因此，ICA 能获得较 PCA 更好的效果。ICA 方法常用于光谱波段丰富的高光谱影像分类，对于波段相对较少（意味着光谱信息不足）的超高空间分辨率遥感影像并不适用。

ISODATA 使用最小光谱距离方程产生聚类，此方法以随机的类中心或已知信号集中。ISODATA 的实质是用某种算法生成初始类别作为“种子”，依据某个判别规则进行自动迭代聚类的过程。

K-means算法是硬聚类算法，属于超空间分类算法，是典型的基于原型的目标函数聚类方法的代表，它是数据点到原型的某种距离作为优化的目标函数，利用函数求极值的方法得到迭代运算的调整规则。但基于像元的K-means算法在对遥感影像进行图像分类时由于所选用的特征信息较少，易产生“椒盐”现象，从而降低分类精度。

1973年，Bezdek提出了里程碑式的模糊C均值聚类算法（FCM），FCM算法优越于传统硬C均值聚类算法，在于隶属度可以在［0，1］区间连续取值，考虑了样本属于各个类的“亦此亦彼”性，能够对类与类之间样本有重叠的数据进行分类，具有良好的收敛性；而且FCM算法复杂度低，易于实现。然而，FCM也存在着不足之处，如目标函数在迭代过程中容易陷入局部最小、函数收敛速度慢、对初始值、噪声比较敏感、单一的隶属度不足以描述图像的模糊信息等问题。

5.3.2 遥感影像分割方法

作为遥感影像分析处理领域中的基础步骤，影像分割对于目标检测、目标识别和场景分析等一些更为高级的计算机视觉技术有重要影响。影像分割是指根据一定的特征相似性将影像分成多个互不重叠的子区域，且不同子区域间的特征差异较为明显。

5.3.2.1 基于阈值的分割算法

基于阈值的分割算法根据遥感影像中不同像素灰度值的差异设定合适的阈值，将影像按灰度级划分为一个或多个区域，各区域内的像素灰度值相近。基于阈值的分割算法能够有效减少数据运算量和后处理步骤，具有效率高、应用方便的特点。但是如何选取最优阈值以便后续得到最佳分类效果仍有待研究。同时，阈值数目的变化对于直方图中出现的非理想双峰影像的分割精度有直接影响。最优阈值选取一直是阈值分割研究中的热门方向，常用于遗传算法、神经网络、最大似然分类等算法的优化处理。

5.3.2.2 基于区域的分割算法

基于区域的影像分割算法是一种基于特征准则的分割算法。根据准则——区域属性特征一致性，从等待分割的目标地物内选择一小区域用作初始种子区域，并确定每个初始种子区域的属性，对初始种子区域周围的像素进行判断，如果满足准则，则将周围的像素不断加入初始种子区域内，构成新的种子区域；反复执行该过程，将具有相同的特定属性的所有像素合并起来构成像素集合。利用影像的局部信息，基于区域的影像分割算法可以很好地解决影像分割空间的不连续性，但同时也会导致影像分割过度；并且该分割算法对内存的需求较大，运算效率较低，这些缺陷会影响该分割方法的有效使用。

5.3.2.3 基于边缘提取的分割算法

基于边缘提取的影像分割算法是最早研究的一种算法，基本思想是分析影像灰度级变化，从而找到影像对象的轮廓信息；包含了影像中丰富的内在信息。在实际运算过程中，为了保持较好的抗噪性能，就会导致运算效率较低；而且在并行边缘检测中，会得到不连续的边缘信息，增大对后续处理工作量的影响。边缘提取分割算法的原理是检测像素灰度或者结构的突变点，许多这样的突变点构成边缘信息。影像中不同地物具备不同的灰度级，边界处包含丰富的边缘信息，影像边缘像素的灰度值一般都是不连续的，故现有的算法是通过求导来实现检测。在处理阶跃状边缘时，对应位置的一阶导数就会出现极值现象，二阶导数就会出现零交叉点的现象。由此，常用微分算子实现检测影像的边缘信息。其中 Roberts、Sobel 以及 Prewitt 算子是常见的微分算子，Roberts 算子适用于分割低噪声、边缘像素变化幅度大、较陡峭的影像；Prewitt 算子和 Sobel 算子适用于分割多噪声、灰度级容易发生渐变的影像。实际上在使用各种微分算子时，经常采用小区域模板进行表示。这些算子对噪声很敏感，只适合处理一些低噪声、低复杂度的影像。边缘以及噪声是频域内的高频分量，是灰度出现不连续的像素点，直接利用微分运算无法消除噪声带来的影响。在利用微分算子检测边缘前，需要对影像进行平滑处理。

5.3.2.4 多尺度分割算法

目前常用的多尺度分割算法通过选取合适的分割尺度将影像分割成具备一定意义的像素集合，并将影像信息损失降到最小。同时，不同尺度下影像对象的层次结构重构，可以充分利用光谱特征，并结合形状特征，将影像分割成多边形影像对象，这些影像对象是由若干个相同性质的像素集合组成的，从而达到较高的分割精度。多尺度分割算法需要选择不同的尺度，进行多次分割，由此产生网络层次结构。把底层的影像对象作为基础，继续向上分割并进行合并，此过程会形成一种网络结构，在结构内部存在严格的拓扑关系。在对影像进行多尺度分割时，在分割前选择的分割尺度对分割的影像效果影响很大，分割参数不是越小越好，也不是越大越好。需要根据不同的影像，选择合适的分割尺度。分割尺度越大，影像中生成的图像对象数目越少，形成的影像对象尺寸较大，会出现欠分割（under-segmentation）现象，出现单个对象面积增大的现象，大量细小面积的地物无法正确分割，被包含在大面积的地物对象中。如果分割尺度太小，则会出现过分割（over-segmentation）现象，生成的图像对象很多，影像中的地物被分割得很破碎，从而导致后续流程的工作量变大。故需要经过大量实验，依据经验选择分割尺度从而获得最佳分割效果。

5.3.2.5 超像素分割算法

21 世纪初期，Ren 等[14]提出了一种对图像相邻像素进行分组的研究方法，将影像分割成若干个具备相同特征的像素集合，这些像素集合就是影像分析的最小单位，常称作超像素。此研究方法目的是将影像像素聚合在一起，它通过影像视觉特征相似性、像素空间距离等特征实现分割。超像素可以实现对影像的局部特征以及结构信息进行整体性表达，减少数据冗余，降低数据维度，减少数据运算量[15]。超像素已逐渐成为计算机视觉和图像处理等领域的关键环节，是图像处理领域的重要技术。自提出超像素分割的概念后，大量学者开始针对超像素分割进行研究，历经 10 多年研究，超像素分割算法已取得丰富成果。主要可以分为两类：基于图论的超像素方法，包括归一化分割算法（NCut）、图切割算法（graph cuts）、Superpixel Lattice 算法和基于熵率的算法；基于梯度下降的超像素方法，包括分水岭算法（Watersheds）、Mean-Shift 算法、TurboPixels 算法、简单线性迭代聚类（simple linear iterative clustering，SLIC）算法[22]。

以上超像素分割算法都采用了聚类的基本思想，但各自具体方法不同，也有不同的优缺点。Watersheds 是一种基于拓扑理论的数学形态学分割方法，该方法速度快，但是不能控制超像素的个数和紧凑度。Mean-Shift 是一个迭代模态搜索的过程，它能产生形状规则的超像素，但速度慢，并且不能控制超像素的数量、大小和紧凑度。TurboPixels 是基于几何流的水平集方法，对初始的种子点逐步进行碰撞，最终将超像素近似均匀地分布到图像平面上。

SLIC 算法基于颜色和距离相似性进行超像素分割，该方法思想简单，可以生产大小均匀、形状规则的超像素，相对其他算法来说，更适合完成遥感影像地物细节繁杂的分类研究。

5.3.3　融合超像素的直觉模糊聚类算法

为了解决像素级 HSRRS 影像非监督分类存在的错分、“椒盐”及分类不确定问题，提出 SSIFCM 算法，提出方法的分类流程分为三个步骤：

（1）采用 SLIC 算法对预处理后的 HSRRS 影像进行过分割形成超像素。

（2）设定合适的阈值，使用 SSIFCM 算法根据超像素的光谱特征和局部关系进行非监督分类。

（3）采用颜色空间进行类别赋值，得到最终的分类结果图。

提出方法的总体分类流程如图 5-1 所示。

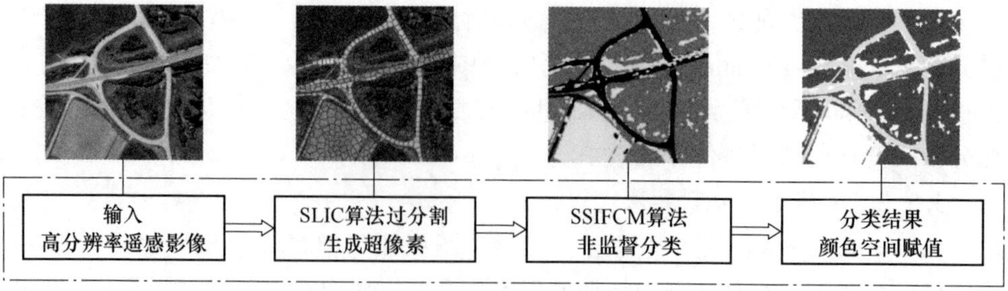

图 5-1　分类流程图

5.3.3.1 超像素分割

计算 HSRRS 影像局部空间信息的主要步骤如下：

（1）将包含 N 个像素的 HSRRS 影像由 RGB 颜色空间转换为 CIELab 颜色空间[23]。

（2）在该影像的 CIELab 颜色空间中定义两个特征，即 $C_j=[l_j,\ a_j,\ b_j]^{\mathrm{T}}$ 和 $S_j=[x_j,\ y_j]^{\mathrm{T}}$。$C_j$ 和 S_j 分别表示像素 j 的颜色值和平面位置。其中 l_j 表示 Lab 颜色模型中的亮度，a_j 和 b_j 分别表示绿色到红色和蓝色到黄色通道，x_j 和 y_j 为像素 j 的二维平面坐标。首先初始化聚类中心，在包含 N 个像素的影像中随机均匀采样 k 个种子点，采样间隔为 S：

$$S=\sqrt{\frac{N}{k}} \tag{5-1}$$

（3）为了避免超像素集中在图像边缘或噪声像素上，将聚类中心移动到 3×3 邻域中最低梯度幅度对应的位置。然后，在每个种子点周围的邻域内根据距离 D 为每个像素点标记聚类中心：

$$D(j,\ g)=\sqrt{\left(\frac{d_{\mathrm{c}}}{N_{\mathrm{c}}}\right)^2+\left(\frac{d_{\mathrm{s}}}{N_{\mathrm{s}}}\right)^2}=\sqrt{\left(\frac{\| C_j-C_g \|}{N_{\mathrm{c}}}\right)^2+\left(\frac{\| S_j-S_g \|}{S}\right)^2} \tag{5-2}$$

式中，D 为像素与聚类中心的紧密度，用以确定像素所属的分割区域；d_{c} 为颜色距离；d_{s} 为空间距离；g 为聚类中心（超像素）的标签；N_{c} 为颜色归一化常数，表示最大颜色距离，N_{c} 随图片、聚类的不同而不同，一般取固定值代替（取值范围［1，40］，本案例取 20）；N_{s} 为空间距离归一化常数，表示类内最大空间距离（$N_{\mathrm{s}}=S$）。

（4）迭代后，更新聚类中心（超像素）为向量平均值，此时聚类中心像素值为

$$\varphi_g=\frac{1}{\gamma_g}\sum_{j\in G_g}\begin{bmatrix}C_j\\ S_j\end{bmatrix} \tag{5-3}$$

式中，G_g 为以 φ_g 为中心的聚类（即第 g 个超像素）；φ_g 为 G_g 的向量平均值；γ_g 为 G_g 中的像素数。重复迭代更新，直至达到预设的迭代次数（一般取 10）。

5.3.3.2 超像素空间直觉模糊聚类算法

传统的 FCM 算法在进行图像分类时未考虑像素的空间邻域信息，仅使用图像的灰度信息计算隶属度，噪声像素因为特征信息异常易被错误分类，只适用于噪声较少的影像。为了使用 FCM 算法对 HSRRS 影像进行分类，需要在聚类过程中考虑空间邻域信息。Ahmed 为了补偿传统 FCM 的不均匀性，在 FCM 目标函数中引入了一个允许像素在分类时受其邻近标签影响的参数 α，得到基于偏差校正的 FCM（bias-corrected fuzzy C-means，BCFCM）算法[24]，其目标函数如下：

$$J_{BC}=\sum_{i=1}^{C}\sum_{j=1}^{N}u_{ij}^{m}\parallel z_j-v_i\parallel^2+\frac{\alpha}{N_R}\sum_{i=1}^{C}\sum_{j=1}^{N}u_{ij}^{m}\Big(\sum_{z_r\in N_j}\parallel z_r-v_i\parallel^2\Big)\qquad(5\text{-}4)$$

式中，z_j 为影像中第 j 个像素的灰度值；C 为预期的类别数；N 为影像中的像素数；v_i 为第 i 个聚类中心；u_{ij}^{m} 为图像中第 j 个像素属于第 i 个类别的程度；m 为模糊指数，表示模糊程度；α 为控制邻近项效果的参数；N_j 为 z_j 周围窗口中的邻域像素集；N_R 为 N_j 的基数；z_r 为 z_j 周围窗口中的领域像素；$\parallel\cdot\parallel$ 为范数度量，表示像素点与聚类中心的欧氏距离。J_{BC} 表示所有像素点到各聚类中心的欧氏距离之和，FCM 聚类本质上是求目标函数 J 取最小值时相应的隶属度矩阵和聚类中心。

BCFCM 主要通过优化目标函数计算样本点对于聚类中心的隶属度，以判断样本点的类属，从而实现分类。HSRRS 影像中的像素点即为 BCFCM 算法中数据集的样本点，其特征（如光谱特征）即为样本特征。该算法对噪声不敏感，但引入空间邻域信息使得局部邻域窗口内像素点与聚类中心的距离被重复计算，增加了计算复杂度。

超像素的引入实现了保留空间邻域信息的同时有效降低计算量。利用 SLIC 算法实现图像的预分割，用超像素区域的光谱均值替换原图像区域内的像素值，以此减少图像中的像素数量，增加对象的特征信息，提高图像分类的有效性和计算效率。

本案例对输入影像 Z_j 进行超像素分割，把超像素区域作为后续分类的基本单元。采用区域 CIELab 颜色直方图的统计方法来提取超像素的光谱特征，HSRRS 影像获得了 Q 个超像素，计算各超像素区域的光谱均值 ξ_g（$g=1$，2，…，Q）以提取光谱特征，编码影像中的各超像素区域，最后计算超像素与各聚类中心的欧氏距离完成聚类。

$$\xi_g=\frac{1}{\gamma_g}\sum_{j\in G_g}C_j\qquad(5\text{-}5)$$

完成超像素分割和光谱特征提取后，以 BCFCM 为基础，增加不确定度和空间函数对超像素分割区域进行合并。算法按照合并准则将具有相似属性或特征的相邻超像素合并成一个区域。在超像素光谱均值直方图上执行算法，SSIFCM 算法的目标函数为

$$J=\sum_{i=1}^{C}\sum_{g=1}^{Q}\gamma_g u_{ig}^{m}\parallel\xi_g-v_i\parallel^2+\frac{\alpha}{N_R}\sum_{i=1}^{C}\sum_{g=1}^{Q}u_{ig}^{m}\Big(\sum_{G_r\in N_g}\gamma_r\parallel\xi_r-v_i\parallel^2\Big)+\pi_{ig}\qquad(5\text{-}6)$$

$$\sum_{i=1}^{C}u_{ig}=1\qquad(5\text{-}7)$$

式中，ξ_r 为超像素 G_g 周围相邻超像素的光谱均值；N_g 为 G_g 周围窗口中的邻域超像素集；G_r 为 G_g 的邻域超像素；γ_r 为 G_g 周围相邻超像素所包含的像素点数量；

π_{ig} 为不确定度，表示第 g 个超像素对第 i 个类的犹豫程度。在此，利用与传统 FCM 相同的方法求目标函数极小值，利用迭代优化思想对目标函数进行优化。根据拉格朗日乘数法构建如下方程：

$$F = \sum_{i=1}^{C}\sum_{g=1}^{Q}\gamma_g u_{ig}^m \|\xi_g - v_i\|^2 + \frac{\alpha}{N_R}\sum_{i=1}^{C}\sum_{g=1}^{Q}u_{ig}^m\Big(\sum_{G_r\in N_g}\gamma_r\|\xi_r - v_i\|^2\Big) + \sum_{i=1}^{C}\pi_{ig}e^{1-\pi_{ig}} + \sum_{g=1}^{Q}\lambda_g\Big(1 - \sum_{i=1}^{C}u_{ig}\Big) \tag{5-8}$$

分别对 u_{ig} 和 v_i 求导，并令等式为 0，得到 SSIFCM 的初始隶属度和初始聚类中心计算公式：

$$u_{ig} = \left[\sum_{k=1}^{C}\left(\frac{\gamma_g\|\xi_g - v_i\|^2 + \frac{\alpha}{N_R}\sum_{G_r\in N_g}\gamma_r\|\xi_r - v_i\|^2}{\gamma_g\|\xi_g - v_k\|^2 + \frac{\alpha}{N_R}\sum_{G_r\in N_g}\gamma_r\|\xi_r - v_k\|^2}\right)^{\frac{1}{m-1}}\right]^{-1} \tag{5-9}$$

$$v_i = \left[\sum_{g=1}^{Q}u_{ig}^m\Big(\gamma_g\xi_g + \frac{\alpha}{N_R}\sum_{G_r\in N_g}\gamma_r\xi_r\Big)\right]\left[\sum_{g=1}^{Q}u_{ig}^m\Big(\gamma_g + \frac{\alpha}{N_R}\sum_{G_r\in N_g}\gamma_r\Big)\right]^{-1} \tag{5-10}$$

在 BCFCM 的基础上修正目标函数对超像素进行聚类，同时考虑各超像素的光谱特征及其邻域超像素，有效抑制了 BCFCM 仅利用图像像素进行聚类产生的“椒盐”现象。但引入超像素后的 BCFCM 算法只通过计算隶属度来实现聚类，仍无法解决 HSRRS 影像非监督分类类别较难控制、分类方式缺乏明确定义、受人为因素影响大等原因导致的分类不确定问题。而直觉模糊聚类同时考虑了不确定度（犹豫度）、隶属度和非隶属度三者的作用，能够更加详细地描述客观现实世界中存在的模糊特性，可以更好地解决非监督分类中存在的不确定问题[25-26]。得到初始聚类中心后引入 IFS[27]，计算超像素直觉模糊隶属度 u_{ig}^{π}：

$$u_{ig}^{\pi} = u_{ig} + \pi_{ig} \tag{5-11}$$

不确定度 π_{ig} 可表示为

$$\pi_{ig} = 1 - u_{ig} - \tau_{ig},\ 0 \leqslant \pi_{ig} \leqslant 1 \tag{5-12}$$

式中，τ_{ig} 为非隶属度，表示第 g 个超像素不属于第 i 个类的程度。根据 Sugeno 的直觉模糊补充[28]，非隶属度可表示为

$$\tau_{ig} = \frac{1 - u_{ig}}{1 + \lambda u_{ig}} \tag{5-13}$$

$$0 \leqslant u_{ig} + \tau_{ig} \leqslant 1 \tag{5-14}$$

超像素直觉模糊隶属度 u_{ig}^{π} 计算公式为

$$u_{ig}^{\pi} = 1 - \frac{1 - u_{ig}}{1 + \lambda u_{ig}} \tag{5-15}$$

式中，λ 为特定值，$\lambda \in [0,\ 1]$。

空间特征是十分重要的遥感影像特征，通过对影像中超像素所处的位置及其邻域超像素间的空间关系进行度量达到区分不同地物的目的，对于解决 HSRRS 影像分类“同物异谱”和“异物同谱”问题有较好的辅助作用。针对相邻超像素具有相似的特征强度易被归为同一类的问题引入空间函数 h_{ig}，表示超像素 G_g 属于第 i 个聚类中心的可能程度；空间函数值较高时表示 G_g 周围邻域内的大多数超像素属于同一聚类中心。空间函数强化同质区域原有隶属度的同时，通过邻近像素的标签降低噪声像素这一类的权重，为此使用一个以超像素 G_g 为中心 5 × 5 等权重掩膜。空间函数表示为

$$h_{ig} = \sum_{l \in N_g} u_{il} \tag{5-16}$$

式中，u_{il} 为邻域超像素对第 i 个类的模糊隶属度。

计算超像素空间直觉模糊隶属度：

$$u_{ig}^{*} = \frac{u_{ig}^{\pi} p\, h_{ig} q}{\sum_{k=1}^{C} u_{kg}^{\pi} p\, h_{kg} q} \tag{5-17}$$

式中，u_{ig}^{*} 为更新后的超像素空间直觉模糊隶属度，表示第 g 个超像素对第 i 个类的直觉模糊隶属度；p 和 q 为表示相对权重的参数，用于确定初始模糊隶属度 u_{ig} 和空间函数 h_{ig}。

聚类中心更新公式：

$$v_i^{*} = \frac{\sum_{j=1}^{Q} u_{ig}^{*} m \xi_g}{\sum_{g=1}^{Q} u_{ig}^{*} m} \tag{5-18}$$

式中，v_i^{*} 为更新后的某个聚类中心，表示迭代结束后的第 i 个聚类中心。超像素空间直觉模糊隶属度矩阵的数值在每一次迭代过程中反复更新，聚类中心随之同步更新。当隶属度矩阵的差值在相邻的两次更新中达到设定的阈值范围或者完成了设置的最大迭代次数时，表示聚类中心已经达到了最优值，此时结束迭代。超像素空间直觉模糊隶属度差值：

$$\max_{ig} \left| u_{ig}^{*\,\mathrm{old}} - u_{ig}^{*\,\mathrm{new}} \right| < \varepsilon \tag{5-19}$$

式中，$u_{ig}^{*\,\mathrm{old}}$ 为前一次更新的超像素空间直觉模糊隶属度矩阵；$u_{ig}^{*\,\mathrm{new}}$ 为再次更新的超像素空间直觉模糊隶属度矩阵；ε 为设定的阈值。

本案例针对像素级 HSRRS 影像非监督分类方法和传统 FCM 存在的问题，引入超像素和 IFS，结合空间邻域信息进行分类，具体流程如下：

步骤一：HSRRS 影像超像素预分割。使用 SLIC 对预处理后的影像进行超像素分割，设定最大颜色距离 $N_c = 20$，分割数量 k 为大量实验所得经验值，在保留原影像特征信息的基础上尽可能地减少预分割得到的超像素数量。

步骤二：提取超像素的光谱均值。以超像素在 CIELab 颜色空间的向量平均值来描述其颜色信息（即超像素的光谱特征），把光谱特征融合到分类算法中，将原有的模糊隶属度矩阵转化为超像素模糊隶属度矩阵。

步骤三：在步骤一和步骤二的基础上，使用空间直觉模糊聚类算法对超像素进行分类。设定模糊指数 m（通常取 2），聚类中心数 i（$1<i<C$），终止误差 ε（$\varepsilon=0.05$），算法最大迭代次数 100，目标函数精度 e，初始隶属度相对权重 $p=1$、空间函数相对权重 $q=3$，初始化聚类中心。使用超像素模糊隶属度矩阵计算各样本到不同聚类中心的距离，以获取各样本的超像素模糊隶属度，按隶属度划分样本数据、分配所属类。

步骤四：引入不确定度和空间函数，将原有的超像素模糊隶属度矩阵转化为超像素空间直觉模糊隶属度矩阵。再次计算各样本到聚类中心的距离以及各个类的聚类中心，使用超像素空间直觉模糊隶属度矩阵代替原有矩阵，将各样本重新划分至对应的类中。重复该步骤，直至迭代收敛小于终止误差，通过颜色空间赋值得到最终的分类结果。

5.4 实验结果与分析

5.4.1 实验数据

为验证提出方法的有效性和泛化能力，在 AID Data Set[29] 中选取了 4 景 HSRRS 影像，如图 5-2 所示。4 景 HSRRS 影像均包含红、绿、蓝三个波段，影像大小均为 600 像素×600 像素。4 景影像中主要包含建筑物、道路、水体、植被和裸地等地物。S1 影像为大型建筑，建筑物自身结构规律；S2 影像包括道路、裸地和植被；S3 和 S4 影像包括水体（河流和湖泊）、植被和裸地，地物边界不明。

(a) (b) (c) (d)

图 5-2 HSRRS 影像

(a) S1；(b) S2；(c) S3；(d) S4

5.4.2 精度评价

本案例设计了两组对比实验，第一组验证像素和对象分别作为基本单元对空间直觉模糊聚类算法的影响；第二组验证本案例算法的鲁棒性。两组实验分别采用定性和定量方法对分类结果进行精度评价。

本案例基于混淆矩阵（confusion matrix）方法对分类结果进行定量评价，主要指标有[30]生产者精度（producer′s accuracy，PA）、用户精度（user′s accuracy，UA）、总体精度（overall accuracy，OA）和 Kappa 系数。以上指标值越高，分类效果越好。

实验所用平台 CPU 为 Intel（R）Core（TM）6 核，16GB 内存，Windows10 操作系统，软件为 MATLAB R2018b、Python3. 7 和 PIE。

5. 4. 3　结果与分析

5. 4. 3. 1　像素级和对象级空间直觉模糊聚类算法实验对比分析

本组实验采用像素级空间直觉 FCM（PSIFCM）算法[31]与本案例算法进行对比。图 5-3 给出了像素级和对象级空间直觉模糊聚类算法分类结果，为了便于视觉分析比较，在实验结果图中标注了方框。其中图 5-3（a）（d）（g）（j）分别为 S1、S2、S3、S4 参考影像，由人工目视解译得到。

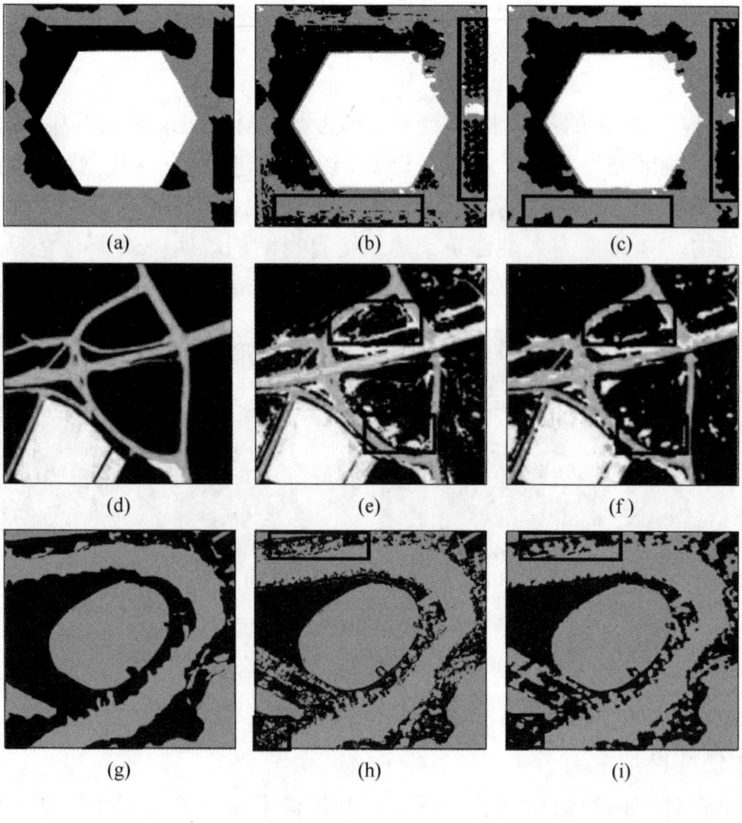
(a)　(b)　(c)　(d)　(e)　(f)　(g)　(h)　(i)

(j) (k) (l)

图 5-3 实验结果

(a) S1 参考影像；(b) S1 PSIFCM；(c) S1 本案例算法；(d) S2 参考影像；(e) S2 PSIFCM；(f) S2 本案例算法；(g) S3 参考影像；(h) S3 PSIFCM；(i) S3 本案例算法；(j) S4 参考影像；(k) S4 PSIFCM；(l) S4 本案例算法

从分类结果图看，图 5-3（b）（c）方框标注区域中 PSIFCM 产生大量“椒盐”噪声，而本案例算法显著解决了这一问题；S2 影像中 PSIFCM 对植被和裸地进行分类时错分且产生了噪声点，分类效果不佳，本案例算法有效地去除了噪声且提升了地物的可区分性；S3 影像中水体轮廓不规则，边界信息模糊，两种算法均存在错分现象，但在图 5-3（h）（i）方框标定区域，本案例算法在一定程度上提升了分类效果。S4 影像包含大面积水体，地物类别单一但边界不明，地物类内差异大，本案例算法去噪效果优于 PSIFCM，分类视觉效果最佳。

从分类精度上看，表 5-1 中，PSIFCM 的房屋分类精度较好，但植被和道路两类别分类精度均低于 89.00%；表 5-2 中，PSIFCM 植被和道路分类的 PA 值、裸地分类的 UA 值最优，但其余指标值低于本案例算法 6% ~ 14%；表 5-3 中，PSIFCM 算法分类的河流 UA 值较高，但其河流 PA 值仅为 71.06%，其余指标本案例算法均优于 PSIFCM；表 5-4 中，本案例算法分类的植被 PA 值和湖泊 UA 值略低于 PSIFCM，其余指标均最优。4 景影像中本案例算法的总体精度和 Kappa 系数均高于 PSIFCM，且 30 项评价指标中有 23 项优于 PSIFCM。

通过实验，验证了本案例算法在分类精度和视觉效果上均优于 PSIFCM。

表 5-1 S1 影像分类结果评价 （%）

S1 影像	总体精度	Kappa 系数	植被精度		道路精度		房屋精度	
			PA	UA	PA	UA	PA	UA
PSIFCM	89.88	84.71	83.94	87.49	88.25	85.86	97.42	**96.98**
本案例算法	**92.89**	**89.21**	**90.71**	**89.10**	**89.89**	**92.51**	**98.72**	96.74

注：加粗字体为各项最优结果。

表 5-2 S2 影像分类结果评价 (%)

S2 影像	总体精度	Kappa 系数	植被精度		道路精度		裸地精度	
			PA	UA	PA	UA	PA	UA
PSIFCM	82.27	66.28	**98.91**	83.05	**96.23**	67.57	42.75	**97.20**
本案例算法	**88.87**	**77.50**	98.34	**89.89**	95.21	**78.83**	**56.74**	96.39

注：加粗字体为各项最优结果。

表 5-3 S3 影像分类结果评价 (%)

S3 影像	总体精度	Kappa 系数	植被精度		裸地精度		河流精度	
			PA	UA	PA	UA	PA	UA
PSIFCM	85.06	77.63	95.31	70.14	90.75	96.01	71.06	**98.29**
本案例算法	**89.78**	**84.50**	**95.61**	**80.85**	**93.91**	**96.39**	**79.25**	97.65

注：加粗字体为各项最优结果。

表 5-4 S4 影像分类结果评价 (%)

S4 影像	总体精度	Kappa 系数	植被精度		湖泊精度	
			PA	UA	PA	UA
PSIFCM	95.02	90.00	**96.24**	93.19	93.97	**96.68**
本案例算法	**96.44**	**92.88**	95.30	**97.34**	**97.53**	95.62

注：加粗字体为各项最优结果。

5.4.3.2 主要非监督分类算法实验对比分析

本组实验采用 11 种非监督分类算法与本案例算法进行对比：K-means[32]、ISODATA[33]、FCM[34]、IFCM[35]、基于局部信息的 FCM（FLICM）[36]、基于隐 Markov 随机场的 FCM（HMRF-FCM）[37]、结合隶属度空间约束的 FCM（FCM_S）[38]、空间强度约束隶属度的 FCM（FCM-SICM）[39]、超像素快速 FCM（SFFCM）[16]、基于形态重构和隶属度滤波的 FCM（FRFCM）[17]、超像素 FCM（SPFCM）[40]。其中，K-means、ISODATA、FCM、IFCM、FLICM、HMRF-FCM、FCM_S 和 FCM-SICM 为像素级分类算法，SFFCM、FRFCM、SPFCM 和本案例算法为对象级分类算法。

A S1 影像实验结果

图 5-4 为 S1 影像分类实验结果，从图中可以看出植被和道路易被错分。K-means、ISODATA、FLICM 和 HMRF-FCM 四种算法未能区分出道路和植被；IFCM、FCM_S、FCM-SICM 和 SFFCM 四种算法将部分带有阴影的道路错分为植被；IFCM、FCM_S 和 FCM-SICM 算法受“椒盐”噪声影响较大，分类效果不佳；FCM、FRFCM、SPFCM 三种算法在方框标定的混合区域存在错分情况；而本案例算法较好地解决了上述问题，得到了最佳分类效果。对比表 5-5 分类

结果评价发现，本案例算法获得了最优总体精度和 Kappa 系数。IFCM 算法分类的植被 UA 值最佳，但 PA 值仅为 62.47%，而本案例算法分类的植被 PA 值达到了 90.71%；K-means 算法分类的道路 UA 值高于本案例算法 0.50%，但 PA 值低于本案例算法 34.15%。总体而言，本案例算法分类效果优于其他对比算法。

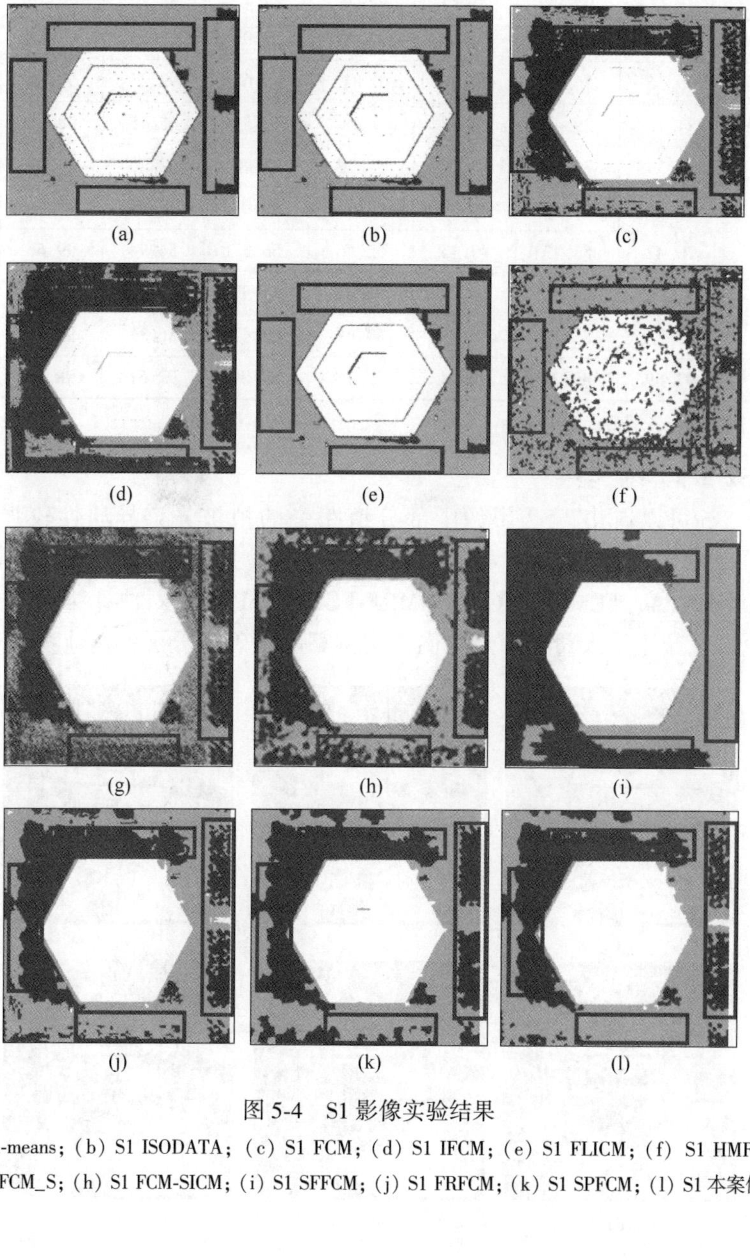

(a) (b) (c) (d) (e) (f) (g) (h) (i) (j) (k) (l)

图 5-4 S1 影像实验结果

(a) S1 K-means；(b) S1 ISODATA；(c) S1 FCM；(d) S1 IFCM；(e) S1 FLICM；(f) S1 HMRF-FCM；(g) S1 FCM_S；(h) S1 FCM-SICM；(i) S1 SFFCM；(j) S1 FRFCM；(k) S1 SPFCM；(l) S1 本案例算法

表 5-5　S1 影像分类结果评价　(%)

S1 影像	总体精度	Kappa 系数	植被精度		道路精度		建筑物精度	
			PA	UA	PA	UA	PA	UA
K-means	66. 33	46. 81	4. 27	0. 70	55. 74	**93. 01**	99. 76	92. 25
ISODATA	66. 31	46. 78	4. 73	0. 79	55. 70	92. 69	99. 75	92. 48
FCM	89. 77	84. 50	84. 54	85. 32	86. 43	87. 93	98. 96	96. 02
IFCM	80. 45	71. 04	62. 47	**92. 93**	87. 99	58. 55	98. 68	96. 28
FLICM	66. 36	46. 89	4. 76	0. 81	55. 68	92. 27	**99. 80**	93. 16
HMRF-FCM	54. 22	29. 45	12. 38	9. 43	49. 56	65. 45	98. 45	80. 51
FCM_S	80. 34	70. 72	63. 19	87. 32	83. 70	62. 26	98. 98	96. 37
FCM-SICM	84. 29	76. 52	69. 09	89. 75	87. 93	70. 06	98. 66	**96. 93**
SFFCM	70. 42	55. 73	49. 15	62. 46	66. 37	54. 94	99. 66	96. 64
FRFCM	91. 04	86. 42	86. 82	86. 55	87. 89	89. 67	98. 96	96. 76
SPFCM	90. 53	85. 70	82. 89	89. 69	89. 47	86. 32	99. 47	96. 48
本案例算法	**92. 89**	**89. 21**	**90. 71**	89. 10	**89. 89**	92. 51	98. 72	96. 74

注：加粗字体为各项最优结果。

B　S2 影像实验结果

从图 5-5 可以看出，S2 影像中部分道路旁的植被光谱异质性较强。IFCM、FCM_S、FCM-SICM、SFFCM 和 FRFCM 五种算法均未正确区分道路和裸地；K-means、ISODATA、FCM、FLICM、HMRF-FCM 和 SPFCM 六种算法将部分植被错分为裸地，且产生了大量噪声点；而本案例算法正确区分了各类地物，对于像素

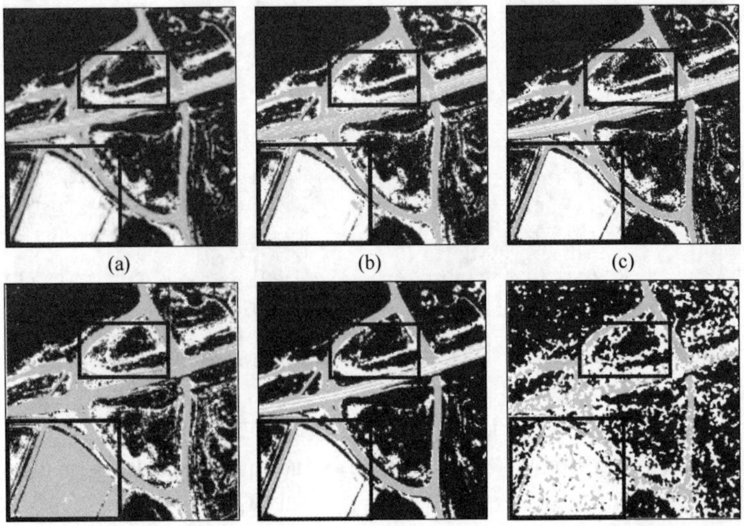
(a)　(b)　(c)
(d)　(e)　(f)

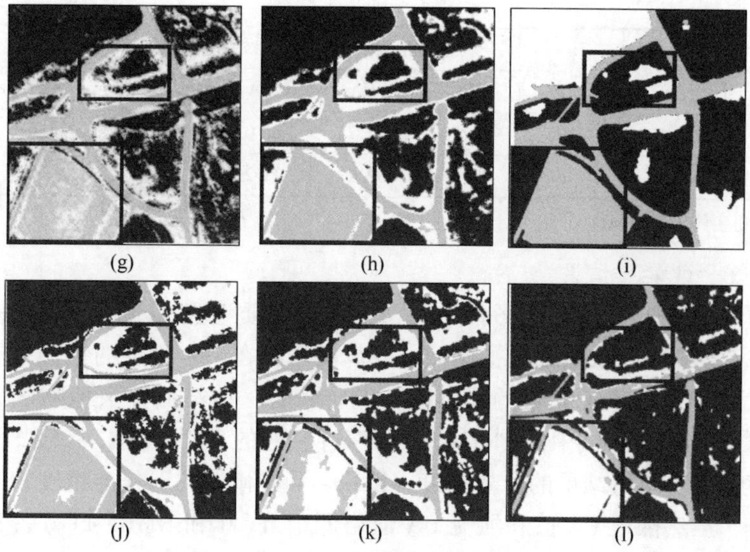

图 5-5 S2 影像实验结果

(a) S2 K-means; (b) S2 ISODATA; (c) S2 FCM; (d) S2 IFCM; (e) S2 FLICM; (f) S2 HMRF-FCM; (g) S2 FCM_S; (h) S2 FCM-SICM; (i) S2 SFFCM; (j) S2 FRFCM; (k) S2 SPFCM; (l) S2 本案例算法

级分类算法产生的“椒盐”噪声有较好的抑制作用。定量分析发现，本案例算法有四项指标优于对比算法，其中总体精度提高 5.74%~35.00%，Kappa 系数提高 10.05%~48.79%，植被 UA 值提高 4.99%~37.4%，裸地 PA 值提高 12.87%~56.7%（见表 5-6）。

表 5-6 S2 影像分类结果评价 (%)

S2 影像	总体精度	Kappa 系数	植被精度		道路精度		裸地精度	
			PA	UA	PA	UA	PA	UA
K-means	80.30	63.68	98.95	78.94	95.92	73.49	39.93	96.70
ISODATA	74.89	56.48	99.19	70.68	94.98	76.15	33.91	96.47
FCM	80.42	63.55	98.75	80.10	95.98	69.42	40.17	96.57
IFCM	62.94	36.92	99.13	66.59	52.92	91.07	3.23	6.03
FLICM	83.13	67.45	98.89	84.90	**97.73**	64.66	43.87	**97.51**
HMRF-FCM	69.49	47.00	98.28	70.43	76.65	56.33	28.01	81.52
FCM_S	61.92	37.21	99.35	62.58	54.82	77.56	15.13	37.83
FCM-SICM	59.94	34.42	**99.87**	61.15	51.53	**94.38**	4.01	8.22
SFFCM	66.97	36.32	95.58	62.25	52.10	92.45	0.04	0.07
FRFCM	53.87	28.71	99.76	52.49	55.73	93.03	3.77	10.33

续表 5-6

S2 影像	总体精度	Kappa 系数	植被精度		道路精度		裸地精度	
			PA	UA	PA	UA	PA	UA
SPFCM	68.48	46.95	99.10	65.78	72.02	85.88	23.30	60.65
本案例算法	**88.87**	**77.50**	98.34	**89.89**	95.21	78.83	**56.74**	96.39

注：加粗字体为各项最优结果。

C　S3 影像实验结果

与前两景影像相比，S3 影像中的植被光谱异质性强、水体边界模糊且形状不规整。图 5-6 中的水体和植被区域，各算法均存在一定程度的错分情况，且除 SFFCM 算法外均产生了大量的噪声点。综合来看，本案例算法地物区分完整度较高，对方框标定区域中的“椒盐”噪声有较好的平滑作用。从表 5-7 可以看出，本案例算法所得结果的总体精度、Kappa 系数和各类别分类精度较对比算法均有提升，虽然裸地 UA 值和河流 UA 值略低于 IFCM 和 HMRF-FCM 算法，但裸地 PA 值和河流 PA 值较之提升了 9.81%和 28.78%。

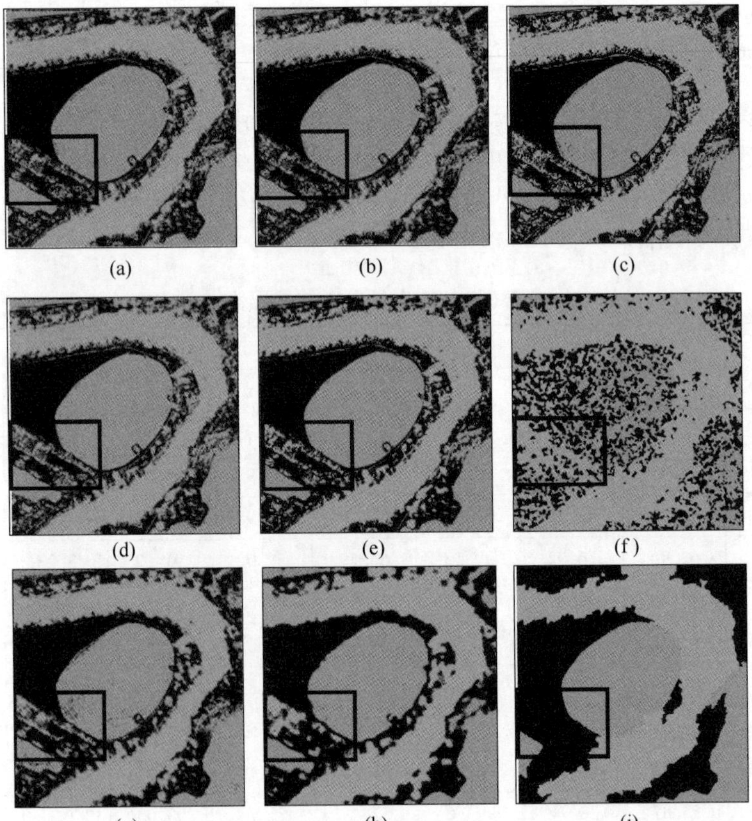
(a)　(b)　(c)　(d)　(e)　(f)　(g)　(h)　(i)

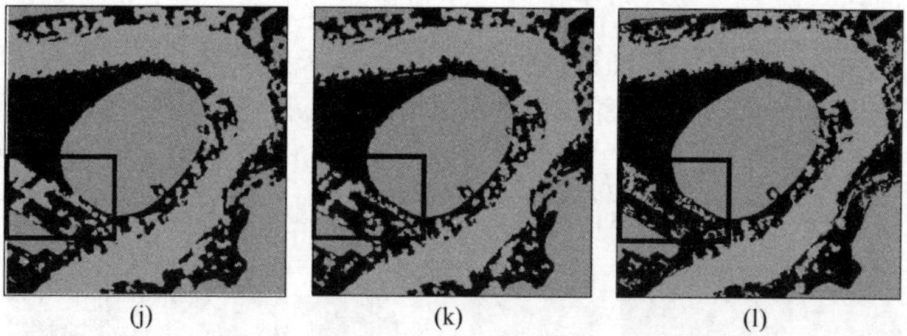

图 5-6 S3 影像实验结果

(a) S3 K-means; (b) S3 ISODATA; (c) S3 FCM; (d) S3 IFCM; (e) S3 FLICM; (f) S3 HMRF-FCM; (g) S3 FCM_S; (h) S3 FCM-SICM; (i) S3 SFFCM; (j) S3 FRFCM; (k) S3 SPFCM; (l) S3 本案例算法

表 5-7 S3 影像分类结果评价 (%)

S3 影像	总体精度	Kappa 系数	植被精度		裸地精度		河流精度	
			PA	UA	PA	UA	PA	UA
K-means	83.92	75.97	94.75	68.02	86.92	96.31	71.56	97.24
ISODATA	84.60	76.93	94.67	69.69	86.92	96.31	73.03	97.00
FCM	84.40	76.66	94.58	69.29	87.47	95.97	72.30	97.31
IFCM	82.17	73.52	95.45	63.39	84.10	**97.04**	69.77	97.65
FLICM	85.63	78.43	95.01	71.68	88.57	96.44	73.89	97.38
HMRF-FCM	58.24	38.83	57.14	33.45	77.91	59.17	50.47	**99.16**
FCM_S	83.27	74.91	91.88	68.69	86.30	93.54	72.40	96.66
FCM-SICM	85.10	77.69	94.99	70.38	91.90	95.58	70.65	98.53
SFFCM	83.96	75.79	89.38	72.89	92.16	88.07	72.17	98.20
FRFCM	86.05	79.07	95.35	72.34	93.43	95.88	71.38	98.47
SPFCM	86.61	79.88	95.48	73.56	91.05	96.78	73.94	97.56
本案例算法	**89.78**	**84.50**	**95.61**	**80.85**	**93.91**	96.39	**79.25**	97.65

注：加粗字体为各项最优结果。

D S4 影像实验结果

分析图 5-7 发现，S4 影像受同质区域的不确定性影响，部分算法分类结果不佳：K-means、ISODATA 和 FCM 受“椒盐”噪声影响严重，分类效果较差；IFCM、FLICM、FCM_S 和 FCM-SICM 算法在传统算法的基础上融入其他参数，但“椒盐”噪声依然存在，分类效果有待提升；HMRF-FCM 算法产生大量噪声的同时错分情况严重；SFFCM、FRFCM、SPFCM 和本案例算法引入超像素能有效抑制“椒盐”噪声，整体上本案例算法视觉效果更佳。表5-8中本案例算法总体精度和Kappa系数优于对比算法。ISODATA算法分类的植被PA值和湖泊UA值最优，但其植被UA值和湖泊PA值仅为58.20%和72.29%；SFFCM算法分类的植被UA值和湖泊PA值高于本案例算法，但其植被PA值和湖泊UA值低于本案例算法3.36%、3.50%。综合来看，本案例算法取得了最优分类精度。

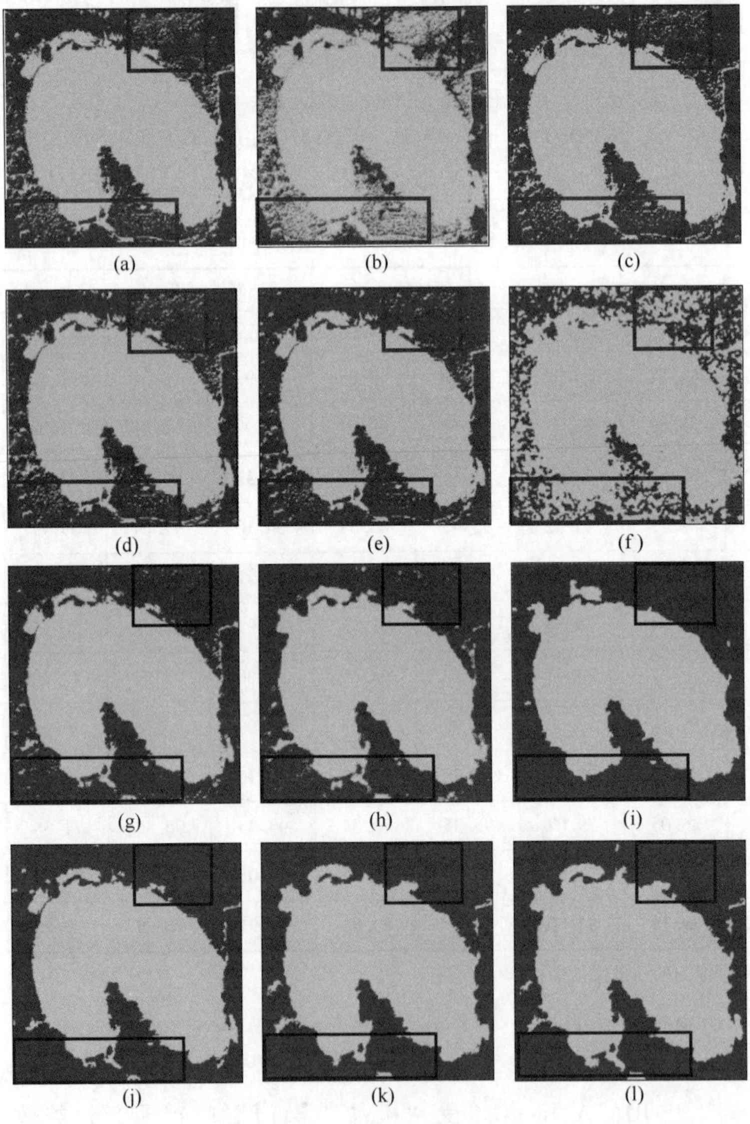

图5-7　S4影像实验结果

(a) S4 K-means；(b) S4 ISODATA；(c) S4 FCM；(d) S4 IFCM；(e) S4 FLICM；(f) S4 HMRF-FCM；(g) S4 FCM_S；(h) S4 FCM-SICM；(i) S4 SFFCM；(j) S4 FRFCM；(k) S4 SPFCM；(l) S4 本案例算法

表 5-8 S4 影像分类结果评价 (%)

S4 影像	总体精度	Kappa 系数	植被精度		湖泊精度	
			PA	UA	PA	UA
K-means	92.97	85.86	95.88	89.09	90.66	96.51
ISODATA	79.74	58.64	**98.84**	58.20	72.29	**99.38**
FCM	94.09	88.14	95.22	92.24	93.12	95.78
IFCM	94.02	88.00	95.46	91.83	92.80	96.02
FLICM	94.97	89.92	95.34	94.05	94.64	95.81
HMRF-FCM	79.19	57.52	97.74	57.69	71.92	98.78
FCM_S	94.24	88.48	92.77	95.36	95.66	93.23
FCM-SICM	95.48	90.94	95.14	95.39	95.79	95.56
SFFCM	95.23	90.48	91.94	**98.65**	**98.68**	92.12
FRFCM	96.23	92.46	93.81	98.59	98.66	94.07
SPFCM	95.98	91.96	94.11	97.69	97.82	94.42
本案例算法	**96.44**	**92.88**	95.30	97.34	97.53	95.62

注：加粗字体为各项最优结果。

5.5 案例要点

（1）设计了一种超像素空间直觉模糊 C 均值聚类的 HSRRS 影像无监督分类算法，即 SSIFCM。通过将超像素分割与改进的关联函数相结合，解决分类不确定性，最小化计算复杂性，消除“椒盐”噪声。

（2）在应用 FCM 算法之前，SSIFCM 通过超像素分割来计算影像的局部空间信息，引入局部空间信息来克服噪声，降低了计算复杂度。SSIFCM 捕获超像素影像的对象级特征，充分利用影像的内容，确保了抗噪性能。

（3）基于得到的超像素影像，构建超像素空间直觉模糊隶属度，使鲁棒决策区间最大化，提高了模糊聚类的精度。因此，对于信息丰富的 HSRRS 影像，本案例提出的 SSIFCM 比对比算法更具鲁棒性。

参考文献

[1] CHENG G, XIE X X, HAN J, et al. Remote sensing image scene classification meets deep learning: Challenges, methods, benchmarks, and opportunities [J]. IEEE Journal of Selected Topics in Applied Earth Observations and Remote Sensing, 2020, 13: 3735-3756.

[2] 李德仁，丁霖，邵振峰．面向实时应用的遥感服务技术［J］. 遥感学报，2021，25（1）：15-24.

[3] CHEN T, ZHAO Y, GUO Y. Sparsity-regularized feature selection for multi-class remote sensing image classification [J]. Neural Computing and Applications, 2019, 32 (11): 6513-6521.

[4] ZADEH L A. Fuzzy sets as a basis for a theory of possibility [J]. Fuzzy Sets and Systems, 1999, 100 (1): 9-34.

[5] ZHANG H, WANG Q, SHI W, et al. A novel adaptive fuzzy local information C-means clustering algorithm for remotely sensed imagery classification [J]. IEEE Transactions on Geoscience and Remote Sensing, 2017, 55 (9): 5057-5068.

[6] WANG C, PEDRYCZ W, LI Z, et al. Residual-driven fuzzy C-means clustering for image segmentation [J]. IEEE-CAA Journal of Automatica Sinica, 2021, 8 (4): 876-889.

[7] CHERFA I, MOKRAOUI A, MEKHMOUKH A, et al. Adaptively regularized kernel-based fuzzy C-means clustering algorithm using particle swarm optimization for medical image segmentation [C] //24th IEEE Conference on Signal Processing: Algorithms, Architectures, Arrangements, and Applications. Poznan: [s. n.], 2020: 24-29.

[8] MIAO J Q, ZHOU X B, HUANG T Z. Local segmentation of images using an improved fuzzy C-means clustering algorithm based on self-adaptive dictionary learning [J]. Applied Soft Computing, 2020, 91: 106200.

[9] ASKARI S. Fuzzy C-means clustering algorithm for data with unequal cluster sizes and contaminated with noise and outliers: Review and development [J]. Expert Systems with Applications, 2020, 165: 113856.

[10] MAI D S, LONG T N, LE H T, et al. A hybrid interval Type-2 semi-supervised possibilistic fuzzy C-means clustering and particle swarm optimization for satellite image analysis [J]. Information Sciences, 2021, 548 (2/3): 398-422.

[11] XU Z, WU J. Intuitionistic fuzzy C-means clustering algorithms [J]. Journal of Systems Engineering and Electronics, 2010 (4): 580-590.

[12] HUANG L, PENG Q Z, YU X Q. Change detection in multitemporal high spatial resolution remote-sensing images based on saliency detection and spatial intuitionistic fuzzy C-means clustering [J]. Journal of Spectroscopy, 2020, 2020: 2725186.

[13] JIN D R, BAI X Z. Distribution information based intuitionistic fuzzy clustering for infrared ship segmentation [J]. IEEE Transactions on Fuzzy Systems, 2020, 28 (8): 1557-1571.

[14] REN X, MALIK J. Learning a classification model for segmentation [C] //Proceedings of the IEEE International Conference on Computer Vision. Nice: [s. n.], 2003, 1: 10-17.

[15] WANG M R, LIU X B, GAO Y X, et al. Superpixel segmentation: A benchmark [J]. Signal Processing-Image Communication, 2017, 56: 28-39.

[16] LEI T, JIA X H, ZHANG Y N, et al. Superpixel-based fast fuzzy C-means clustering for color image segmentation [J]. IEEE Transactions on Fuzzy Systems, 2018, 27 (9): 1753-1766.

[17] LEI T, JIA X H, ZHANG Y N, et al. Significantly fast and robust fuzzy C-means clustering algorithm based on morphological reconstruction and membership filtering [J]. IEEE Transactions on Fuzzy Systems, 2018, 26 (5): 3027-3041.

[18] SINGH N K, SINGH N J, KUMAR W K. Image classification using SLIC superpixel and

FAAGKFCM image segmentation [J]. IET Image Processing, 2020, 14 (3): 487-494.

[19] JI S, ZHU H, WANG P, et al. Image clustering algorithm using superpixel segmentation and non-symmetric Gaussian-Cauchy mixture model [J]. IET Image Processing, 2020, 14 (16): 4132-4143.

[20] 黄亮, 姚丙秀, 陈朋弟, 等. 高分辨率遥感影像超像素的模糊聚类分割法 [J]. 测绘学报, 2020, 49 (5): 589-597.

[21] 黄亮, 姚丙秀, 陈朋弟, 等. 融合层次聚类的高分辨率遥感影像超像素分割方法 [J]. 红外与毫米波学报, 2020, 39 (2): 263-272.

[22] ACHANTA R, SHAJI A, SMITH K, et al. SLIC superpixels compared to state-of-the-art superpixel methods [J]. IEEE Transactions on Pattern Analysis & Machine Intelligence, 2012, 34 (11): 2274-2282.

[23] HU F, XIA G S, HU J W, et al. Transferring deep convolutional neural networks for the scene classification of high-resolution remote sensing imagery [J]. Remote Sensing, 2015, 7 (11): 14680-14707.

[24] AHMED M N, YAMANY S M, MOHAMED N, et al. A modified fuzzy C-means algorithm for bias field estimation and segmentation of MRI data [J]. IEEE Transactions on Medical Imaging, 2002, 21 (3): 193-199.

[25] XU Z S. Intuitionistic fuzzy aggregation operators [J]. IEEE Transactions on Fuzzy Systems, 2007, 15 (6): 1179-1187.

[26] YAGER R R. On the measures of fuzziness and negation part Ⅱ lattices [J]. Information and Control, 1980, 44 (3): 236-260.

[27] ATANASSOV K T. Intuitionistic fuzzy sets [J]. Fuzzy Sets and Systems, 1986, 20 (1): 87-96.

[28] SUGENO M. Fuzzy measures and fuzzy integrals—A survey [J]. Readings in Fuzzy Sets for Intelligent Systems, 1993: 251-257.

[29] XIA G S, HU J W, HU F, et al. AID: A benchmark data set for performance evaluation of aerial scene classification [J]. IEEE Transactions on Geoscience and Remote Sensing, 2017, 55 (7): 3965-3981.

[30] SILVÁN-CÁRDENAS J L, WANG L. Sub-pixel confusion-uncertainty matrix for assessing soft classifications [J]. Remote Sensing of Environment, 2008, 112 (3): 1081-1095.

[31] TRIPATHY B K, BASAN A, GOVEL S. Image segmentation using spatial intuitionistic fuzzy C-means clustering [C] //IEEE International Conference on Computational Intelligence and Computing Research. Coimbatore: [s. n.], 2014: 878-882.

[32] KANUNGO T, MOUNT D M, NETANYAHU N S, et al. An efficient K-means clustering algorithm: Analysis and implementation [J]. IEEE Transactions on Pattern Analysis and Machine Intelligence, 2002, 24 (7): 881-892.

[33] IRVIN B J, VENTURA S J, SLATER B K. Fuzzy and isodata classification of landform elements from digital terrain data in pleasant valley, Wisconsin [J]. Geoderma, 1997, 77 (2/3/4): 137-154.

[34] DEMBELE D, KASTNER P. Fuzzy C-means method for clustering microarray data [J]. Bioinformatics, 2003, 19 (8): 973-980.

[35] KIM T H, PARK D C, WOO D M, et al. MRI image segmentation using intuitive fuzzy C-means algorithm [C] //International Conference on Computer, Electrical, and Systems Sciences, and Engineering. Wuhan: [s. n.], 2011: 306.

[36] KRINIDIS S, CHATZIS V. A robust fuzzy local information C-means clustering algorithm [J]. IEEE Transactions on Image Processing, 2010, 19 (5): 1328-1337.

[37] CHATZIS S P, VARVARIGOU T A. A fuzzy clustering approach toward hidden Markov random field models for enhanced spatially constrained image segmentation [J]. IEEE Transactions on Fuzzy Systems, 2008, 16 (5): 1351-1361.

[38] CHEN S, ZHANG D. Robust image segmentation using FCM with spatial constraints based on new kernel-induced distance measure [J]. IEEE Transactions on Systems Man and Cybernetics Part B—Cybernetics, 2004, 34 (4): 1907-1916.

[39] WANG Q S, WANG X P, FANG C, et al. Robust fuzzy C-means clustering algorithm with adaptive spatial & intensity constraint and membership linking for noise image segmentation [J]. Applied Soft Computing, 2020, 92: 106318.

[40] WU C, ZHENG J B, FENG Z N, et al. Fuzzy SLIC: Fuzzy simple linear iterative clustering [J]. IEEE Transactions on Circuits and Systems for Video Technology, 2021, 31 (6): 2114-2124.

6 高分二号卫星遥感影像植被覆盖度分析案例——以云南大理苍山为例

6.1 案例目标

（1）了解利用遥感手段开展植被覆盖度研究的现状。

（2）熟悉 NDVI 提取植被、像元二分模型提取植被覆盖度和函数模型提取生物量的方法与技术流程。

6.2 背景信息

随着全球范围内的生态环境问题日益凸显，植被覆盖度成为评估生态系统健康状况和地区可持续发展的重要指标之一。大理白族自治州是中国云南省重要的旅游地区，而苍山是位于大理白族自治州的一座重要山脉，地理位置优越，拥有丰富多样的植被资源。由于其地形复杂多样，海拔高度变化大，涵盖了从亚热带到寒温带的不同气候带，因此苍山形成了独特的植被分布，包括森林、草甸、湿地、高山草甸等多种生物量。近年来，人类活动、气候变化与土地利用变化等因素对苍山地区的植被覆盖度产生了显著影响。不合理的土地开发、过度伐木和无序的农业活动等人类干扰，导致植被退化和破坏；加之气候变化对植被生长和分布产生了不可忽视的影响，引起了植被界限和生物量面积的改变。苍山作为云南省重要的生态屏障和旅游资源区，其植被状况直接关系到区域的生态环境质量和可持续发展。遥感技术因宏观监测能力强、动态监测优势明显、探测手段多样等优势，已成为植被覆盖度和生物量指标提取的重要手段。科学评估植被覆盖度，了解植被面积的情况，有助于发现植被退化的迹象和问题；制定相应的保护措施，对科学管理苍山生物量资源具有重要意义，也对大理的生态环境治理具有重要意义。

6.3 案例涉及的知识点

6.3.1 研究现状

植被覆盖度（fractional vegetation cover，FVC）是指地表被植物覆盖的程度，是评估和监测生态环境质量的重要指标之一[1]。植被作为地球生态系统的重要组成部分，对气候变化、水循环、土壤保持和生物多样性等方面起着关键作用[2]。FVC 的变化直接关系到生态系统的稳定性和可持续发展。随着全球气候变化和人类活动的影响加剧，FVC 的变化对地球生态系统产生了深远影响，因此，准确地了解和监测植被状况对于生态环境保护和自然资源管理至关重要。传统 FVC 的研究通常借助实地调查来完成，此方法耗费人力、物力，效率低下且时效性差。遥感技术是一种现代化的测量手段，具备覆盖范围广、获取周期短、空间分辨率高等优点，为提取植被信息提供了一种高效、全面的方法。通过使用航空影像或卫星图像，可以获取大范围的地表植被信息，并利用遥感图像处理和分析方法提取植被指数[3]。近年来，在植被监测方面已有了大量的研究方法。

阿卜杜热合曼·吾斯曼等[4]以 2001—2020 年 MODIS NDVI 产品为主要数据源，采用像元二分模型估算天山新疆段草地的 FVC，并结合转移矩阵和趋势分析法研究其变化特征，最后利用地理探测器模型分析驱动因素，为天山草地的生态安全保护与质量评估提供了参考依据。孙美荣等[5]为探究西南高山亚高山区植被活动变化的驱动因素及可持续性，基于 MODIS NDVI 数据和气象数据，利用线性回归、Hurst 指数与相关性分析等方法分析了西南高山亚高山地区植被活动的时空变化特征、植被活动的稳定性和可持续性及对气候变化的响应，为其生态系统管理提供了一定的科学依据。廖春贵等[6]通过遥感数据、气象数据和海拔高程数据结合变异系数法、相关性分析法，对北部湾经济区的 FVC 变化及驱动因素进行了定量分析。王一富等[7]以大理苍山自然保护区的 4 期遥感图像为数据源，对其提取归一化植被指数，并利用像元二分模型对大理苍山自然保护区的 FVC 进行估算，对 FVC 的变化原因进行了综合分析。郭秀丽等[8]采用 Landsat-TM 卫星遥感影像数据，基于归一化植被指数（normalized difference vegetation index，NDVI）像元二分模型，对生态政策实施前与实施后杭锦旗的植被覆盖度变化进行了对比分析，并结合研究区的气候变化和生态建设历程对影响植被覆盖度变化的因素进行了探究。McGwire 等[9]利用高光谱场测量了美国加利福尼亚州南部半干旱植物物种的 FVC，定量计算了稀疏草地的 FVC，研究结果表明用光谱数据的线性混合模型得到的结果比用标准植被指数更为合理。

综上所述，众多研究者运用不同的研究方法对不同地区、范围和时间序列的 FVC 进行了提取与分析，但对于高原地区的 FVC 研究相对较少，其地形与气候的独特使得监测过程中存在较大困难。大理白族自治州地处云南省中部偏西，地势西高东低。苍山位于大理白族自治州中部，其海拔梯度大、垂直分带性明显，具有十分丰富的生物多样性[10]。袁睿佳等[11]利用地形图和 ETM+遥感影像进行苍山东坡植被制图，结合数字高程模型数据叠加，对苍山东坡植被景观的垂直分布格局进行了分析。但该研究影像数据存在较多混合像元，使得提取信息不够精确。而高分二号卫星遥感影像在时空分辨率上获取最新年限的森林植被较为便利，是林业遥感监测中较好的主要数据源。研究表明，经归一化处理得出的NDVI可消除地形和群落结构的阴影和辐射干扰且植被监测灵敏度较高，能很好地反映植被覆盖度的动态变化，是使用较为广泛的一种植被指数[12]。鉴于此，本案例以高分二号卫星为主要数据源，以苍山为主要研究区，基于像元二分模型和NDVI的原理，结合叶面积指数计算FVC与生物量，进而分析大理苍山地区的FVC变化。

6.3.2 本案例的研究数据

6.3.2.1 研究区概况

苍山（25°34′~26°00′N，99°55′~100°12′E）位于云南省大理白族自治州的中部地区，与大理市、漾濞县和洱源县接壤，是孕育了20亿年的“天然地质史书”。其地处云南高原，属于亚热带湿润气候和高山气候的过渡区域，山脚部分呈现亚热带季风气候，而山顶则具有高山气候的特点。苍山地势高低起伏，山脉中最高峰为苍山主峰，海拔达4116m。苍山的气候变化多样，地势险峻，生态资源丰富，不仅为当地人民提供了宜人的生活环境，还吸引了众多游客前来探索其壮丽的自然景观和独特的生态系统，是大理主要旅游景点之一。本案例选取大理高分二号局部影像为主要数据源（如图6-1所示），研究大理部分地区及苍山的FVC、生物量的变化，对当地的生态保护和环境治理具有重要意义。

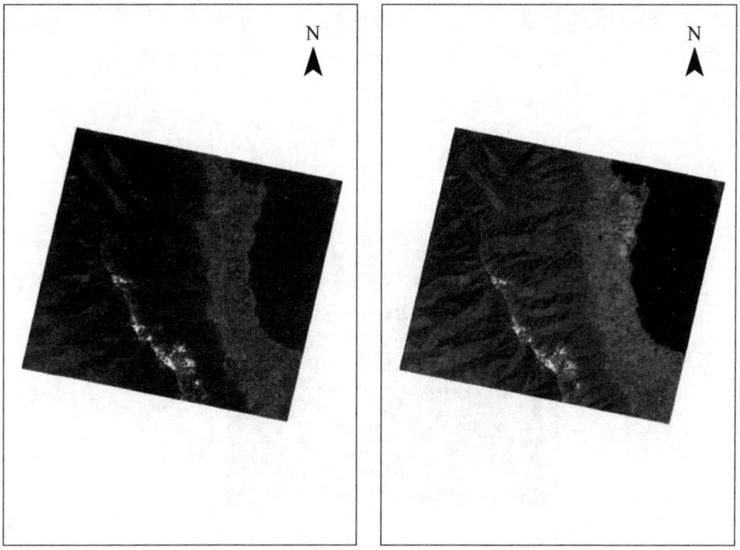

(a) (b)

图6-1 彩图

图6-1 大理高分二号局部影像图

（a）多光谱影像；（b）全色影像

6.3.2.2　数据来源及预处理

本案例采用高分二号局部影像作为数据源，如图 6-1 所示，该影像包含多光谱和全色图像。在提取苍山植被覆盖度之前，应用遥感图像处理软件 ENVI 与 ArcGIS 对影像进行辐射定标、大气校正、正射校正与影像融合等预处理。

辐射定标：辐射定标可以将影像的数字值转换为物理上可靠的辐射或反射度量，实现对地表特征的精确定量分析，如土地利用分类、植被指数计算、水体浓度估算等。进行辐射定标后得到具有可靠物理单位的数据，使最终的分析结果更加准确和可靠。

大气校正：对影像进行大气校正是因为大气层对遥感影像的获取和解译产生了影响，而大气校正可以消除或减小大气效应，使得影像能够更准确地反映地表物体的特征和属性。

正射校正：高分辨率影像通常通过航空或卫星平台获取，由于观测位置和姿态的不同，影像往往会出现视角变化、图像畸变和地形扭曲等问题；且地面地形起伏会对影像产生遮挡与高差，导致信息的缺失或失真。通过正射校正，可以将影像投影到地表的平面上，消除地形变形，使得地物在影像中的位置和形状更准确，从而支持精确的地理信息提取和分析。

影像融合：高分二号的全色影像和多光谱影像具有不同的空间分辨率和光谱信息。全色影像通常具有较高的空间分辨率，能够提供更为详细的地物信息；而多光谱影像则包含了不同波段的光谱信息，能够提供更丰富的地物分类和分析能力。经过辐射定标与校正之后的全色、多光谱影像融合后可增强空间分辨率、提高地物分类准确性与增强视觉效果，为地物提取、监测和分析等应用提供更全面和准确的数据基础。本案例融合后的高分二号影像如图 6-2 所示。

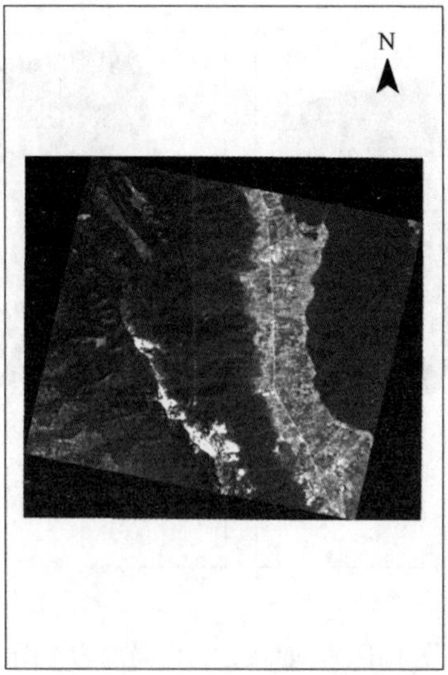

图 6-2　高分二号融合影像图

图 6-2 彩图

6.3.3 本案例的研究方法

在数据源经过处理的基础上，运用 NDVI 计算植被指数，并经过像元二分类处理得到 FVC，最后结合叶面积指数计算生物量。根据 FVC 与生物量进一步分析大理部分地区与苍山的植被覆盖度变化原因。

6.3.3.1 NDVI

NDVI 是一种常用的植被指数[13]，用于评估遥感影像中的植被生长状况和覆盖程度。这个指数可以用于评估不同区域的植被分布和植被密度，高 NDVI 值通常表示植被茂盛的区域；反之，低 NDVI 值可以反映植被稀疏或缺失的状态。NDVI 一般定义为近红外波段与可见光红波段的反射率之差和这两个波段反射率之和的比值，计算公式如下：

$$NDVI = (NIR - RED)/(NIR + RED) \tag{6-1}$$

式中，NIR 为近红外波段反射率值；RED 为可见光红波段反射率值。不同传感器的遥感数据，NIR 与 RED 对应的波段数值也有所差异。本案例选取高分二号影像作为数据源，则 NIR 近红外波段对应影像 4 波段，RED 可见光红波段对应影像 3 波段，通过 NDVI = (float4 - float3)/(float4 + float3) 对大理高分二号遥感影像进行植被提取，得到如图 6-3 所示的研究区 NDVI 图。

图 6-3 研究区提取 NDVI 图

6.3.3.2 像元二分模型

像元二分模型[14]用于估计地表 FVC，是目前学术界应用较为广泛的 FVC 估算模型。该模型基于遥感图像数据，通过将每个像元的 NDVI 值划分为两个类别，即植被覆盖部分和土壤覆盖部分，来对地表上的植被分布进行估计。计算公式如下：

$$f_c = (NDVI - NDVI_{soil})/(NDVI_{veg} - NDVI_{soil}) \tag{6-2}$$

式中，$NDVI_{veg}$ 为植被所覆盖像元的 NDVI 值；$NDVI_{soil}$ 为土壤所覆盖区域的 NDVI 值。一般来说，NDVI 的最大值和最小值分别为纯植被的 NDVI 值和纯土壤的 NDVI 值，但在确定最大值和最小值的时候存在较大的主观性。因此，本案例在查阅文献的基础上，根据 NDVI 的概率统计表，将置信度为 95%和 5%的 NDVI 值作为最大值和最小值，即 95%置信度时取 $NDVI_{veg}$，5%置信度时取 $NDVI_{soil}$，继而计算研究区的植被覆盖度变化。

6.3.3.3　植被覆盖度分级

在得到 FVC 的基础上，将其按照等级阈值划分标准分级。由于目前没有统一的 FVC 等级阈值划分标准，本案例在参照相关文献的基础上，结合研究区的概况，将 FVC 分为 5 个等级：0～20%为低覆盖度，20%～40%为较低覆盖度，40%～60%为中覆盖度，60%～80%为较高覆盖度，大于 80%为高覆盖度。研究区 FVC 图如图 6-4 所示。

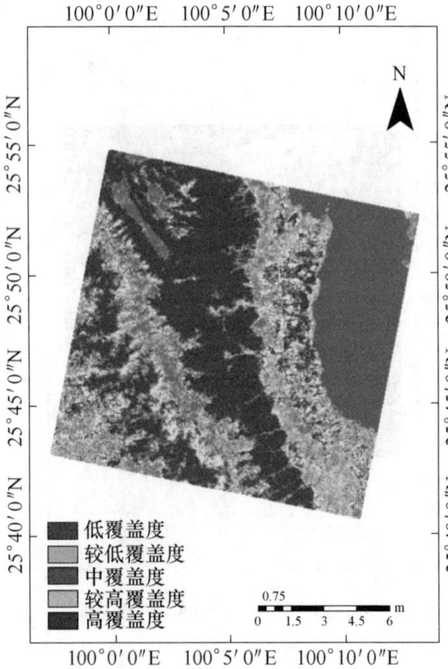

图 6-4 彩图

图 6-4　研究区植被覆盖度图

6.3.3.4 生物量提取

植被生物量是评价某地区植被质量的重要指标，也是生态系统物质循环的重要基础，准确估测生物量面积对本案例研究区的植被可持续发展具有重要指导意义。传统的生物量估测大多以实测数据为主，对人力、物力的依赖性极强。得益于遥感技术的发展，当前生物量的反演研究主要是通过构建影像波段特征与生物量指标之间的函数模型，用其反映地表生物量的特点[15]。常见的生物量指标包含光合速率、叶绿素含量和叶面积指数等，本案例采用叶面积指数来反演研究区的生物量概况。

本案例将叶面积指数定义为单位地表面积上所有叶片面积之和的一半，目前利用函数模型反演叶面积指数的方法众多，本案例基于高分二号影像，选取归一化植被指数与实测叶面积指数的函数模型进行研究区的生物量估测[16]，拟合方程如下：

$$y = 5.1584x + 1.0517 \tag{6-3}$$

式中，x 为影像的 NDVI 值。将 NDVI 值代入式（6-3）拟合方程中，计算出拟合方程 y 值。利用拟合方程所得 y 值对生物量进行划分，0～25%为低生物量，25%～50%为中生物量，50%～75%为较高生物量，大于75%为高生物量，如图 6-5 所示。

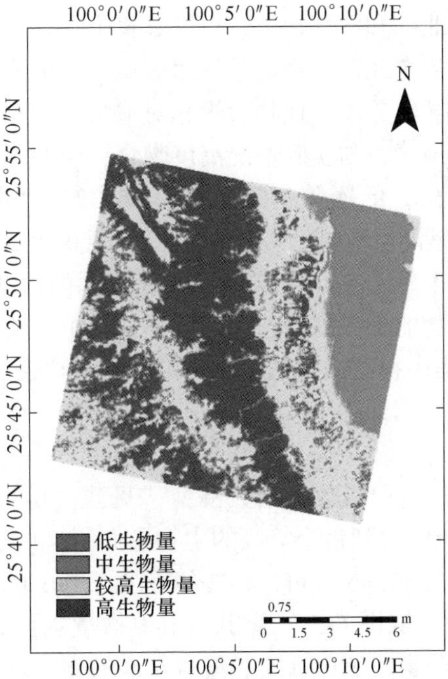

图 6-5 彩图

图 6-5 研究区生物量图

6.4　实验结果与分析

运用 ArcGIS 软件对研究区的 FVC 面积和生物量的面积进行统计，基于高分二号遥感影像，对研究区的植被覆盖度变化情况进行分析。

6.4.1　植被覆盖度分析

为了直观展示研究区的 FVC 具体情况，根据第 6.3.3.3 节的 FVC 等级划分，统计研究区植被各覆盖度等级的面积，如表 6-1 所示。

表 6-1　研究区植被覆盖度统计表

类型	植被面积/公亩
低覆盖度	957327.37
较低覆盖度	390031.64
中覆盖度	816721.38
较高覆盖度	989667.20
高覆盖度	1955325.70

注：1 公亩 = 100 平方米。

结合图 6-4 植被覆盖度等级的空间分布情况可以看出，植被覆盖度较高的区域主要集中在影像的西北部和中部地区，也就是集中在苍山部分；植被覆盖度低的区域主要集中在影像的东北部，也就是洱海流域。总体来看，经过像元二分模型处理后分级得到的植被覆盖图，地物边界相对清晰，完整性保持良好，植被覆盖密集度最高的是苍山地区，与实际情况高度吻合，说明本案例所用研究方法效果较好。从表 6-1 可看出，低覆盖度的面积为 957327.37 公亩，与之对应的为图 6-4 的东北部，也就是洱海流域；较低覆盖度的面积为 390031.64 公亩，在图 6-4 中主要表现为环绕洱海周围的建筑群；中覆盖度的面积为 816721.38 公亩，主要集中在苍山与建筑物的交界处、苍山的凹陷处。植被覆盖度面积最高的在图 6-4 中表现明显，主要集中在苍山地区，围绕洱海的耕地也呈零星分布。

6.4.2　生物量分析

选取 NDVI 与实测叶面积指数的函数模型［见式（6-3）］，得到生物量的分级图 6-5，继而根据分级图得到每个等级的生物量面积，如表 6-2 所示。从表 6-2 中可以看出，低生物量为 11.45 公亩，在等级图 6-5 上表现不明显，说明大理片区生物量保护较为完好。从图 6-5 可看出，中生物量主要聚集在东北部洱海流域，面积为 800466.01 公亩，侧面证实了洱海水质稳定，水面包括海菜花、苦草等洱海原有的水生植物，形成了稳定的水生植被群落。较高生物量的面积为

1980447.27 公亩，主要分布在图 6-5 洱海流域的建筑物和耕地处，苍山凹陷处、西南处也分布一些，图 6-5 中主要表现为黄色。高生物量主要集中在苍山地区，图 6-5 中表现为红色，面积为 2328147.71 公亩。苍山的高生物量说明近年来对苍山的保护管理政策正在持续改善，生态环境向着良性循环趋势发展。

表 6-2 研究区生物量统计表

类型	生物量面积/公亩
低生物量	11.45
中生物量	800466.01
较高生物量	1980447.27
高生物量	2328147.71

注：1 公亩=100 平方米。

6.5 案例要点

（1）以大理苍山为研究区，采用高分二号卫星遥感数据作为数据源，对研究区植被覆盖度进行了提取，并分析了研究区的生物量状况。

（2）选取 NDVI 与实测叶面积指数的函数模型获取研究区生物量的分级图，有助于生态环境治理和保护。

参 考 文 献

[1] GITELSON A A, KAUFMAN Y J, STARK R, et al. Novel algorithms for remote estimation of vegetation fraction [J]. Remote Sensing of Environment, 2002, 80 (1): 76-87.

[2] 董显聪, 李晓洁. 草原植被覆盖度遥感估算模型的适用性比较 [J]. 测绘通报, 2019 (10): 17-22.

[3] LI D, WANG M, JIANG J. China's high-resolution optical remote sensing satellites and their mapping applications [J]. Geo-spatial Information Science, 2021, 24 (1): 85-94.

[4] 阿卜杜热合曼·吾斯曼, 阿斯娅·曼力克, 玉素甫江·如素力, 等. 天山新疆段及南北麓草地植被覆盖度时空变化特征研究 [J]. 西北林学院学报, 2023, 38 (3): 153-161.

[5] 孙美荣, 孙鹏森. 西南高山亚高山区植被活动变化的气候驱动效应与可持续性 [J]. 水土保持研究, 2023, 30 (3): 240-250.

[6] 廖春贵, 熊小菊, 胡宝清, 等. 北部湾经济区植被覆盖变化特征及驱动因素 [J]. 科学技术与工程, 2018, 18 (19): 20-25.

[7] 王一富, 袁磊. 云南大理苍山保护区植被覆盖度动态变化遥感监测与分析 [J]. 科学技术与工程, 2020, 20 (8): 2997-3002.

[8] 郭秀丽, 李旺平, 周立华. 生态政策驱动下的内蒙古自治区杭锦旗植被覆盖变化 [J]. 草业科学, 2018, 35 (8): 1843-1851.

[9] MCGWIRE K, MINOR T, FENSTERMAKER L. Hyperspectral mixture modeling for quantifying sparse vegetation cover in arid environments [J]. Remote Sensing of Environment, 2000, 72 (3): 360-374.

[10] 张萍, 张军, 李佳玉, 等. 大理苍山东西坡植被的垂直分布格局 [J]. 浙江农林大学学报, 2022, 39 (1): 68-75.

[11] 袁睿佳, 杨树华, 王宝荣. 苍山东坡植被垂直分布格局研究 [J]. 云南大学学报 (自然科学版), 2008 (3): 318-325.

[12] 郭铌. 植被指数及其研究进展 [J]. 干旱气象, 2003 (4): 71-75.

[13] 庞鑫, 刘珺. 气候变化对亚洲地区植被 NDVI 变化的影响 [J]. 自然资源遥感, 2023, 35 (2): 295-305.

[14] 李苗苗, 吴炳方, 颜长珍, 等. 密云水库上游植被覆盖度的遥感估算 [J]. 资源科学, 2004 (4): 153-159.

[15] 魏雪梅. 多源数据支持下的森林地上生物量估算方法 [J]. 武汉大学学报 (信息科学版), 2019, 44 (9): 1385-1390.

[16] 王枭轩, 左小清, 孟庆岩, 等. 基于高分 3 号和高分 2 号叶面积指数反演与分析 [J]. 云南大学学报 (自然科学版), 2019, 41 (4): 731-737.

7 无人机影像道路交通多要素自动识别与检测案例

7.1 案例目标

（1）了解无人机遥感技术发展概况。

（2）了解无人机在交通领域中的应用现状。

（3）熟悉无人机影像道路交通多要素自动识别与检测方法。

7.2 背景信息

7.2.1 无人机遥感技术发展概述

随着当代高技术的迅猛发展，以及天基导航通信系统等基础设施的建立，无人机发展迅速，已成为一种新兴的遥感平台，被广泛地应用于国土航测、农林植保、大气探测、灾害救援、国防安全等领域，尤其是轻小型无人机遥感系统在数量和应用领域都占绝对主导地位。无人机遥感具有高科学价值，可以与卫星遥感能力形成互补。无人机具备超高分辨率、高频次获取能力，又具有较高的性价比和遂行性。无人机遥感具备实时观测能力，能够满足军事国防、灾害应急响应、生态环境监测等诸多需求。这些对于卫星观测平台而言，目前还是很难实现的。卫星遥感具有全球的宏观视野，可以快速实现整个地球的全覆盖。卫星遥感可以提供亚米级别的影像，但是分辨率越高，重访周期越大。无人机影像可以提供厘米甚至更高分辨率的地面信息，且不存在高空间分辨率和时间分辨率的矛盾，在低成本的基础上实现了空间和时间的辩证统一。超高分辨率的无人机遥感正在扮演越来越重要的角色。可以说，无人机遥感的出现及快速发展使得遥感科学研究从宏观向微观前进了一大步。

什么是无人机？无人机：unmanned aerial vehicle（UAV），是利用无线电遥控设备和自备的程序控制装置操纵的不载人飞行器。

无人机遥感（unmanned aerial vehicle remote sensing），即利用先进的无人驾驶飞行器技术、遥感传感器技术、遥测遥控技术、通信技术、GPS 差分定位技术和遥感应用技术，能够实现自动化、智能化、专用化的快速获取国土资源、自然环境、地震灾区等空间遥感信息，且完成遥感数据处理、建模和应用分析的应用技术。无人机遥感系统由于具有机动、快速、经济等优势，已经成为世界各国争相研究的热点，现已逐步从研究开发发展到实际应用阶段，成为未来的主要航空遥感技术之一。

7.2.2　无人机在交通领域中的应用

无人机因为采集数据快、影像清晰、成本低、质量小、灵活性高等优点，在交通领域展现出广泛优势，尤其是在道路交通检测、无人机导航、路面破损检测、车辆跟踪与识别、路面养护等方面都发挥着重要作用。

（1）无人机巡航航路规划问题。如 Liu 等[1]建立了无人机巡航路径规划的多目标优化模型。同时，设计了一种改进算法对无人机巡航路径规划进行求解。还有一些学者提出了对无人机最优路径优化和修改算法[2]；建立了多基地、可充电续航的多无人机道路巡逻任务分配模型，解决无人机续航能力差的问题。

（2）无人机实现实时监控。一些学者通过无人机完成道路交通信息的实时监测，对交通管制方面做出了贡献。例如，有学者提出了一种基于多无人机的道路交通检测系统[3]，该系统通过多架无人机监控城市道路上的交通，实时监测并把信息发送到交通处理中心，用于交通管制。也有学者提出了基于人工智能的方案来实现智能道路监控的多物体检测[4]。该方法通过结合无人机、无线通信和物联网技术为未来智能交通的路况监测和控制提供了一个良好的解决方案。也有学者提出了一种基于概率模型检测的无人机与操作员失去联系的处理方法[5]。该方法可以使无人机在危险环境中执行监控任务。也有学者提出了一种分散式导航方案[6]。该方案通过无人机实时检测，实现不同模式下对道路交通状况的检测需求。还有学者提出了一种实时无人机改线模型和基于分解的多目标优化算法[7]。该模型考虑了交通监测的动态需求，实现无人机巡航的动态航迹规划，使其更适合于现实生活中的交通监测。

（3）无人机采集路面影像信息。无人机有着成本低、灵活性高、采集影像数据质量好的优点。其在交通领域中应用更多的一面是采集路面影像信息。有学者通过无人机影像检测沥青路面破损情况，为道路养护实践提供了决策支持[8]。该研究结合支持向量机、人工神经网络、随机森林等机器学习算法，可以对正常路面和破损路面进行区分，实现路面损坏鉴定。还有学者利用无人机影像得到路面的车辙和坑洞[9]，通过现场勘察和规划、数据采集、数据处理、数据分析等，得到无人机图像提取的车辙和坑洞，达到路况检测效果。还有学者提出了一种利用无人机图像生成路面 3D 建模的方法[10]。通过这些模型对路面状况进行监测和分析，实现自动化检测路面损坏。也有学者提出了一种基于无人机的目标跟踪与识别系统[11]。该系统实现了目标跟踪、目标识别与检测、图像处理等功能。

7.2.3 案例背景及研究现状

随着我国综合国力的增强，国家对于道路、桥梁、学校等基础建设的投入大幅增加。道路作为民生工程的重要部分，对其开展研究具有重要价值。道路交通要素作为道路的重要组成部分，对其准确识别与检测可为自动驾驶、完善智能交通系统、推进智慧城市以及更新交通基础地理信息数据库提供重要的数据支撑。道路交通要素信息主要包括道路中心线、道路交叉口、斑马线、公交车站台、路内停车位等信息[12]。道路交通要素信息的采集是交通部门构建和完善交通基础地理信息数据库的重要工作内容，因此对其开展相关的识别与检测工作，可为交通基础地理信息数据库的更新和完善提供技术支持。

由于传统车载相机拍摄范围的局限性，只能获取到小部分的道路要素信息，不利于大面积的交通要素信息获取，故不利于开展对道路交通要素的相关研究。无人机技术发展迅速，其具有采集数据速度快、影像清晰、成本低、重量轻、灵活性高等优点。因此，利用无人机采集道路交通要素信息可为更新交通基础地理信息数据库提高工作效率，降低人工成本。

国内外对于目标检测与识别工作已经开展了较多的研究，随着深度学习的发展，目标检测经历了从传统的机器学习方法到深度学习方法的转变，目标检测已广泛应用于人脸检测[13]、自动驾驶[14]、文本检测[15-16]等领域。目前对于道路交通要素的检测方法主要为两类：第一类是基于颜色和几何特征提取的传统方法。例如 Li 等[17]提出了一种基于颜色和形状特征的交通标志检测方法，但该方法存在对于形状残缺交通标志识别结果较差、整体检测精度较低的问题；赵玉伟[18]提出了基于图像处理的道路交通标志检测与识别方法，该方法利用霍夫变换和形状分析对交通标志图像进行处理实现对交通标志的识别与检测；Berkaya 等[19]提出了一种关于圆形交通标志的检测和识别方法，该方法利用圆形检测算法和基于 RGB 的颜色阈值技术实现交通标志牌的识别与检测。此类传统方法大都是通过交通标志特殊的颜色和形状来进行特征提取，依靠分类器来进行分类，普遍存在检测速度慢、检测精度低等问题，在实际应用中难以达到预期目标。第二类是基于深度学习[20]的目标检测算法，其主流目标检测包括两种类型，一种是以 SSD[21]、YOLO 系列[22-26]等为代表的单阶段检测，另一种是以 R-CNN[27]、Fast R-CNN[28]、Faster R-CNN[29]等为代表的双阶段检测。例如由 Shan 等[30]提出的一种基于改进 SSD 的小交通标志检测算法，该方法虽然在测试集中获得了较高的精度，但是对其他道路交通要素检测适用性不高；周捷等[31]提出了改进的 YOLOv4-Tiny 雨雾道路环境下的实时目标检测方法，但该方法存在着平均检测精度低的问题；陈朋弟等[32]提出了基于 Mask R-CNN 的无人机影像路面交通标志检测与识别方法，提高了路面交通标志识别的准确率，克服了对阴影区路标、遮挡路标以及磨损路标等无法识别或识别精度低的问题，但是该方法识别要素单一、信息量少。

7.3　案例涉及的知识点

7.3.1　研究方法

利用无人机影像采集道路交通要素数据集，通过融合注意力机制的YOLOv4[33]网络算法，实现了无人机影像道路交通多要素的自动识别与检测，具体流程如图 7-1 所示。首先对数据集中不同目标物的尺度范围进行统计，然后利用 K-means 聚类法得到候选框的大小；再通过 Mosaic 数据增强技术增加训练的道路交通多要素数据集数量；接着通过融合高效通道注意力（efficient channel attention，ECA）[34]机制至 YOLOv4 主干网络中提取出来的两个有效特征层以及对上采样后的结果上，让网络重点关注特征信息，再对数据集进行训练，同时通过 CIoU 损失函数[35]考虑目标物和待测物之间的几何关系，解决并列密集待测物的锚框重叠问题，降低漏检率；最后通过计算平均精度（mean average precision，MAP）来评估实验效果。

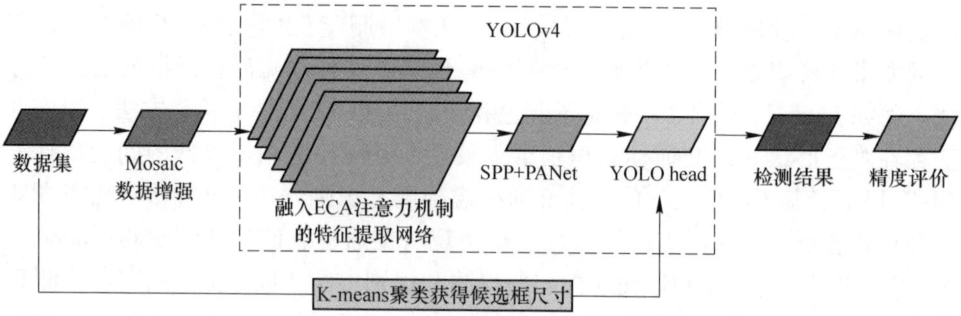

图 7-1　所提方法流程图

7.3.2　数据集介绍

目前对于道路交通多要素的数据集缺乏，现有已公开的数据集多为路边交通标志牌数据集或是路面交通数据集，为满足更新交通基础地理信息数据库的需求，解决道路交通要素数据集少的问题，本案例特制作了一套关于道路交通多要素的数据集，包括斑马线、路边停车位、公交车站台三大类，如图 7-2 样本示例。无人机影像分别通过哈瓦 MEGA-V8 和大疆 FC6310 拍摄。哈瓦 MEGA-V8 搭载倾斜五相机，支持北斗、GPS、GLONASS、RTK 三星七频，水平定位精度误差可在±2 cm，垂直定位精度误差可在±5 cm。其特点为高效率、长航时，高精度成图。大疆 FC6310 无人机拥有 6 个视觉传感器、主相机、2 组红外传感器、1 组超声波传感器、GPS/GLONASS 双模卫星定位系统、IMU 和指南针双冗余传感器，可以帮助无人机在飞行时获取实时图像、深度、定位等信息，构建飞行器周围的 3D 地图并确定自己的位置。遥感影像尺寸分别为 7146 像素×5364 像素和 5472 像素×3648 像素，空间分辨率分别为 0.05 m 和 0.1 m。共计拍摄 16872 张，去除影像中重复拍摄区域以及没有道路交通要素区域，最后手动选取其中 1128 张影像作为原始数据集。通过图像标注软件 roLabelImg 工具手动进行道路交通要素标记。构成道路交通的要素有很多，包括道路中心线、道路交叉口、斑马线、公交车站台、路边停车位等。本案例研究主要是为自动化构建交通基础地理信息数据库服务。选择具有代表性的道路交通要素作为研究对象，本案例选择的研究对象是斑马线、路边停车位、公交车站台。将斑马线、路边停车位、公交车站台分别命名为 zebra_crossing、parking_space、bus_station。训练数据占全部数据的 90%，其余为测试数据。

图 7-2 无人机影像数据集样本

7.3.3 无人机影像数据处理

（1）Anchor Box 聚类。根据 VOC 数据集得到原始 YOLOv4 网络的锚框尺寸，分别针对 19×19、38×38、76×76 的尺度进行检测，其预设的候选框 Anchor Box 分别为：12，16；19，36；40，28；36，75；76，55；72，146；142，110；192，243；459，401。其尺度大小并不适用于本案例无人机影像拍摄的道路交通多要素数据集。因此，为了适用道路交通多要素数据集中的目标尺度范围，通过 K-means 聚类方法对 1128 张无人机道路交通多要素遥感影像进行尺度统计。首先将道路交通要素尺度定义为 9 个簇，各簇的簇心在每个簇中随机抽选得到；然后将每个数据点关联到距离最近的簇心中，并找到这 9 个簇各自关联的中心点为新的簇心，以此不断迭代簇心，直至这 9 个簇所拥有的点不再发生变化则迭代结束；最后通过聚类结果设置目标候选框的大小。

（2）无人机影像数据增强。本案例采用 Mosaic 数据增强方式，至 YOLOv4 网络中增强训练数据集。Mosaic 数据增强方式首先通过随机从道路交通多要素数据集中抽取 4 张包含检测物锚框的图片，然后通过对图片进行随机缩放、裁剪、排布拼接为新图，同时也获得该图片对应的锚框，然后再将处理好的图片传入 YOLOv4 网络中去学习，并且在计算批标准化（batch normalization）的时候可以将 4 张图片的数据作为 1 幅图进行计算，如图 7-3 所示。Mosaic 数据增强方式丰富了数据集中待检测物的背景信息和小样本信息。同时，Mosaic 数据增强训练时对计算机的性能要求不高，甚至在只使用 CPU 时也可达到很好的效果。

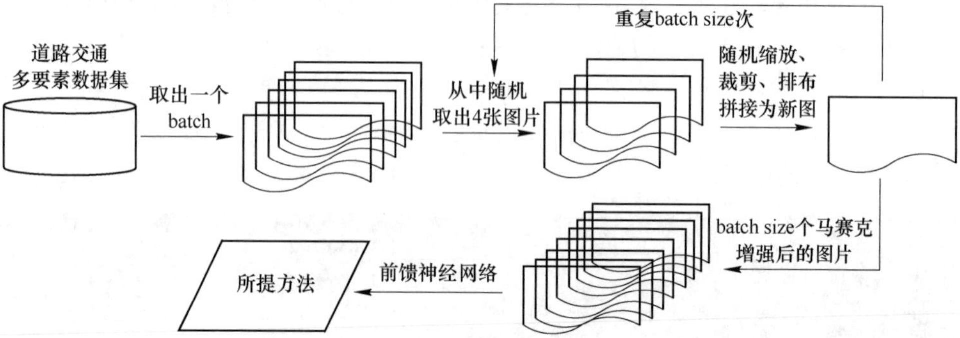

图 7-3　无人机影像数据增强

7.3.4　无人机影像特征提取

在深度学习中，注意力机制是常用的方法和技巧，注意力机制有多种实现方式，但其核心是让网络重点关注特征信息。注意力机制可以分为通道注意力机制、空间注意力机制以及二者的结合。本案例所使用的是 ECA[34] 注意力机制，通过一维卷积实现不降维的局部跨信道交互策略以及实现自适应选择一维卷积核大小，可以保证局部跨信道相互作用的覆盖范围，在提升网络性能的同时，可以降低模型的复杂性。

ECANet[34] 是通道注意力机制的一种实现形式。可以将 ECANet 看作 SENet[36] 的改进版。SE 注意力机制首先对输入特征图进行了通道压缩，但是这种压缩降维方式不利于学习通道之间的依赖关系，因此 ECA 注意力机制避免降维，用一维卷积高效地实现局部跨通道交互，提取通道间的依赖关系，提高 YOLOv4 网络性能，提升了无人机影像道路交通要素识别准确率。ECA 注意力机制具体步骤如下：

（1）特征图进行全局平均池化操作。

（2）进行卷积核大小为 k 的一维卷积操作，并经过 Sigmoid 激活函数得到各个通道的权重 ω，ω 计算公式如下：

$$\omega = \sigma(\mathrm{C1D}_k(y)) \tag{7-1}$$

式中, C1D 为一维卷积; k 为所涉及的 y 与 k 个领域之间的相关参数信息。

(3) 将权重与原始输入特征图对应元素相乘，得到最终输出特征图。

7.3.5 CIoU_Loss

无人机影像中的道路交通要素如路边停车位，存在着目标检测物并列密集的现象。并列密集的目标检测物存在着互相重叠遮挡的现象，在非极大抑制过程中会剔除重叠部分从而导致漏检现象，IoU 损失函数并不能很好地解决这一问题。针对此问题，本案例采用了 CIoU 损失函数[35]来解决。CIoU 从检测框和目标框之间距离、重叠面积、长宽比等几方面考虑，提高函数回归精度和收敛速度。CIoU 示意图如图 7-4 所示。

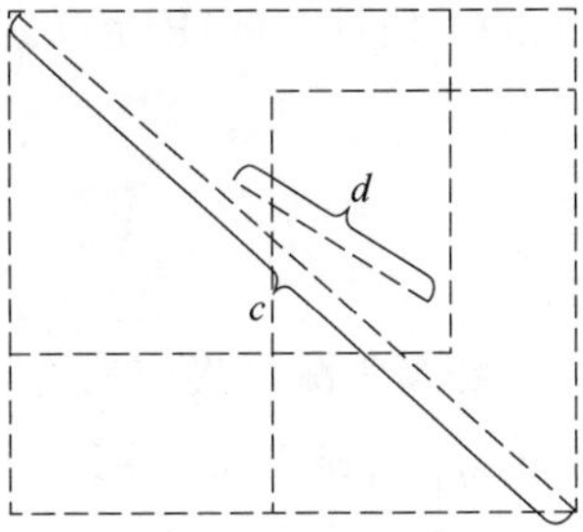

图 7-4 CIoU 示意图

CIoU 惩罚项计算式如下：

$$R_{\mathrm{CIoU}} = \frac{\rho^2(b, b^{gt})}{c^2} + \alpha v \tag{7-2}$$

式中, $\rho(b, b^{gt}) = d$，d 为图 7-4 中的参数，d 表示真实框和预测框的中心点距离; v 为长宽比的相似性度量; α 为权重函数。

$$v = \frac{4}{\pi^2}\left(\arctan\frac{w^{gt}}{h^{gt}} - \arctan\frac{w}{h}\right)^2 \tag{7-3}$$

$$\alpha = \frac{v}{1 + \mathrm{IoU} + v} \tag{7-4}$$

CIoU 损失函数计算式如下：

$$\mathrm{CIoU\_Loss} = 1 - \mathrm{IoU} + \frac{\rho^2(b, b^{gt})}{c^2} + \alpha v \tag{7-5}$$

式中, c 为预测框 b 与真实框 b^{gt} 的最小外接矩形的对角线距离; IoU 为预测框和真实框的面积交并比; $\rho^2(b, b^{gt})$ 为预测框和真实框中心点的欧氏距离。

7.4 实验结果与分析

7.4.1 实验环境

本案例方法所使用的计算机配置为 Windows10 操作系统下的 i7-9700k CPU，带有 GTX1070 Ti 显卡和 8GB 显存，实验训练平台为 PyCharm。设置训练的权重衰减系数为 0.0005，初始学习率为 0.001，置信度为 0.5，IoU 阈值设置为 0.5，共计训练 100 个 Epoch，迭代次数为 4000 次。将数据集分为训练集和验证集，以 9∶1 的比例进行分配，并随机抽取典型道路交通要素作为测试集。

7.4.2 评价指标

实验通过计算得到平均精度 MAP 作为模型定量评估指标，用来衡量模型检测的准确性。MAP 定义式如下：

$$\mathrm{MAP} = \frac{\sum_{i=1}^{N} \mathrm{AP}_i}{N} \tag{7-6}$$

式中，N 为测试集中所有类别数；i 为第 i 个类别；AP_i 为第 i 个类别的平均准确率（average precision，AP）。

$$\mathrm{AP} = \int_0^1 p(r)\,\mathrm{d}r \tag{7-7}$$

式中，p 为精确度（代表 Precision）；r 为召回率（代表 Recall）。

$$\mathrm{Precision} = \frac{\mathrm{TP}}{\mathrm{TP} + \mathrm{FP}} \tag{7-8}$$

$$\mathrm{Recall} = \frac{\mathrm{TP}}{\mathrm{TP} + \mathrm{FN}} \tag{7-9}$$

式中，TP 为被正确检测的道路交通要素数量；FP 为被检测成道路交通要素类而实际是其他类的目标数量；FN 为被检测成其他类实际是道路交通要素类的数量。

7.4.3 对比实验

主要针对目标检测经典算法网络和最新算法网络来验证本案例方法的有效性，分别利用 SSD[21]、RetinaNet[37]、Faster R-CNN[29]、YOLOv3[24]、YOLOv4[25]、YOLOv5[38] 网络作为对比实验，对道路交通多要素数据集进行训练，分别计算其 AP、Precision、Recall、MAP 并进行比较。其中，Precision 和 Recall 是在阈值为 0.5 的情况下获得的。如表 7-1 所示，分别统计了不同网络模型下道路交通要素的识别精度。表 7-1 中的涨点是各网络和本案例方法对比所计算出的 MAP 值。

表 7-1　不同网络模型的检测结果　（%）

网络模型	道路交通要素	AP	Precision	Recall	MAP	涨点
Faster R-CNN	斑马线	64.26	59.04	71.43	56.89	33.56
	公交车站台	71.46	73.33	70.97		
	路边停车位	34.96	31.51	48.75		

续表 7-1

网络模型	道路交通要素	AP	Precision	Recall	MAP	涨点
RetinaNet	斑马线	70.01	87.82	61.16	57.27	33.18
	公交车站台	67.25	86.36	61.29		
	路边停车位	34.54	74.28	24.38		
SSD	斑马线	52.92	76.84	32.59	53.94	36.51
	公交车站台	75.09	**100**	54.84		
	路边停车位	33.81	73.37	14.74		
YOLOv3	斑马线	84.25	87.38	80.36	81.52	8.93
	公交车站台	83.81	88.89	77.42		
	路边停车位	76.49	76.13	75.86		
YOLOv4	斑马线	81.82	89.95	79.20	74.65	15.80
	公交车站台	76.77	90.48	61.29		
	路边停车位	65.35	70.24	70.99		
YOLOv5	斑马线	93.61	**91.82**	93.50	86.84	3.61
	公交车站台	73.82	68.51	69.42		
	路边停车位	**93.10**	**91.41**	**90.11**		
本案例方法	斑马线	**94.34**	90.09	**93.90**	**90.45**	
	公交车站台	**99.59**	91.30	**100**		
	路边停车位	77.44	80.95	78.14		

注：加粗字体为各项最优结果。

为验证本案例方法的有效性，对道路交通多要素数据集进行消融实验，分别对比结合 K-means 聚类、Mosaic 数据增强以及其他注意力机制，如 SE 注意力机制、CBAM[39]注意力机制，并将注意力机制融合至与 ECA 注意力机制同层网络结构中，分别计算其 AP、Precision、Recall、MAP 并做对比。消融实验检测结果如表 7-2 所示。

表 7-2　消融实验检测结果　（%）

网络模型	道路交通要素	AP	Precision	Recall	MAP	涨点
YOLOv4+ K-means 聚类	斑马线	85.12	85.58	81.42	80.98	9.47
	公交车站台	83.52	88.89	77.42		
	路边停车位	74.30	77.94	75.62		
YOLOv4+ Mosaic 数据增强	斑马线	88.31	87.95	87.17	82.44	8.01
	公交车站台	84.93	**96.00**	77.42		
	路边停车位	74.08	74.85	75.39		

续表 7-2

网络模型	道路交通要素	AP	Precision	Recall	MAP	涨点
YOLOv4+ SE 注意力机制	斑马线	91.45	**91.43**	90.14	84.54	5.91
	公交车站台	81.00	79.31	82.14		
	路边停车位	**81.17**	**85.06**	**80.7**		
YOLOv4+ CBAM 注意力机制	斑马线	92.07	89.63	90.95	86.92	3.53
	公交车站台	92.01	92.00	88.46		
	路边停车位	76.68	81.62	77.47		
本案例方法	斑马线	**94.34**	90.09	**93.90**	**90.45**	
	公交车站台	**99.59**	91.30	**100**		
	路边停车位	77.44	80.95	78.14		

注：加粗字体为各项最优结果。

为验证本案例方法的实用性和有效性，分别选择小场景的无人机影像图和复杂大场景的影像图进行预测实验。图 7-5 展示了小场景下消融实验的预测结果。预测数据是从道路交通多要素数据集中选取的具有代表性的几类要素场景，分别为单要素场景、多要素场景、并列密集要素场景。其中，单要素场景仅包含一类交通要素，本案例选取公交车站台为单要素场景下的待检测物；多要素场景包括斑马线、公交车站台、路边停车位；并列密集要素场景为路边停车位的识别与检测。经统计，单要素场景下共 2 个公交车站台；多要素场景下包括 4 条斑马线、3 个路边停车位以及 1 个公交车站台；并列密集场景下共 17 个路边停车位。具体预测结果如表 7-3 所示。

(a)

(b)

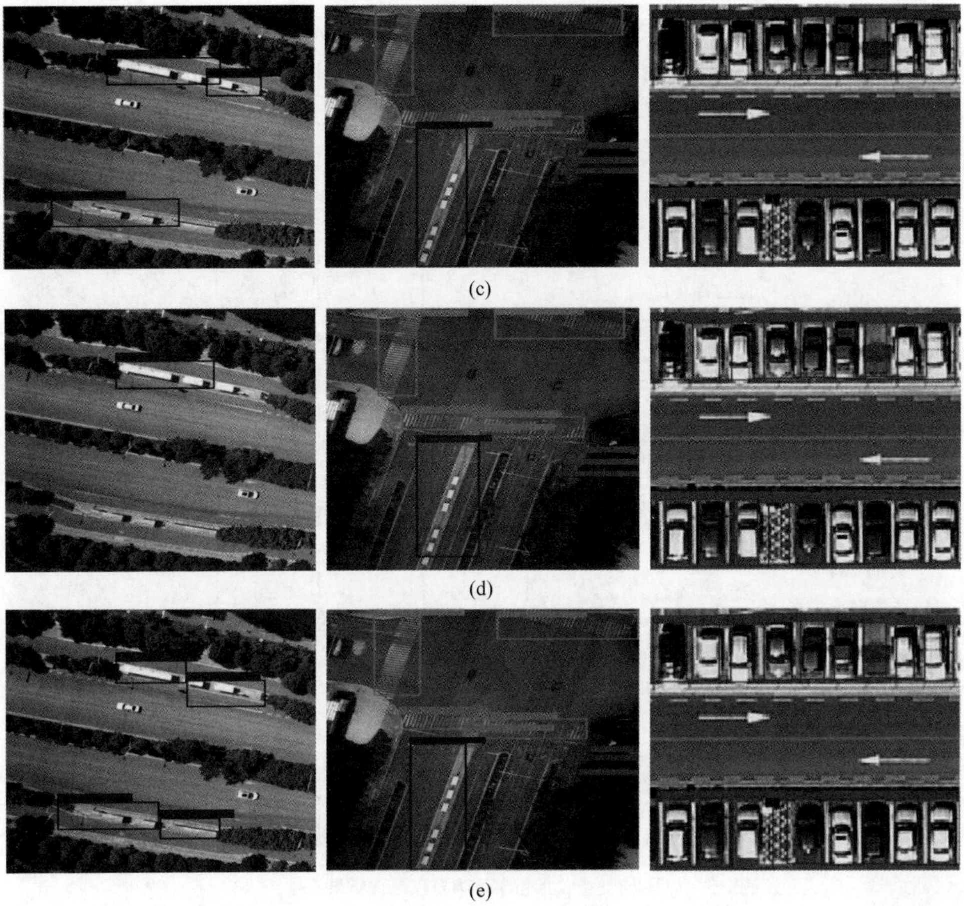

图 7-5 小场景下消融实验预测结果图

（从左至右分别为单要素场景、多要素场景、并列密集要素场景；
阅读时建议参照彩图）

（a）YOLOv4 + K-means 聚类；（b）YOLOv4 + Mosaic 数据增强；（c）YOLOv4+ SE 注意力机制；（d）YOLOv4 + CBAM 注意力机制；（e）本案例方法

图 7-5 彩图

表 7-3 小场景下消融实验预测结果

网络模型	道路交通要素	单要素场景		多要素场景		并列密集要素场景	
		正确检测个数	平均检测精度/%	正确检测个数	平均检测精度/%	正确检测个数	平均检测精度/%
YOLOv4+ K-means 聚类	斑马线	—	—	4	86.50	—	—
	公交车站台	2	89.50	0	漏检	—	—
	路边停车位	—	—	0	漏检	17	95.71

续表 7-3

网络模型	道路交通要素	单要素场景		多要素场景		并列密集要素场景	
		正确检测个数	平均检测精度/%	正确检测个数	平均检测精度/%	正确检测个数	平均检测精度/%
YOLOv4+ Mosaic 数据增强	斑马线	—	—	4	95.50	—	—
	公交车站台	2	64.50	1	94.00	—	—
	路边停车位	—	—	0	漏检	17	**99.88**
YOLOv4+ SE 注意力机制	斑马线	—	—	4	95.50	—	—
	公交车站台	2	67.50	1	**100**	—	—
	路边停车位	—	—	3	87.33	17	99.47
YOLOv4+ CBAM 注意力机制	斑马线	—	—	4	96.75	—	—
	公交车站台	1	77.00	1	82.00	—	—
	路边停车位	—	—	3	87.68	17	96.29
本案例方法	斑马线	—	—	4	**98.25**	—	—
	公交车站台	2	**98.50**	1	98.00	—	—
	路边停车位	—	—	3	**88.67**	17	**99.88**

注：“—”表示所测影像中不包含此类；加粗字体为各项最优结果。

结合图 7-5 和表 7-3 预测结果可知，仅使用 K-means 聚类或 Mosaic 数据增强的方法对检测道路交通多要素存在着漏检的现象，证明单从一方面改进算法并不能使检测效果有较大的提升。结合消融实验检测结果分析，Mosaic 数据增强的方法对路边停车位检测精度仅为 74.08%，检测效果最差，K-means 聚类方法其次，在图 7-5 和表 7-3 的预测结果中证实了消融实验的检测精度，在其预测结果中存在着漏检的现象。从整体预测结果而言，在添加注意力机制后，各项检测效果有所提升，且本案例方法的检测最优个数最多，为 4 项。特别是在对多要素场景及并列密集要素场景下的道路交通要素检测中，对斑马线和路边停车位的平均检测精度达到了 98.25%和 99.88%，其检测效果最佳。尽管在复杂场景下添加 SE 注意力机制对公交车站台的检测结果达到了最优，但本案例方法的平均检测精度达到了 98%，与添加 SE 注意力机制的检测方法仅差 2%；从算法分析来看，SE 注意力机制更为复杂，需要更多的算力，与本案例所提出的轻量级的方法相比可忽略此 2%的差距，作为算力补偿。

图 7-6 展示了复杂大场景下消融实验的预测结果。该大场景图是由无人机拍摄的遥感影像经 Pix4D 软件处理生成的正射影像，该影像区域面积共计 302813 m^2。经统计，该复杂大场景中包括 18 条斑马线、5 个公交车站台、58 个路边停车位。具体预测结果如表 7-4 所示。

(a)

(b)

(c)

(d)

(e)

图 7-6 复杂大场景下消融实验预测结果图

（阅读时建议参照彩图）

（a）YOLOv4 + K-means 聚类；（b）YOLOv4 + Mosaic 数据增强；

（c）YOLOv4 + SE 注意力机制；（d）YOLOv4 + CBAM 注意力机制；

（e）本案例方法

图 7-6 彩图

表 7-4 复杂大场景下消融实验预测结果

网络模型	道路交通要素	正确检测个数	平均检测精度/%
YOLOv4+ K-means 聚类	斑马线	17	89.26
	公交车站台	4	85.75
	路边停车位	42	72.49
YOLOv4+ Mosaic 数据增强	斑马线	18	89.39
	公交车站台	4	86.00
	路边停车位	54	77.02
YOLOv4+ SE 注意力机制	斑马线	18	89.48
	公交车站台	5	85.11
	路边停车位	56	**78.23**
YOLOv4+ CBAM 注意力机制	斑马线	17	92.14
	公交车站台	5	89.33
	路边停车位	43	73.03

续表 7-4

网络模型	道路交通要素	正确检测个数	平均检测精度/%
本案例方法	斑马线	18	**92. 17**
	公交车站台	5	**93. 40**
	路边停车位	48	76. 48

注：加粗字体为各项最优结果。

结合图 7-6 和表 7-4 预测结果可知，在复杂大场景下检测时，以上几种算法均出现漏检现象，尤其是在对路边停车位进行检测时，漏检现象最为严重。对大幅影像而言，路边停车位属于小目标检测，且多数停车位被绿化遮盖，特征信息不明显，因此造成漏检现象，后续工作也将对此进行完善。对于其他待检测物，本案例方法有良好的检测效果，斑马线和公交车站台在复杂大场景下的平均检测精度分别能达到 92. 17%和 93. 40%，属消融实验最优结果。

从上述实验结果与分析中，可以发现本案例方法与其他几种方法相比，MAP 有较大的提升，其涨点从 3. 53%到 36. 51%不等，验证了本案例融合 ECA 注意力机制的 YOLOv4 模型能有效提升道路交通多要素检测精度。与之前的研究结果一致，在同样的网络位置中结合其他主流注意力机制模块时，其实验效果相较于原始 YOLOv4 网络均有所提升，但其提升效果没有本案例方法好，这表明了融合注意力机制对网络训练模型有一定的积极作用且本案例所提出的融合 ECA 注意力机制的 YOLOv4 算法最佳。同时，在复杂大场景下，本案例方法与其他几种方法相比，依旧能够取得较好结果，证明了本案例方法的实用性与优越性，可直接应用于大场景下的影像，为更新交通基础地理信息数据库提供更智能、便捷的方法。

7.5 案例要点

（1）针对道路交通多要素数据集少、要素单一、道路信息缺乏等问题，生产了一组无人机图像道路交通多要素数据集。

（2）针对道路要素检测精度不高和并列密集要素难以识别的问题，提出了集成 ECA 注意力机制的 YOLOv4 算法。

（3）对比实验和消融实验证明了本案例方法在检测道路交通多要素方面的优越性，为基础交通地理信息数据库更新提供了一种新的解决方案。

参考文献

[1] LIU X, GUAN Z, SONG Y, et al. An optimization model of UAV route planning for road segment surveillance [J]. Journal of Central South University, 2014, 21 (6): 2501-2510.

[2] CHENG L, ZHONG L, TIAN S, et al. Task assignment algorithm for road patrol by multiple UAVs with multiple bases and rechargeable endurance [J]. IEEE Access, 2019, 7: 144381-144397.

[3] ELLOUMI M, DHAOU R, ESCRIG B, et al. Monitoring road traffic with a UAV-based system [C] //Proceedings of the 2018 IEEE Wireless Communications and Networking Conference. Barcelona: [s. n.], 2018: 1-6.

[4] YANG J, ZHANG J, YE F, et al. A UAV based multi-object detection scheme to enhance road condition monitoring and control for future smart transportation [C] //Proceedings of the 1st EAI International Conference on Artificial Intelligence for Communications and Networks. Harbin: [s. n.], 2019: 270-282.

[5] WANG X, OUYANG C, SHAO X, et al. A method for UAV monitoring road conditions in dangerous environment [J]. Journal of Physics: Conference Series, 2021, 1792 (1): 012050.

[6] HUANG H, SAVKIN A V, HUANG C. Decentralized autonomous navigation of a UAV network for road traffic monitoring [J]. IEEE Transactions on Aerospace and Electronic Systems, 2021, 57 (4): 2558-2564.

[7] LIU X, PENG Z R, ZHANG L Y. Real-time UAV rerouting for traffic monitoring with decomposition based multi-objective optimization [J]. Journal of Intelligent & Robotic Systems, 2019, 94: 491-501.

[8] PAN Y, ZHANG X, CERVONE G, et al. Detection of asphalt pavement potholes and cracks based on the unmanned aerial vehicle multispectral imagery [J]. IEEE Journal of Selected Topics in Applied Earth Observations and Remote Sensing, 2018, 11 (10): 3701-3712.

[9] SAAD A M, TAHAR K N. Identification of rut and pothole by using multirotor unmanned aerial vehicle (UAV) [J]. Measurement, 2019, 137: 647-654.

[10] ROBERTS R, INZERILLO L, DI MINO G. Using UAV based 3D modelling to provide smart monitoring of road pavement conditions [J]. Information, 2020, 11 (12): 568.

[11] WANG S, JIANG F, ZHANG B, et al. Development of UAV-based target tracking and recognition systems [J]. IEEE Transactions on Intelligent Transportation Systems, 2019, 21 (8): 3409-3422.

[12] HUANG L, QIU M, XU A, et al. UAV imagery for automatic multi-element recognition and detection of road traffic elements [J]. Aerospace, 2022, 9 (4): 198.

[13] ZHANG S, ZHU X Z, LEI X, et al. FaceBoxes: A CPU real-time face detector with high accuracy [C] //IEEE International Joint Conference on Biometrics. Denver: [s. n.], 2017: 1-9.

[14] BAGSCHIK G, MENZEL T, MAURER M. Ontology based scene creation for the development of automated vehicles [C] //2018 IEEE Intelligent Vehicles Symposium. Changshu: [s. n.], 2018: 1813-1820.

[15] LIAO M, SHI B, BAI X, et al. TextBoxes: A fast text detector with a single deep neural network [C] //31st AAAI Conference on Artificial Intelligence. San Francisco: [s. n.], 2017: 4161-4167.

[16] 孟月波，石德旺，刘光辉，等．多维度卷积融合的密集不规则文本检测 [J]. 光学精密工程，2021，29（9）：2210-2221.

[17] LI H, SUN F, LIU L, et al. A novel traffic sign detection method via color segmentation and robust shape matching [J]. Neurocomputing, 2015, 169 (2): 77-88.

[18] 赵玉伟．基于图像处理的道路交通标志检测与识别方法 [J]. 交通世界，2018（9）：2.

[19] BERKAYA S K, GUNDUZ H, OZSEN O, et al. On circular traffic sign detection and recognition [J]. Expert Systems with Applications, 2016, 48: 67-75.

[20] HAO X, ZHANG G, MA S. Deep learning [J]. International Journal of Semantic Computing, 2016, 10 (3): 417-439.

[21] LIU W, ANGUELOV D, ERHAN D, et al. SSD: Single shot multiBox detector [J]. Lecture Notes in Computer Science, 2016, 9905: 21-37.

[22] REDMON J, DIVVALA S, GIRSHICK R, et al. You only look once: Unified, real-time object detection [C] //Proceedings of the IEEE Computer Society Conference on Computer Vision and Pattern Recognition. Las Vegas: [s. n.], 2016: 779-788.

[23] REDMON J, FARHADI A. YOLO9000: Better, faster, stronger [C] //IEEE Conference on Computer Vision and Pattern Recognition. Honolulu: [s. n.], 2017: 6517-6525.

[24] REDMON J, FARHADI A. YOLOv3: An incremental improvement [J]. arXiv preprint, arXiv: 1804. 02767, 2018.

[25] LIU C A, WANG X C, WU Q L, et al. Lightweight target detection algorithm based on YOLOv4 [J]. Journal of Real-Time Image Processing, 2022, 19 (6): 1123-1137.

[26] GE Z, LIU S, WANG F, et al. YOLOX: Exceeding YOLO series in 2021 [J]. arXiv preprint, arXiv: 2107. 08430, 2021.

[27] GIRSHICK R, DONAHUE J, DARRELL T, et al. Rich feature hierarchies for accurate object detection and semantic segmentation [C] //Proceedings of the IEEE Computer Society Conference on Computer Vision and Pattern Recognition. Columbus: [s. n.], 2014: 580-587.

[28] GIRSHICK R. Fast R-CNN [C] //2015 IEEE International Conference on Computer Vision. Santiago: [s. n.], 2015: 1440-1448.

[29] REN S, HE K, GIRSHICK R, et al. Faster R-CNN: Towards real-time object detection with region proposal networks [J]. IEEE Transactions on Pattern Analysis & Machine Intelligence, 2017, 39 (6): 1137-1149.

[30] SHAN H, ZHU W. A small traffic sign detection algorithm based on modified SSD [J]. IOP Conference Series: Materials Science and Engineering, 2019, 646 (1): 012006.

[31] 周捷，徐光辉，朱东林，等．改进 YOLOv4-Tiny 的雨雾道路环境下的实时目标检测 [J]. 信号处理，2021，37（8）：1550-1558.

[32] 陈朋弟，黄亮，夏炎，等．基于 Mask R-CNN 的无人机影像路面交通标志检测与识别 [J]. 国土资源遥感，2020，32（4）：61-67.

[33] BOCHKOVSKIY A, WANG C Y, LIAO H Y M. YOLOv4: Optimal speed and accuracy of object detection [J]. arXiv preprint, arXiv: 2004. 10934, 2020.

[34] WANG Q, WU B, ZHU P, et al. ECA-Net: Efficient channel attention for deep convolutional

neural networks [C] //2020 IEEE/CVF Conference on Computer Vision and Pattern Recognition. Seattle: [s. n.], 2020: 11534-11542.

[35] ZHENG Z, WANG P, LIU W, et al. Distance-IoU Loss: Faster and better learning for bounding box regression [C] //Proceedings of the 34th AAAI Conference on Artificial Intelligence. New York: [s. n.], 2020: 12993-13000.

[36] HU J, SHEN L, SUN G. Squeeze-and-excitation networks [C] //2018 IEEE/CVF Conference on Computer Vision and Pattern Recognition. Salt Lake City: [s. n.], 2018: 7132-7141.

[37] LIN T Y, GOYAL P, GIRSHICK R, et al. Focal loss for dense object detection [C] //2017 IEEE International Conference on Computer Vision. Honolulu: [s. n.], 2017: 318-327.

[38] ULTRALYTICS. YOLOv5 2020 [DB/OL]. https://github.com/ultralytics/yolov5.

[39] WOO S, PARK J, LEE J Y, et al. CBAM: Convolutional block attention module [C] //2018 European Conference on Computer Vision. Munich: [s. n.], 2018: 3-19.

8 结合卷积神经网络和 Transformer 的高分辨率遥感影像滑坡检测案例

8.1 案例目标

（1）熟悉传统目标检测方法和基于深度学习目标检测方法的优缺点，了解遥感影像目标检测任务的技术流程。

（2）了解滑坡类型；熟悉滑坡发生机理、滑坡组成要素和滑坡遥感光学特征。

（3）了解基于深度学习目标检测方法中数据增强的方法及作用。

（4）熟悉卷积神经网络（convolutional neural network，CNN）和 Transformer 的基本理论。

8.2 背景信息

滑坡灾害因极强的破坏力、突发性、范围广等重要特征严重危害着人们的财产和生命安全。我国属于地质灾害高发国家，从地形、地貌等方面来看，较为复杂，具有地质灾害高发的特质，尤其是近年气候环境变化、极端天气加剧以及地震等外力因素的影响，地质灾害愈加频发。据数据统计，我国每年发生地质灾害近 5000 起，其中滑坡占 1/2 以上。滑坡是指斜坡上的岩体、土壤受某些因素影响在重力的作用下沿着软弱带整体或者分散向下滑动的现象。滑坡由于具有突发性、破坏性强、范围广等特点，对国民财产、人身安全以及交通造成了危害。快速准确地识别和检测滑坡对滑坡治理和避免灾害发生具有重要作用。另外，随着国民经济的快速发展、科学技术的进步，道路交通快速建设，滑坡作为道路交通安全的一大威胁，其检测和防治必不可少。快速识别检测滑坡，对地理信息数据库进行及时更新，会对滑坡防治和及时救援起到指导作用。利用遥感图像技术结合计算机视觉自动识别滑坡，不仅能加快检测速率，还能提高滑坡的检测精度，无论是在道路建设还是灾害防治等方面都具有广泛的应用前景和重要研究意义。

8.3 案例涉及的知识点

8.3.1 目标检测方法分类

目标检测技术在近20年的发展中，其方法主要可以分为两大类：基于传统的目标检测算法和基于深度学习的目标检测方法。其中，随着计算机科学技术的快速发展，深度学习因优异的特征学习表征能力和泛化能力逐渐成为目标检测的主流方法[1]。

8.3.1.1 传统目标检测算法

传统的目标检测算法多是基于滑动窗口的方式或是根据特征点匹配模型进行匹配[2]。其主要通过模板和稳定的特征点选取来决定目标检测效果的质量，主要包括三个步骤：首先通过人工确定感兴趣区域或利用滑块确定候选区域；然后通过提取区域内的稳定共性的特征点确立模板；最后通过分类器将模板与对应的图像区域进行匹配识别。在以上过程中，选取的特征决定着目标检测的识别率，分类器影响目标检测的精度。因此，提取的特征和分类器在目标检测中都起着重要的作用，直接关系到目标检测结果的好坏。常见的分类器主要有支持向量机（SVM）和级联分类器（AdaBoost算法、Viola-Jones算法[3]等）。较为经典的传统目标检测算法主要有尺度不变特征变换（SIFT）算法[4]、方向梯度直方图（HOG）算法[5]、可变形组件模型（DPM）算法[6]等。

8.3.1.2 深度学习目标检测方法

基于深度学习的目标检测方法多采用CNN或Transformer实现特征提取，并通过检测器和损失函数实现目标的定位和识别。

基于CNN的目标检测方法主要分为基于回归分析的单阶段目标检测方法和基于候选区域提取的双阶段目标检测方法。基于候选区域提取的双阶段目标检测采用候选区域特征提取和分类两部分的思路进行目标检测，首先通过选择搜索算法对目标图像可能包含的目标区域进行预处理并产生候选区域，再采用CNN对候选区域进行特征提取，最后利用分类器对候选区域内的目标进行分类识别和位置回归得到最终的目标检测结果。基于候选区域提取的双阶段目标检测代表性方法有R-CNN[7]、Faster R-CNN[8]、Mask R-CNN[9]、SSP-Net[10]。

基于回归分析的单阶段目标检测方法是一种端对端的检测方法，采用一种网络直接将目标检测的问题转换为回归分析的问题处理，实现目标检测速率的提升。相对于双阶段目标检测方法而言，基于回归分析的单阶段目标检测方法省去了候选区域生成和ROI层池化的操作，使目标检测问题更为简便，检测速度更快。其中较为经典的算法模型有YOLO系列[11]、SSD算法模型[12]以及EfficientNet[13]。

基于 Transformer[14] 的目标检测方法是一种集合预测任务方法，采用端到端的检测方法，摒弃了常用的 CNN 架构和循环神经网络架构，完全采用自注意力机制的简单网络架构；因具有并行化计算、信息传递损失小、注重全局特征等优点，其算法模型提出速度在近几年呈爆发式增长。其中较为经典的算法模型有 DETR[15]、ViT-FRCNN[16]、Swin Transformer[17]、PVT[18] 等。

Transformer 具有全局交互机制，其感受野可以迅速扩大以及并行计算的优点是 CNN 所不具备的；但 Transformer 的缺点也很明显，其参数量大，计算复杂度高，容易过拟合，推理速度慢。而 CNN 通过卷积建立局部连接，注重局部特征，且其具有平移不变性，在特征学习过程中可以保留位置信息，正好和 Transformer 形成互补。因此，Transfomer 和 CNN 结合是以后计算机视觉领域的研究方向。

综合以上目标检测方法的优缺点列于表 8-1。

表 8-1 目标检测方法分类和优缺点

模型	优点	缺点
传统目标检测算法	模型设计较为简单，可解释性更强	识别精度较低，效率较低，普遍泛化性弱
卷积神经网络 CNN	局部连接、权值共享，参数量较少	对位置信息不敏感，模型设计复杂
Transformer	更高的并行计算能力，更强的建模长距离依赖关系的能力	参数量大，计算复杂度高，容易过拟合，推理速度慢

8.3.2 卷积神经网络和 Transformer 理论基础

8.3.2.1 卷积神经网络

CNN 是当下最具有代表性以及应用最广泛的深度学习算法，其主要由输入层、卷积层、批量归一化层、池化层、全连接层、激活函数以及输出层组成。

输入层：输入层作为 CNN 的第一层，在图像领域的目标检测任务中的输入数据通常采用 RGB 三通道的图像数据，其结构主要为 $H \times W \times 3$ 大小的三维数组。其中 H 表示输入图像的高度，W 表示输入图像的宽度。

卷积层：卷积层是 CNN 中最重要以及主要的组成部分，CNN 由若干层卷积层组成，每层卷积层又由若干个卷积单元组成。每一层都对输入数据进行卷积滤波运算来进行特征提取生成特征图，其主要有卷积核大小、步长（s）、填充层数三个参数。卷积层的实现方式主要有两个操作：一个是局部关联，把每个卷积单元看作一个滤波器进行运算。一个是滑动窗口，通过窗口滑动对整个输入图像进行卷积运算。卷积层运算公式如下：

$$S_{l+1} = \frac{S_l + 2p - f}{s_0} + 1 \tag{8-1}$$

式中，S_{l+1} 为特征图尺寸；f 为卷积核大小；s_0 为卷积核滑动步长；p 为特征图填充层数。

卷积实现过程如图 8-1 所示。

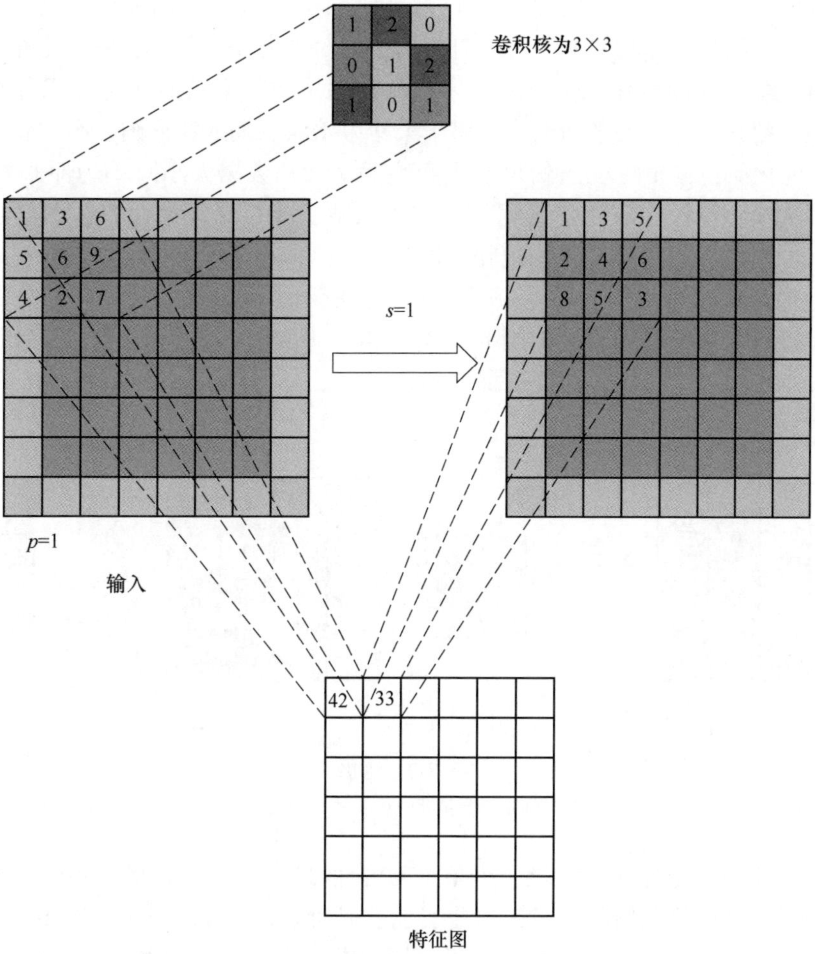

图 8-1 卷积实现过程图

批量归一化：CNN 可以对多组图像输入数据进行处理，即批量数据处理。批量归一化（batch normalization，BN）方法是一种逐层归一化方法，可以在神经网络中任意的卷积层之后进行归一化操作。batch normalization，顾名思义，以特征学习输入的 batch 为单位，按 batch 进行规范化。

激活函数：在神经网络的每层卷积层后都会使用一个数学函数对输出结果进行运算，这个数学函数就是激活函数。激活函数旨在帮助网络学习数据中的复杂模式。其可分为线性激活函数和非线性激活函数。CNN 多使用非线性激活函数使得神经网络具备更好的非线性，如 Sigmoid、ReLU、Tanh、LReLU、PReLU、Swish 等。

池化层：池化层仿照人眼对输入数据进行降维和缩放，以一种降采样的卷积方式实现。通常在两个卷积层之间对输出的特征图进行缩放，以滑动窗口的形式从特征图中筛选出具有代表性的特征，实现特征图尺寸大小的缩放、感受野的提升以及后续卷积计算量的减少，同时起到一定的防止过拟合的效果。此外，池化层只进行降采样的操作，不改变输入特征的通道数。常见的池化方式有平均池化、最大池化以及全局平均池化。对于尺寸为 4×4 的输入特征图，经过卷积核为 2×2 的池化层，输出特征图的尺寸大小变为 2×2，数据大小减小为原来的 1/4。其中最大池化操作提取池化卷积核中的最大值，能更好地保存特征图的纹理信息，如图 8-2（a）所示。平均池化选取卷积窗口中特征图的平均值进行提取，能更好地保存图像的背景信息，如图 8-2（b）所示。无论是最大池化还是平均池化，都没有需要学习的参数。因此，在 CNN 的训练中，池化层需要做的仅仅是将误差项传递到上一层，而没有梯度的计算。

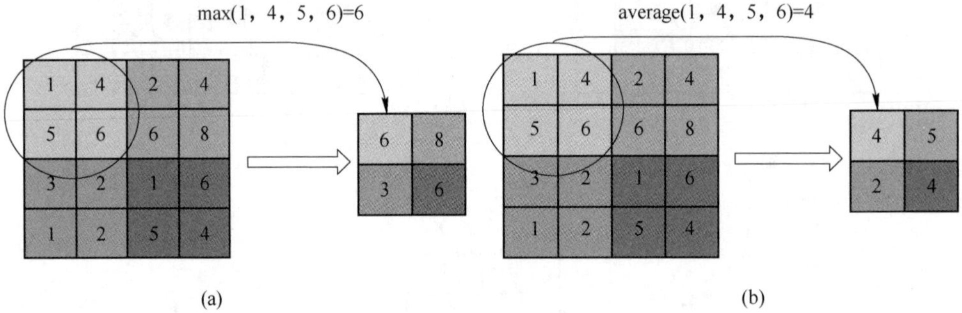

图 8-2　池化
（a）最大池化；（b）平均池化

全连接层：全连接层一般位于整个 CNN 的最后部分，其将卷积输出的二维特征图转化成一维的特征向量，由此实现了端到端的学习过程。全连接层主要由输入层、输出层以及隐藏层组成，每一层中都包含大量的神经元，其在 CNN 中起到特征整合和分类器的作用。全连接层的每一个神经元都与上一层的所有神经元相连，下层的输入是上层所有神经元参数的加权之和。由于其神经单元全部相连的特性，一般情况下全连接层的参数量是最多的，因此导致全连接层的计算量过大，这也是 CNN 只在最后使用全连接层的原因。全连接层的输出层中每个神经元的输出值代表输入数据属于某一类别的概率，从而达到数据分类的作用。此外，在训练和反向传播过程中，该层中的参数也会不断更新。其结构如图 8-3 所示。

8.3.2.2　Transformer

Transformer 本质上是序列-序列模型，由多个编码器和解码器组合堆叠而成。其整体结构由输入层、编码器、解码器以及位置编码组成。其在目标检测领域采

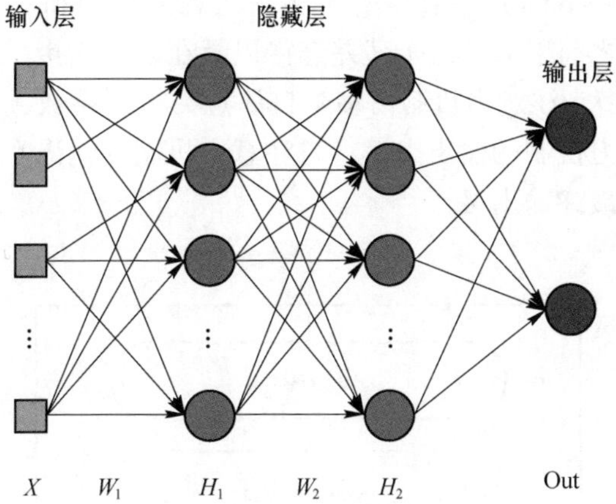

图 8-3 全连接层

用了原本自然语言处理领域的思想，把图像分为多个图像块，把图像块看作句子当中的词汇，并引入位置编码，再排列成一个长序列向量，通过线性映射输入 Transformer 中，把视觉问题转化为端对端的问题，最后通过分类器和损失函数，实现视觉的目标检测。

A 编解码器

Transformer 主要由多个编码器和多个解码器组成。其编解码器主要由 6 个编码器和 6 个解码器串联组成，结构如图 8-4 所示。

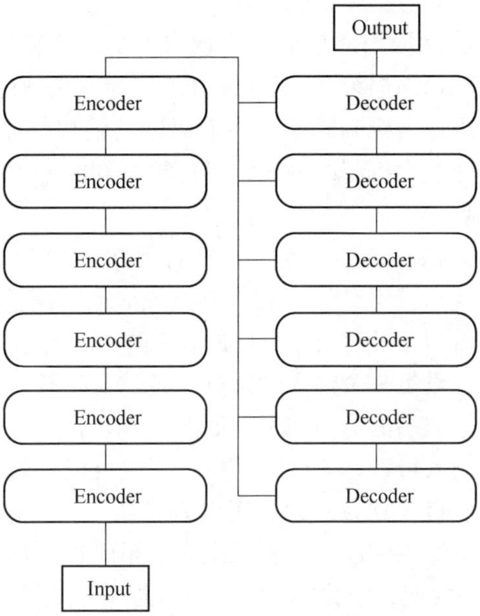

图 8-4 编解码器结构

其中编码器（encoder）主要由一个多头注意力机制和一个全连接前馈神经网络组成，在它们之前引入了一个残差连接以及在之后连接了层标准化，结构如图 8-5 所示。其中多头注意力机制由多个自注意力机制组成，多头注意力机制的输入是多个自注意力机制的输出。其将自注意力机制的输出 Concat 在一起，然后传入线性层，得到最终输出 Z。

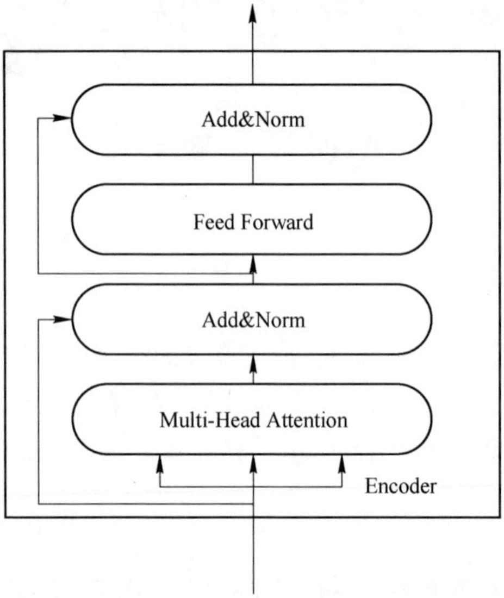

图 8-5　编码器结构

解码器（decoder）主要由两个多头注意力机制以及前馈神经网络组成，在它们之前同样引入了一个残差连接以及后面连接了层标准化操作。其结构如图 8-6 所示。其中第二个多头注意力机制的输入为编码器的输出结果计算得到的 K 和 V，一部分为上一层多头注意力机制的输出结果计算得到的 Q。

B　自注意力机制

自注意力机制（self-attention）是一种让计算机学习到输入数据不同部位的相关性的注意力机制，相较于 CNN，它能够更灵活地捕捉长距离依赖关系和全局上下文相关性，尤其适用于处理可变长度的输入序列。自注意力机制的实现方式是端对端的输入输出，对每一个输入的向量，经过自注意力机制之后都会得到一个考虑了所有输入数据关系的输出向量，如图 8-7 所示。

自注意力机制的输入可以是初始输入数据，也可以是隐藏层的输出。其通常和全连接层重复使用。自注意力机制的实现方式如下：其输入通常为 x_1-x_4，为一段输入序列。每一个输入乘以一个随机生成的矩阵得到向量 $\boldsymbol{a}_1$、$\boldsymbol{a}_2$、$\boldsymbol{a}_3$、$\boldsymbol{a}_4$。对于每个向量，以 $\boldsymbol{a}_1$ 为例，分别乘以三个可学习的随机权重矩阵 $\boldsymbol{W}_{\mathrm{Q}}$、$\boldsymbol{W}_{\mathrm{K}}$、$\boldsymbol{W}_{\mathrm{V}}$，得到三个不同的向量 $\boldsymbol{q}$、$\boldsymbol{k}$、$\boldsymbol{v}$，分别表示 query、key 和 value。再利用 $\boldsymbol{q}$ 与

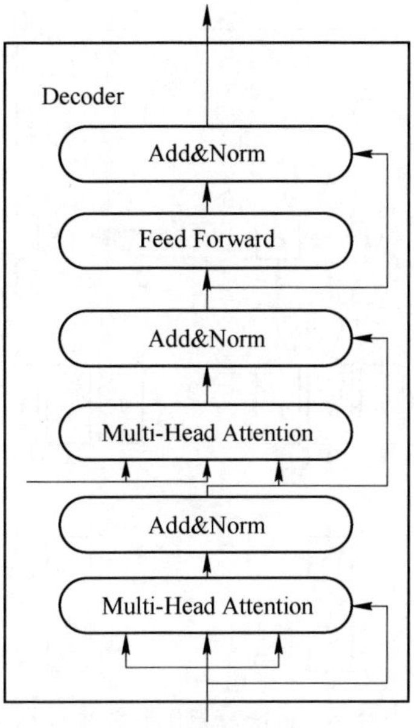

图 8-6 解码器结构

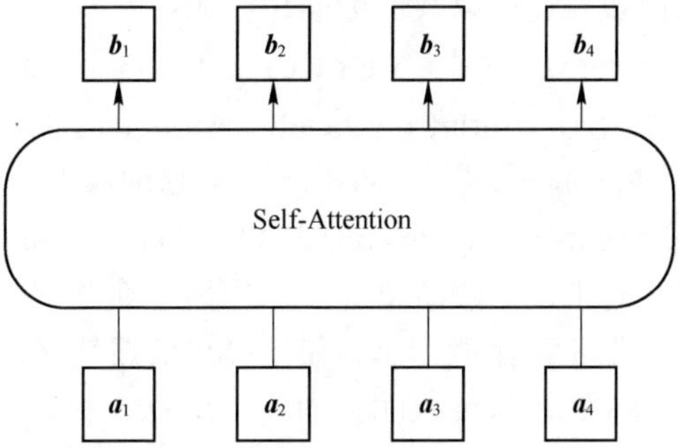

图 8-7 自注意力机制端对端过程

每一个输入的 $\boldsymbol{k}$ 通过点乘的方式计算得到输入向量之间的相关性，也就是 attention 的值。比如通过 $\boldsymbol{q}_1$ 与 $\boldsymbol{k}_1$ 计算 attention 的值得到 $\alpha_{1,1}$。以此类推，$\boldsymbol{q}_1$ 与 $\boldsymbol{k}_2$ 计算 attention 的值得到 $\alpha_{1,2}$。接着对所有得到的 attention 值即 $\alpha_{1,i}$ 进行 Softmax 操作得到 $\hat{\alpha}_{1,i}$。最后利用得到的 $\hat{\alpha}_{1,i}$ 与各个输入的 $\boldsymbol{v}$ 相乘并进行相加运算得到最后的输出向量 $\boldsymbol{b}_1$。具体运算过程如图 8-8 所示。其余 $\boldsymbol{b}_2$、$\boldsymbol{b}_3$、$\boldsymbol{b}_4$ 依照 $\boldsymbol{b}_1$ 类似操作得到。

由此得出的自注意力机制的计算公式如下：

$$\text{attention}(\boldsymbol{Q},\ \boldsymbol{K},\ \boldsymbol{V}) = \text{softmax}\left(\frac{\boldsymbol{Q}\boldsymbol{K}^{\mathrm{T}}}{\sqrt{d_{\mathrm{k}}}}\right) \tag{8-2}$$

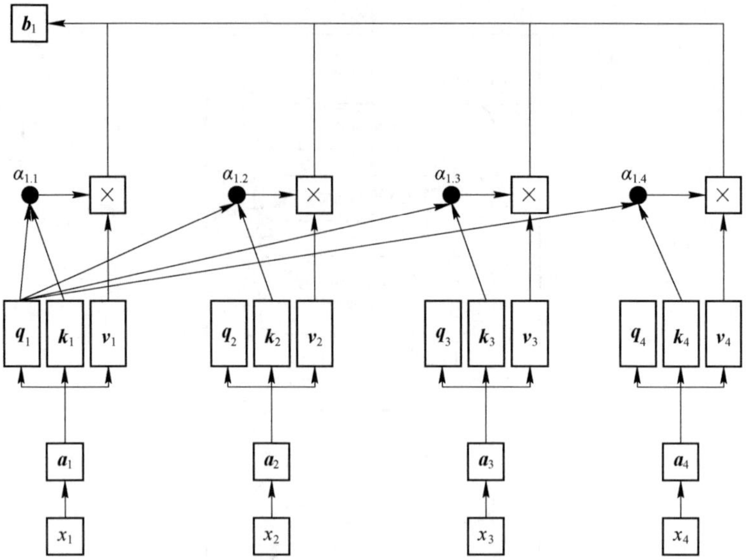

图 8-8　自注意力机制运算过程

C　残差连接和前馈神经网络

Add&Norm 主要由残差连接以及层标准化组成：

$$\text{LayerNorm}(x + \text{MultiHeadAttention}(x)) \tag{8-3}$$

$$\text{LayerNorm}(x + \text{FeedForward}(x)) \tag{8-4}$$

式中，x 为 Multi-Head Attention 层以及 Feed Forward 层的输入；MultiHeadAttention(x) 和 FeedForward(x) 为 Multi-Head Attention 层以及 Feed Forward 层的输出。

Feed Forward 层相对来说比较简单，其采用两个全连接层进行运算，一层采用 ReLU 激活函数，一层不采用激活函数使用简单的线性函数，公式如下：

$$\text{FFN}(Z) = \max(0,\ ZW_1 + b_1)W_2 + b_2 \tag{8-5}$$

D　位置编码

Transformer 完全抛弃了 RNN、CNN 模型，采用注意力机制进行训练，导致位置信息丢失。位置编码可以对输入数据在输入序列中的位置信息进行标注，使得 Transformer 模型知道输入向量在整个序列的相对位置和绝对位置。为了体现模型中序列的特征，通常将位置信息编码到输入数据当中，将位置编码和输入数据相加，得到最终的输入数据。常用的位置编码方式有两种：一种是基于公式的位置编码；另一种是基于动态可学习参数的位置编码。经过实验研究测试，两种方式的训练效果基本一致，而基于公式的位置编码方式不需要参数额外进行训练，不占用计算资源，且能处理训练过程中的长序列。因此，Transformer 采用基于公式的位置编码方式，具体公式如下：

$$PE_{(pos,2i)} = \sin(pos/10000^{2i/d_{model}}) \tag{8-6}$$

$$PE_{(pos,2i+1)} = \cos(pos/10000^{2i/d_{model}}) \tag{8-7}$$

式中，pos 为当前向量在序列中的位置；i 为该向量的具体维数。

8.3.3 滑坡概述

滑坡的定义：滑坡指斜坡上的土壤或者岩体，受到地震、河流、降雨、植被以及人类活动等因素的影响，在重力作用下沿着软弱带整体或分散向下滑动的自然现象。

滑坡产生的条件：滑坡的产生主要受内因和外因两方面因素影响。内因为形成条件，主要包括地层岩性、地貌特点、地质构造和水文特点。外因为外界诱发因素，可分为自然诱发因素和人为活动诱发因素两类；自然诱发因素主要包括大气降雨、河岸冲刷、河（库）水位上升、地震等；人为活动诱发因素包括踩空塌陷、爆破震动、破坏植被、用水渗透等。滑坡产生的原理是保持着力学平衡的斜坡体受到破坏，发生滑动。

滑坡的类型：我国滑坡的类型根据不同的目的可以按不同的标准进行分类，具体分类如表 8-2 所示。

表 8-2 滑坡类型

分类标准	滑坡类型			
按滑坡体规模	小型滑坡（小于 10 万立方米）	中型滑坡（10 万~100 万立方米）	大型滑坡（100 万~1000 万立方米）	特大型滑坡（大于 1000 万立方米）
按物质组成	土质滑坡		岩质滑坡	
按滑动速度	蠕动滑坡	慢速滑坡	中速滑坡	高速滑坡
按滑坡体厚度	浅层滑坡（<10 m）	中层滑坡（10~25 m）	深层滑坡（25~50 m）	超深层滑坡（>50 m）
按形成年代	新滑坡	古滑坡	老滑坡	发展中滑坡
按力学条件	牵引式滑坡		推动式滑坡	

滑坡的组成要素：一个发育完全的滑坡一般包括滑坡体、滑坡壁、滑动带、滑坡床、滑坡舌、滑坡台阶、滑坡周界、滑坡洼地、主滑线、滑坡鼓丘、滑坡裂缝等组成要素。其中滑坡整个滑动的部分称为滑坡体；滑坡体后缘与静止的山体脱离，暴露在外的壁状分界面称为滑坡壁；平行滑动面受揉皱及剪切的破碎地带称为滑动带；滑坡体滑动时所依附的下覆不动的岩体、土体称为滑坡床；滑坡前缘形如舌状的凸出部分称为滑坡舌；滑坡体滑动时，由于各种岩体、土体滑动速度差异，在滑坡体表面形成台阶状的错落台阶，称为滑坡台阶；滑坡体和周围不

动的岩体、土体在平面上的分界线称为滑坡周界，其决定了滑坡的范围；滑动时滑坡体与滑坡壁间拉开，形成的沟槽或中间低、四周高的封闭洼地称为滑坡洼地；滑坡体前缘因受阻力而隆起的小丘称为滑坡鼓丘；滑坡活动时在滑坡体及其边缘所产生的一系列裂缝称为滑坡裂缝[19]。图 8-9 为部分滑坡组成要素示意图。

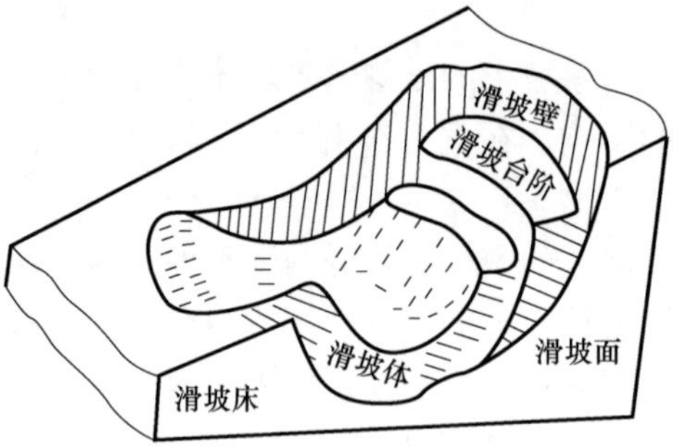

图 8-9　部分滑坡组成要素示意图

滑坡光学遥感特征：目前，许多学者针对遥感影像上的滑坡特征进行了深入研究，滑坡遥感影像识别主要依据滑坡与其他地物背景的差异来进行，其中滑坡光学遥感影像中的光谱特征、形态特征、植被特征、纹理特征以及边缘信息等对滑坡识别具有重要贡献。

滑坡的光谱特征描述了滑坡在遥感影像上的光谱信息。从光谱特征来看，滑坡与周围地物在高分辨率遥感影像中存在着明显的光谱差异，如植物一般呈现为暗绿色，而滑坡则呈现出明显的亮色光谱特征，但依靠单一的光谱信息很难区分滑坡区域和原始的土壤区域。

滑坡的形态特征主要表现为面积、形状、周长、长宽比等。滑坡在遥感图像上多呈现出舌形、椭圆形、簸箕形、长椅形、树叶形、倒梨形、菱形、叠瓦形的几何形态。除形态特征外，植被特征也是滑坡识别的重要标志，由于滑坡发生位置的特殊性，当滑坡发生时对斜坡上植被的破坏导致滑坡体上的植被与周围的植被明显不同，也可作为滑坡识别的依据。

滑坡遥感影像纹理特征一般是指滑坡内像元灰度值的分布情况，可充分反映影像中滑坡的特征。地物的视觉粗糙度可以通过纹理信息得到，滑坡壁在平面上一般呈圈椅状，陡峭的滑坡壁及其形成的围谷，在影像上表现为弯曲的弧形，使得滑坡在视觉粗糙度上很好地与相邻地物区分开来，也使得纹理特征成为分析和识别滑坡的特征之一[20]。

滑坡遥感影像的边缘信息以及与周边地物的联系也有助于滑坡的识别。滑坡的周围一般都具有不正常河流弯道、局部河道突然变窄等现象，滑坡与周围的地形地貌的联系亦有助于滑坡识别。

8.4 实验结果与分析

本案例采用 DETR 方法对滑坡进行识别，并比较近年来应用广泛的 CNN 结构目标检测算法。此外，对数据集数据增强前后进行对比，验证数据增强对滑坡精度提升的有效性。实验硬件设备采用英特尔 Core（TM）i7-10870H 的处理器，具有 16GB 内存；所采用的图形处理器 GPU 是 NVIDIA GeForce GTX3060 显卡，具有 6GB 的显存。在实验训练过程中，目标检测网络结构选择 PyTorch 框架下的 DETR，模型主干特征提取网络采用 ResNet50，其所用的超参数具体如下：学习率为 0.00001，其中未使用学习率衰减，批尺寸大小为 1，Epoch 为 100 次，位置编码采用基于 Sin 函数的绝对位置编码，编解码器层数为 6 层，Transformer 内部注意力头部数量为 8 个，IoU 阈值设置为 0.5。

为了进一步提高模型训练精度，采用了数据增强方法扩充数据集，利用增强前后的数据集对网络进行预训练，流行的网络算法有 CenterNet、Faster R-CNN、EfficientDet、YOLOv3、YOLOv4、YOLOv5，在本案例的滑坡训练数据集中进行了评估。具体情况如表 8-3 所示，显示了以上几种方法在数据增强前后的 Precision、Recall 以及 AP 的对比情况。表 8-3 中数据显示数据增强对滑坡识别各方面指标均具有显著的提升作用，其中 DETR 方法的各指标提升效果最为明显，证明了数据增强对滑坡精度提升的有效性。相较于其他各对比方法，DETR 在数据增强后的滑坡检测指标更具有优势，均取得了最优的结果。

表 8-3 各方法数据增强前后实验结果对比

方法	数据增强	Precision	Recall	AP
CenterNet	前	0.9894	0.5848	0.8991
	后	0.9894	0.6861	0.9298
Faster R-CNN	前	0.3497	0.8206	0.6299
	后	0.5562	0.9189	0.8827
EfficientDet	前	0.8088	0.6335	0.6805
	后	0.8271	0.6873	0.7190
YOLOv3	前	0.8467	0.7888	0.8178
	后	0.9433	0.8972	0.9360
YOLOv4	前	0.7842	0.6770	0.7220
	后	0.9415	0.8606	0.9169
YOLOv5	前	0.8680	0.8200	0.7480
	后	0.9710	0.9380	0.9790

续表 8-3

方法	数据增强	Precision	Recall	AP
DETR	前	0.6334	0.6730	0.6330
	后	**0.9986**	**1.0000**	**0.9970**

注：加粗字体为各项最优结果。

测试集共有 1290 个滑坡样本，根据 IoU 阈值对测试结果进行划分，IoU 阈值≥0.5 的为正确预测，IoU 阈值<0.5 的为错误预测。测试集各对比方法的具体检测结果见表 8-4。由表 8-4 可知，本案例采用的 DETR 方法不存在漏检和错检的情况，但对于复杂环境，存在较多的重复检测问题，主要是由于它的前馈神经网络预测一组固定大小的 N 个边界框，其中 N 值为 100，比图像中滑坡的实际数量大得多，会造成冗余输出的问题。对比实验的方法中，CenterNet、EfficientDet、YOLOv4 均存在检测精度较低、漏检等情况，而 YOLOv5 的精度较高，但也存在少量漏检以及一幅影像多个滑坡重复检测的情况。

表 8-4　测试集检测结果

方法	错检	漏检	重复检测	正确检测
CenterNet	1	13	0	1276
Faster R-CNN	18	0	13	1259
EfficientDet	0	16	2	1272
YOLOv3	0	0	4	1286
YOLOv4	0	10	0	1280
YOLOv5	0	2	2	1286
DETR	0	0	32	1258

选择测试样本中部分具有代表性的滑坡样本进行对比，具体滑坡识别结果如表 8-5 所示。

表 8-5　测试集部分检测结果

方法	示例一	示例二	示例三	示例四	示例五
标签	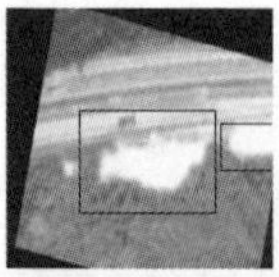	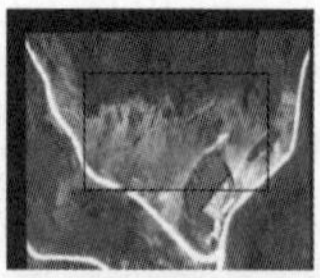	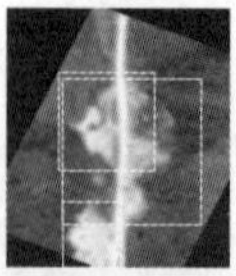	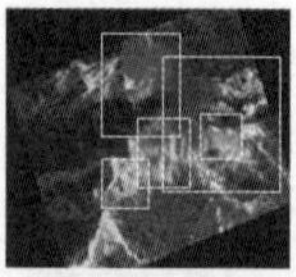	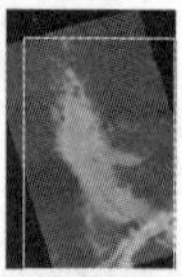
CenterNet	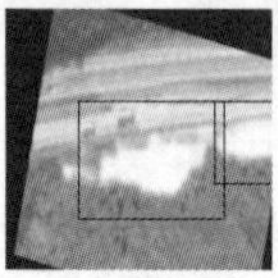	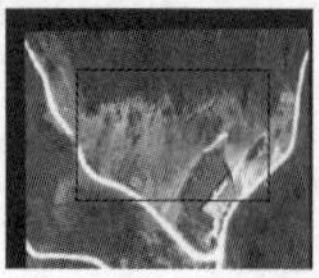	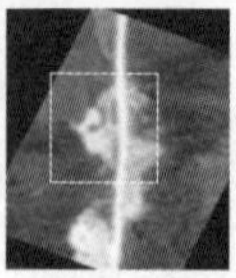		

续表 8-5

方法	示例一	示例二	示例三	示例四	示例五
Faster R-CNN	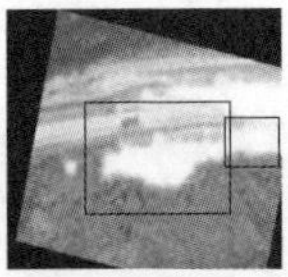	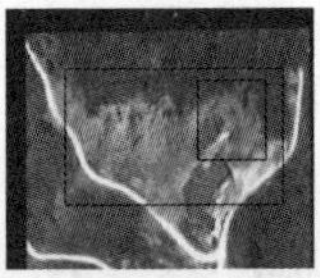	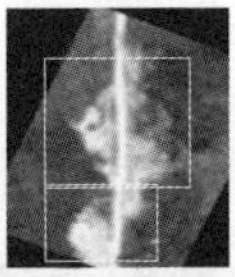	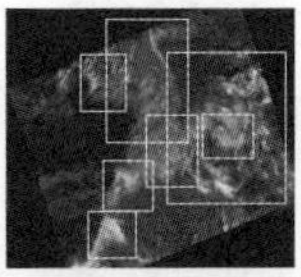	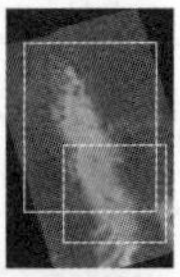
EfficientDet	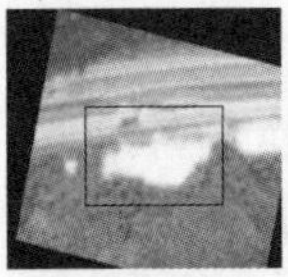	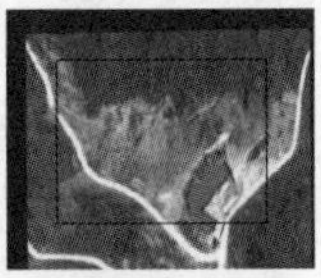	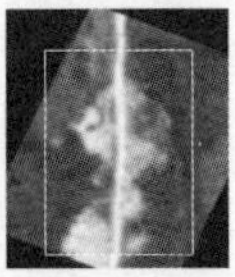	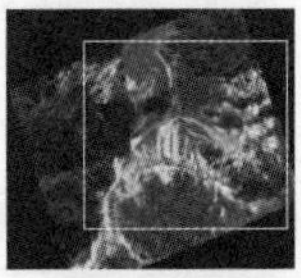	
YOLOv3	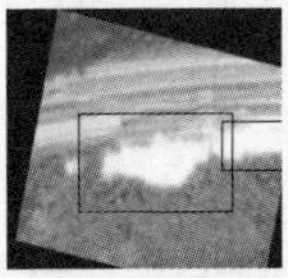	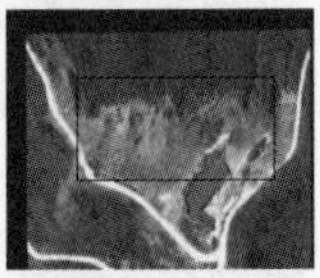	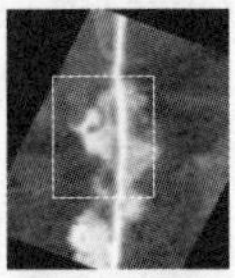	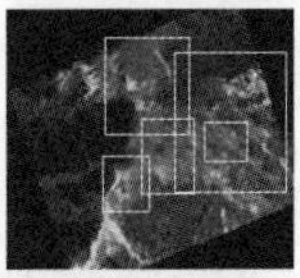	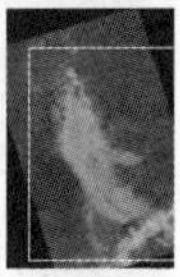
YOLOv4	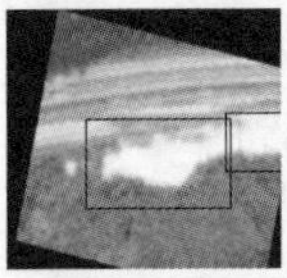	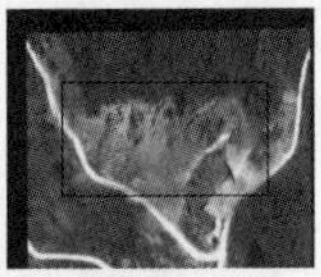	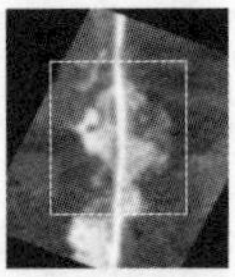	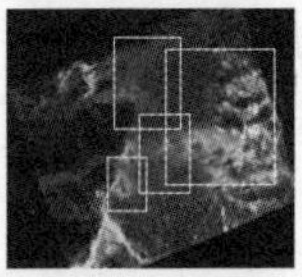	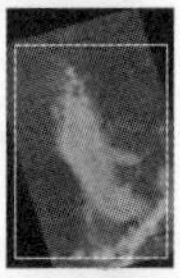
YOLOv5	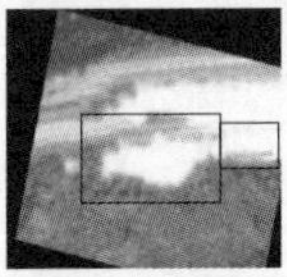	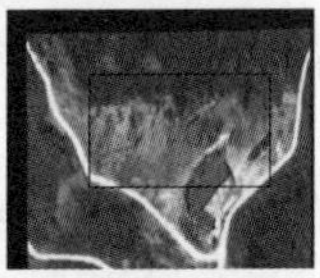	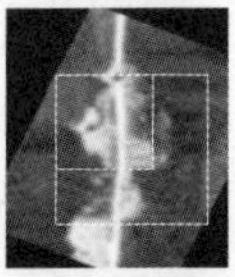	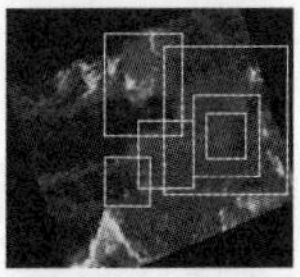	
DETR	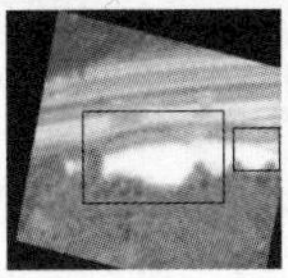	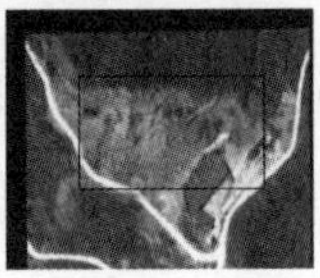	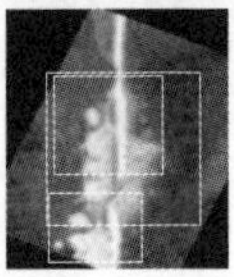	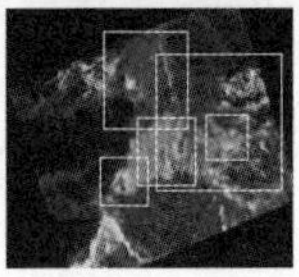	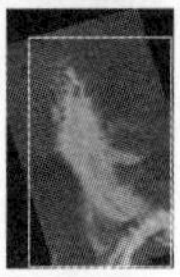

从表 8-5 的样本识别结果可以看出不同方法在不同环境下对滑坡的识别效果。示例一为高速路边的滑坡识别，可以看出不同方法对示例一滑坡均能识别，但 EfficientDet 方法存在漏检的情况，Faster R-CNN 方法存在检测框过大的问题，而其他几种方法检测精度不高，其中 DETR 的检测效果最好，基本与标签一致。示例二为建筑物旁的滑坡检测，可以看出各方法均能识别出滑坡，其中 Faster R-CNN 方法在识别时存在重复检测的问题，且重复检测框识别不完全。示例三为普通公路两侧的滑坡检测，可以看出以上方法中大多存在漏检、检测不完全、检测精度低等问题，而 DETR 识别滑坡精度较高。示例四为复杂滑坡环境下的多滑坡检测，可以看出以上方法中大多存在漏检、检测不完全的情况，其中 CenterNet、EfficientDet 方法只能识别部分滑坡，不足以检查多个滑坡，而其他方法检测效果优秀。示例五为大型滑坡，可以看出以上方法均能对滑坡进行识别，

其中 Faster R-CNN 对大型滑坡识别的效果较差，检测框不能完全识别滑坡，存在重复检测的情况。

以上对比分析表明，基于 Transformer 的 DETR 方法在滑坡识别精度和预测框的准确性方面均能取得最优的检测效果。

8.5 案例要点

（1）通过案例分析了解典型目标检测方法的适用性及优缺点。了解深度学习目标检测的理论知识和近几年最新提出的目标检测算法；针对滑坡光学遥感目标特征，选择合适的检测方法进行改进，以达到检测效果提升的目的。

（2）熟悉滑坡的定义、类型、滑坡光学遥感图像特征，为滑坡特征提取和识别做准备。

（3）针对滑坡检测精度低的问题，提出结合数据增强和 Transformer 的方法实现滑坡检测精度的提升，并与多种经典的深度学习目标检测算法进行实验对比，验证了本案例方法的可行性和鲁棒性。

参考文献

[1] 许德刚，王露，李凡．深度学习的典型目标检测算法研究综述［J］. 计算机工程与应用，2021，57（8）：10-25.

[2] 方路平，何杭江，周国民．目标检测算法研究综述［J］. 计算机工程与应用，2018，54（13）：11-18，33.

[3] VIOLA P，JONES M. Robust real-time face detection［J］. International Journal of Computer Vision，2004，57（2）：137-154.

[4] LOWE D G. Distinctive image features from scale-invariant key points［J］. International Journal of Computer Vision，2004，60（2）：91-110.

[5] DALAL N，TRIGGS B. Histograms of oriented gradients for human detection［C］//2005 IEEE Computer Society Conference on Computer Vision and Pattern Recognition. San Diego：［s. n.］，2005：886-893.

[6] PEDRO F F，ROSS B G，DAVID M，et al. Object detection with discriminatively trained part-based models［J］. IEEE Transactions on Pattern Analysis and Machine Intelligence，2010，32（9）：1627-1645.

[7] GIRSHICK R，DONAHUE J，DARRELL T，et al. Rich feature hierarchies for accurate object detection and semantic segmentation［C］//Proceedings of the IEEE Conference on Computer Vision and Pattern Recognition. Columbus：［s. n.］，2014：580-587.

[8] REN S Q，HE K M，GIRSHICK R，et al. Faster R-CNN：Towards real-time object detection with region proposal networks［J］. IEEE Transactions on Pattern Analysis and Machine Intelligence，2017，39（6）：1137-1149.

[9] HE K M, GKIOXARI G, DOLLÁR P, et al. Mask R-CNN [J]. IEEE Transactions on Pattern Analysis and Machine Intelligence, 2020, 42 (2): 386-397.

[10] HE K, ZHANG X, REN S, et al. Spatial pyramid pooling in deep convolutional networks for visual recognition [J]. IEEE Transactions on Pattern Analysis and Machine Intelligence, 2015, 37 (9): 1904-1916.

[11] REDMON J, DIVVALA S, GIRSHICK R, et al. You only look once: Unified, real-time object detection [C] //Proceedings of the IEEE Computer Society Conference on Computer Vision and Pattern Recognition. Las Vegas: [s. n.], 2016: 779-788.

[12] LIU W, ANGUELOV D, ERHAN D, et al. SSD: Single shot multibox detector [C] //Proceedings of 14th European Conference on Computer Vision. Amsterdam: [s. n.], 2016: 21-37.

[13] TAN M, PANG R, LE Q V. EfficientDet: Scalable and efficient object detection [C] //2020 IEEE/CVF Conference on Computer Vision and Pattern Recognition. Seattle: [s. n.], 2020: 10778-10787.

[14] VASWANI A, SHAZEER N, PARMAR N, et al. Attention is all you need [J]. Advances in Neural Information Processing Systems, 2017, 2017: 5999-6009.

[15] CARION N, MASSA F, SYNNAEVE G, et al. End-to-end object detection with Transformers [C] //Proceedings of 2020 European Conference on Computer Vision. Glasgow: [s. n.], 2020: 213-229.

[16] BEAL J, KIM E, TZENG E, et al. Toward Transformer-based object detection [J]. arXiv preprint, arXiv: 2012. 09958, 2020.

[17] LIU Z, LIN Y, CAO Y, et al. Swin Transformer: Hierarchical vision transformer using shifted windows [C] //Proceedings of the IEEE International Conference on Computer Vision. Montreal: [s. n.], 2021: 9992-10002.

[18] WANG W, XIE E, LI X, et al. Pyramid Vision Transformer: A versatile backbone for dense prediction without convolutions [C] //Proceedings of the IEEE International Conference on Computer Vision. Montreal: [s. n.], 2021: 548-558.

[19] 黎金玲. 滑坡灾害灾前人员疏散建模与仿真研究 [M]. 武汉: 中国地质大学出版社, 2021.

[20] 豆红强, 黄思懿, 简文彬, 等. 基于遥感数据的闽东南山区公路滑坡快速识别技术研究 [J]. 自然灾害学报, 2023, 32 (1): 217-227.

9 高分辨率遥感影像桥梁检测方法案例

9.1 案例目标

（1）了解目标检测方法及体系。

（2）熟悉高分辨率遥感影像目标检测方法。

（3）通过案例熟悉基于深度学习的高分辨率遥感影像桥梁检测方法。

9.2 背景信息

9.2.1 目标检测研究现状

目标检测的核心任务是找出图像中的感兴趣区域并确定特定物体的类别和位置，是计算机视觉中的一项重要且基础性的研究。在图像分割[1-3]、目标跟踪[4-5]、关键点检测[6-8]等技术中均依赖于目标检测任务。目标检测被广泛应用于各行各业中，如病理检测[9-11]、人脸识别[12-14]、农产品虫害识别[15-17]、自动驾驶[18-20]、文本检测[21-23]等领域。在目前的研究中，目标检测任务的难点和重点依旧主要在于对小目标的检测、被遮挡目标的检测、相似目标物的检测、针对性数据集少以及缺乏各种数据样本等。随着全连接神经网络、循环神经网络、卷积神经网络、Transformer 等深度学习框架的提出，检测效率和检测精度迅速增长，目标检测方法正经历着从传统方法到深度学习方法的转变。在本节中，将分别从传统方法及基于深度学习方法阐述目标检测的研究现状。

（1）传统的目标检测方法：传统的目标检测方法主要是基于手工设计的特征提取方法和浅层分类器进行。

传统的目标检测方法可以分为三个步骤：1）通过滑动窗口生成感兴趣区域 ROI，在传统方法中，通常使用多尺寸的输入图像和多尺度的滑动窗口来识别多尺度和不同比例的目标，实现大量候选区域的生成；2）将候选区域提取成特征向量，通常使用 SIFT、Haar、HOG、SURF 等方法提取与对象相关的不同特征；3）使用分类器将提取到的特征向量进行具体的分类，使对象的表示更具语义性和信息性，通常使用支持向量机（support vector machines，SVM）进行分类。例如，Berkaya 等利用形状算法和颜色阈值技术对圆形交通标志进行检测和识别[24]；史晓鹏等[25]利用分空间的 Hough 变换方法实现道路边界检测；Creusen 等[26]提出了利用多个颜色通道信息的扩展算法进行交通标志检测。在传统的目标检测方法中，大多采用的是基于色彩或形状特征进行目标提取，并依赖分类器进行分类。

（2）基于深度学习的目标检测方法：传统的目标检测方法主要利用目标物和非目标物之间的光谱特征提取颜色和纹理形状，采用逻辑回归、支持向量机、决策树等分类器进行分类，存在时间复杂度高、鲁棒性差、窗口冗余、分类速度慢等问题，对多样性目标难以实现良好的检测效果。深度学习有着适应性强、应用范围广、检测效果好等特点，被越来越多的学者们关注并应用于实际工作中。

随着深度学习的发展，目前可将基于深度学习的目标检测分为三类：1）二阶段目标检测，以 R-CNN[27]、Fast R-CNN[28]、Faster R-CNN[29]等为代表。二阶段目标检测顾名思义是在检测任务中分为两个过程。首先提取物体感兴趣区域生成候选区域，然后再对候选区域通过卷积神经网络进行分类和回归得到检测结果。因此，二阶段目标检测又被称为基于候选区域的目标检测。2）一阶段目标检测，以 SSD[30]、RetinaNet[31]、YOLO 系列[32-37]等为代表。一阶段目标检测是直接通过卷积神经网络进行提取特征预测目标分类与定位。3）基于 Transformer[38]的目标检测方法。随着深度学习和计算机性能的发展，Transformer 也被应用于计算机视觉方面，开展了大量关于目标检测方面的研究。如 Carion 等[39]提出了 DETR 模型，通过 Transformer 全局建模的能力，将目标检测看作集合预测问题，实现端到端的训练策略，无需 NMS 后处理操作，降低了模型训练和部署的难度。同时，DETR 模型具有较好的泛化性，不光在目标检测任务中取得了良好的检测效果，在全景分割任务中也取得了较好的效果，将 DETR 模型部署在其他任务中，都对应有良好的性能。DETR 作为 Transformer 应用于目标检测的开山之作，其取得的良好检测效果和泛化性能，奠定了 Transformer 在计算机视觉中的地位，具有里程碑意义。

但是，基于 Transformer 的目标检测存在许多缺陷和问题，如 Transformer 对于计算资源消耗高、需要大量的训练数据、模型复杂可解释性弱等，这些不足限制了该方法在实际应用中的可用性和可信度。在实际应用中需要更强的计算资源和内存，同时 Transformer 在视觉任务中对于目标的定位精度不足，可能导致在目标检测任务中的性能不如经典的卷积神经网络方法。相对于二阶段目标检测算法，一阶段目标检测算法是指直接在特征图上对每个位置进行分类和定位的目标检测方法，有着检测速度快、实时性强、模型简单、可处理尺度变化、定位精度高等优点。因为在一阶段目标检测中，算法只需要对特征图进行一次计算，其速度比二阶段目标检测算法快，所以一阶段目标检测算法在实时目标检测方面更具有优势。同时，在一阶段目标检测算法中，通常使用多尺度特征图或金字塔特征图等方法来处理目标的尺度变化，可以更好地适应不同尺度的目标。

综上所述，考虑到二阶段目标检测和基于 Transformer 的目标检测方法所存在的问题和缺陷，结合一阶段目标检测算法在速度、实时性、模型简单、可处理尺度变化和定位精度等方面具有一定的优势，本案例采用对于一阶段目标检测算法进行改进后的方法。

9.2.2　高分辨率遥感影像中的目标检测

随着遥感卫星、无人机、航空相机等设备的发展，获取的遥感影像在多方面领域中得以应用，如农业[40-42]、林业[43-44]、环境检测[45-46]、灾害评估[47-49]等领域。高分辨率遥感影像因数据资源丰富、分辨率高、影像清晰、数据类型多样等特点已成为目标检测中的重要数据来源。随着深度学习的发展，可通过深度学习框架实现对高分辨率遥感影像的解译。如 Dong 等[50]针对目标检测的感兴趣区域尺度范围和目标特征表示所存在的问题，设计了一种基于卷积神经网络的高空间分辨率遥感影像物体检测方法；Zhu 等[51]针对高分辨率遥感影像中的阴影检测所存在的问题，提出了一种基于上下文细节感知网络的阴影检测方法。

还有一些学者通过对深度学习框架的蒸馏，同时提升轻量级模型的检测能力，实现了对高分辨率遥感影像的目标检测。如 Yang 等[52]针对知识蒸馏方法所产生的大量噪声从而影响模型训练能力的问题，提出了一种自适应强化监督蒸馏（adaptive reinforcement supervision distillation，ARSD）框架来提升轻量级模型的检测能力，用于高分辨率遥感影像的目标检测；Zheng 等[53]针对城市人工林木误检率和漏检率较高的问题，通过高分辨率遥感影像，基于 YOLOv4-Lite 目标检测框架，实现了单棵树的检测和定位功能。

在针对高分辨率遥感影像的目标检测过程中，对于细粒度目标检测困难的问题，一些学者提出了高分辨率遥感影像中的细粒度目标检测方法。如 Sun 等[54]通过改进的级联层次目标检测网络，实现了高分辨率遥感影像中的细粒度目标识别与检测；Zhou 等[55]针对高分辨率遥感影像细粒度目标识别存在的类之间的差异小、相似性高的问题，提出了一种基于注意力的组特征增强和强调次显著特征的学习策略用于改进目标检测中的两阶段分类器。

9.2.3　遥感影像中的特征提取

特征提取是目标检测中的关键步骤。在遥感影像中常用的特征提取方法主要分为两种：一种是基于传统方法的特征提取，主要利用遥感影像的光谱特征、空间特征、纹理特征等信息实现特征提取。如 Wang 等[56]通过合成孔径雷达图像利用桥梁和背景之间的散射性，通过河流分割、潜在桥梁区域检测和桥梁判别三个过程实现桥梁的自动检测。另一种是基于卷积神经网络算法的特征提取，主要通过网络深度、卷积核的数目和大小、网络结构等实现特征提取。如 Zhu 等[57]针对传统卷积神经网络对于旋转和尺度因素难以提取结构特征的问题，提出了一种图聚合网络来表示遥感目标的结构特征；Jiang 等[58]通过双阶段神经网络与错位定位策略相结合来提高多尺度目标的检测能力。

上述介绍了高分辨率遥感影像中的目标检测以及对遥感影像中特征提取的方法。高分辨率遥感影像数据的优势使其在各个领域中得以应用。由于传统方法的特征提取能力差、提取速度慢、精度低，不能满足对于遥感影像的高精度、更准确的检测需求。而基于卷积神经网络算法表现出的良好的检测性能，可实现对遥感影像的高精度且更准确的检测需求。因此，本案例利用高分辨率遥感影像的桥梁数据，提出了一种融合解耦头算法的 YOLOv5 网络，用于解决目前对于多尺度桥梁检测困难、小型桥梁存在漏检现象和检测精度不高的问题。通过本案例方法可实现对桥梁的自动识别与检测，对研究桥梁目标的高精度且准确识别具有重要意义。

9.2.4 案例背景

桥梁作为交通基础设施的重要组成部分，对其进行自动检测与识别具有重要的社会经济价值。传统的桥梁检测方法通常是基于光谱特征、几何属性或者是一些中高层次语义特征的方法。如 Chaudhuri 等[59]利用领域算子和桥梁的几何属性实现了从多光谱图像中检测水上桥梁；Hao 等[60]利用 Hough 变换方法实现了复杂背景下的桥梁识别；Wang 等[61]提出了一种基于模糊支持向量机（fuzzy support vector machine，FSVM）的 SAR 图像目标识别方法，能够有效地识别水上桥梁。此类传统方法大多是通过水域和桥梁的光谱特征提取颜色和纹理形状，采用随机森林、支持向量机等分类器进行分类，存在时间复杂度高、窗口冗余、分类速度慢等问题，对小型桥梁及复杂背景下的桥梁检测预期目标难以实现。

随着深度学习的发展，目标检测经历着从传统方法到深度学习方法的转变。基于深度学习的目标检测方法因有着适应性强、应用范围广、检测效果好等特点，已被广泛应用于各行各业中，在桥梁检测中也有许多学者开展了相关研究。如孙宇等[62]提出了结合随机擦除的 YOLOv4 网络，用于高分辨率遥感影像桥梁自动检测；Wang 等[63]利用传统无监督方法提取先验信息并设计辅助模块来接收和注入先验信息，实现了传统方法和深度学习相结合的桥梁检测算法；Chen 等[64]利用注意力平衡特征金字塔网络所提取的各种特征信息的融合，实现了对 SAR 图像桥梁的自动检测。

上述学者所提出的对于桥梁的检测方法，对本案例有较高的参考价值，但在桥梁检测中还存在一些问题亟须解决。对于传统的桥梁检测方法而言，在不同的光照和云层的影响下，无法满足高分辨率影像在复杂背景下的正确检测，还存在着时间复杂度高、窗口冗余、检测速度慢等问题。基于深度学习的桥梁检测方法对于桥梁的自动检测与识别还存在着多尺度桥梁检测困难、小型桥梁易出现漏检现象且检测精度不高的问题。因此，为解决这些问题，本案例提出了一种融合解耦头算法的 YOLOv5 网络，用于高分辨率遥感影像桥梁的自动识别与检测。该网络在提升桥梁整体检测精度的同时减少了高分辨率影像中小型桥梁漏检现象的发生，在多尺度桥梁检测中得到了较好的检测效果。

9.3　案例涉及的知识点

9.3.1　研究方法

本案例所提算法主要包括特征提取、特征融合、分类预测、回归预测等步骤。首先，针对多尺度特征融合、各个尺度的特征信息不一致问题，使用加权双向特征金字塔网络，通过残差连接增强特征的表示能力。同时，BiFPN 还针对融合的各个尺度特征增加了一个权重[65]，用于调节每个尺度的贡献度，增强特征金字塔网络对于桥梁特征信息的提取。接着，融合 CBAM 注意力机制至特征金字塔处理后的有效特征中[66]，更多地关注有效特征层中的通道和空间维度的特征信息，进一步增强多尺度桥梁特征信息的提取。然后，再将提取到的特征层通过解耦头网络分别实现分类和回归操作，提高桥梁检测精度。最后，通过解耦头输出桥梁目标的检测结果并对其进行精度评价。图 9-1 给出了本案例方法具体流程。

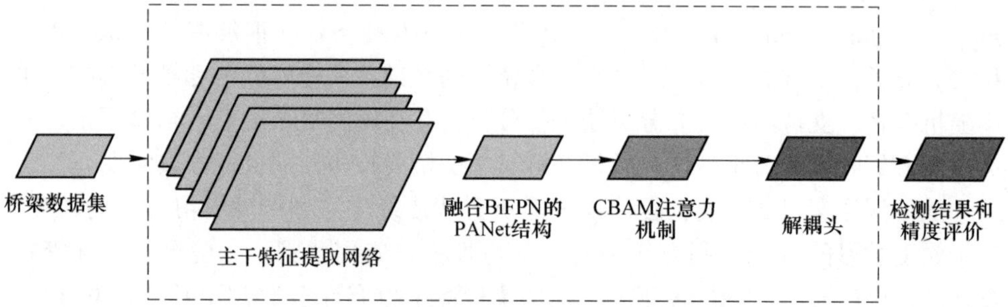

图 9-1　本案例方法流程图

9.3.2　实验数据

本案例实验数据采用的是 2020 年高分遥感图像解译大赛中所提供的桥梁检测数据集[67]，如图 9-2 所示为数据样本示例。该数据集包括 164 个不同场景的 2000 张桥梁影像，由高分 2 号所拍摄并基于历史图像序列构建。该遥感影像的全色影像分辨率为 1 m，多光谱影像分辨率为 4 m。影像大小分别为 668 像素×668

像素和1000像素×1000像素。据统计，该数据集有3286座桥梁，定义长度小于50像素为小型桥梁，尺寸长度大于100像素为大型桥梁。影像主要以水上桥梁为主，单幅影像中至少包含一个桥梁目标，且这些桥梁目标具有不同的环境背景、光照条件、噪声等信息，可以确保数据的多样性，充分训练网络，实现高分辨率遥感影像的自动识别与检测。在数据集划分中，以9：1划分训练集和测试集。训练数据占全部数据的90%，其余为测试数据。

图9-2 数据样本示例

9.3.3 加权双向特征金字塔网络BiFPN

原始的YOLOv5网络中的金字塔模块主要借鉴了FPN+PAN结构的方法。FPN+PAN主要借鉴了PANet的方法，该结构主要通过在主干特征提取网络中获取的三个有效特征层，经上采样、下采样进行加强特征提取，实现多尺度特征融合。但是，该方法的特征融合无法利用不同尺度间的特征信息，会降低网络的检测精度，不同尺度的特征信息重要程度不同。因此，本案例在网络的特征金字塔中使用了加权双向特征金字塔结构，通过高效的双向跨尺度连接和加权特征融合实现来自主干网络的有效特征层的融合，增强特征信息表达能力的同时可充分利用不同尺度间的桥梁特征信息，如图9-3所示为BiFPN结构。

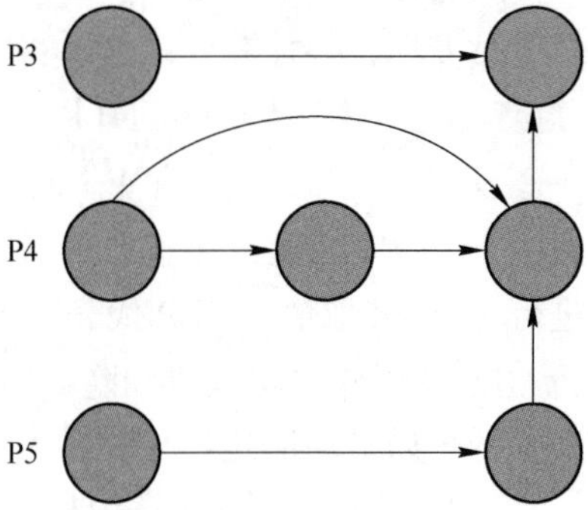

图9-3 BiFPN结构

BiFPN的融合步骤如下：

（1）删除只有一条输入边的节点。特征金字塔网络在进行不同的特征融合时，这些节点只有一条输入边且没有特征融合，对于网络的贡献很小，可忽略不计，因此删除这些节点可简化双向网络。

（2）若输入节点和输出节点在同一层网络中，则添加一条额外的边，实现更多特征的融合。

(3) 与 PANet 结构方式不同的是，BiFPN 能够处理每个双向路径的特征图，实现更高级别的特征融合。

9.3.4　卷积注意力模块 CBAM

注意力机制是在卷积神经网络中常使用到的方法和技巧。注意力机制的核心是让网络关注到所需要关注的局部对象中，从而获取更多关注对象的上下文语义信息。通常，注意力机制可以分为通道注意力机制、空间注意力机制以及二者的结合。通道注意力机制是主要考虑卷积神经网络中的各个特征通道的重要程度，针对不同目标任务增强或者抑制通道之间的关系而建立起来的机制。空间注意力机制关注更多的是相关任务区域，忽略图像中无关任务区域，从而处理网络中的关键区域部分。二者的结合是将上述两种不同的注意力机制组合起来。本案例所使用的 CBAM 就同时使用了通道注意力机制和空间注意力机制，能够从通道和空间维度上有效提取桥梁特征信息。

CBAM 可分为通道注意力模块和空间注意力模块，通道注意力模块着重关注桥梁特征，而空间注意力模块则着重检测桥梁特征的位置信息。这两者结合可使网络更聚焦于桥梁的特征信息，从而提高模型识别的准确率。CBAM 的工作步骤如下：

(1) 对于输入进来的特征层首先进行通道注意力机制处理。在单个特征层中分别进行全局平均池化和全局最大池化，并利用共享的全连接层对池化后的结果进行处理，其计算公式如下：

$$\begin{aligned} M_c(F) &= \sigma(\mathrm{MLP}(\mathrm{avgPool}(F)) + \mathrm{MLP}(\mathrm{maxPool}(F))) \\ &= \sigma(W_1(W_0(F_{avg}^c)) + W_1(W_0(F_{max}^c))) \end{aligned} \tag{9-1}$$

式中，$M_c(F)$ 为通道注意力机制处理后的结果；$\sigma(\cdot)$ 为全连接层对池化后的结果进行 Sigmoid 取值；MLP 代表一个含有隐藏层的共享多层感知机；W_1 和 W_0 分别为 MLP 中的输出层权重和隐藏层权重；F_{avg}^c 和 F_{max}^c 分别代表在通道注意力机制处理下的全局平均池化特征和最大池化特征。

(2) 在完成通道注意力机制处理后，图像位置信息会产生一定的遗失，因此需要再对输入的特征层进行空间注意力机制处理。空间注意力机制处理的核心思想是对输入的特征层中的每一个特征点的通道上取最大值和平均值，并使用卷积操作得到空间注意力图，其计算公式如下：

$$M_s(F) = \sigma(f^{7\times7}([\mathrm{avgPool}(F);\ \mathrm{maxPool}(F)])) = \sigma(f^{7\times7}([F_{avg}^s;\ F_{max}^s])) \tag{9-2}$$

式中，$M_s(F)$ 为空间注意力机制处理后的结果；$f^{7\times7}$ 为 7 × 7 的卷积；F_{avg}^s 和 F_{max}^s 分别代表在空间注意力机制处理下的全局平均池化特征和最大池化特征。

本案例在 PANet 特征融合之后的三个输出的有效特征层中引入了 CBAM 注意

力机制。融合了 CBAM 注意力机制的 YOLOv5 网络，增强了复杂背景下的桥梁显著度，能够提取更高层特征，使其提取的高层特征信息更加丰富，提高了高分辨率遥感影像下的桥梁检测精度。

9.3.5　融合解耦头算法的 YOLOv5 网络

YOLO Head 是 YOLOv5 的分类器和回归器，在经过主干特征网络提取和 BiFPN 加强特征网络提取，以及融合 CBAM 注意力机制处理后，将得到的三个有效特征层输入至 YOLO Head 中来获得分类和回归预测结果，图 9-4 示出了融合解耦头算法的 YOLOv5 网络结构。YOLOv5 原始 YOLO Head 网络的分类和回归任务是一起在卷积中实现，但这两个任务存在冲突，会影响网络检测精度。因此，本案例所提的融合解耦头算法的 YOLOv5 网络在 YOLO Head 部分，融合解耦头网络，将分类预测分支和回归预测分支分别进行分类和回归任务，在加快网络收敛速度的同时提高了模型检测精度。

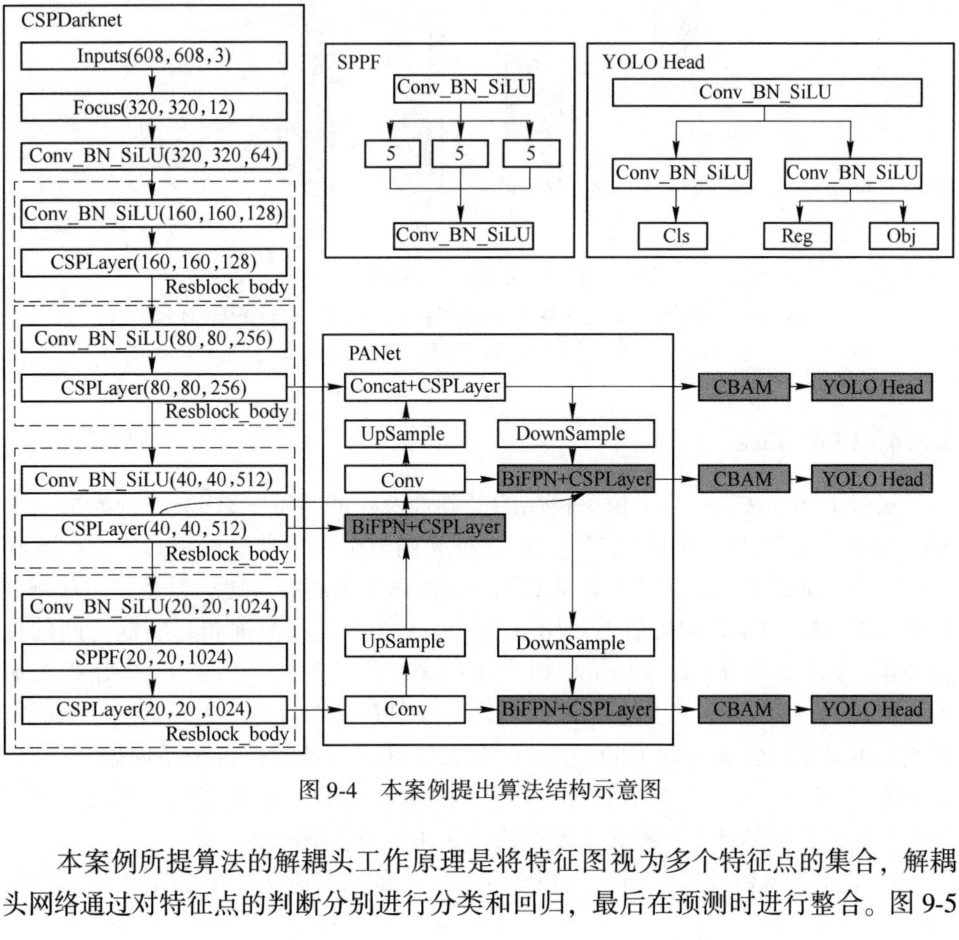

图 9-4　本案例提出算法结构示意图

本案例所提算法的解耦头工作原理是将特征图视为多个特征点的集合，解耦头网络通过对特征点的判断分别进行分类和回归，最后在预测时进行整合。图 9-5

给出了解耦头网络结构。解耦头网络通过卷积、标准化以及激活函数等操作实现。解耦头网络首先通过 1×1 的卷积调整通道数；再通过两个平行的 3×3 卷积层，实现分离分类和回归任务使分类和回归任务分别进行；接着再次通过 1×1 的卷积在分类和回归中分别实现分类、定位以及置信度的检测任务。经过上述操作，在解耦头网络中分别实现判断每一个特征点所包含的物体种类置信度，判断每一个特征点的回归系数，回归系数调整后可获得预测框的坐标以及判断每一个特征点是否有对应物体的存在；最后将这三个预测结果进行堆叠整合在一起。本案例算法融合了解耦头网络，使其网络收敛速度加快的同时网络检测精度也有所提高。

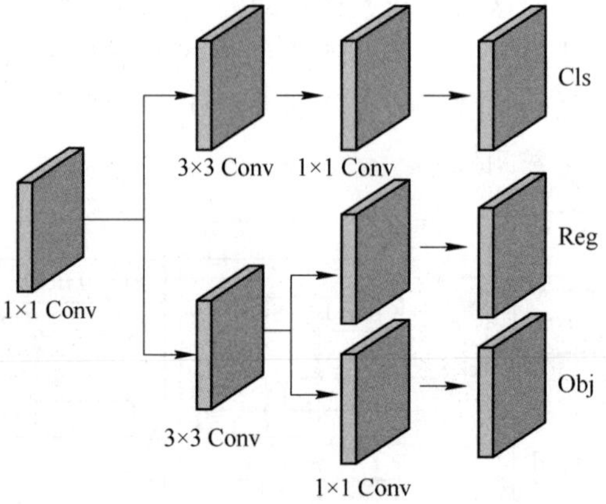

图 9-5　解耦头网络结构

Cls—用于判断特征点的物体种类置信度；Reg—用于获得预测框坐标；
Obj—用于判断特征点是否有对应物体的存在

9.3.6　EIoU_Loss

通过上述方法，提升了桥梁检测的准确性及检测精度。YOLOv5 原始的损失函数使用的是 GIoU 损失函数[68]。GIoU 损失函数引入了预测框和真实框的最小外接矩形，能够改善其两者不相交时无法预测两者距离的问题。但是，当预测框在真实框内时，GIoU 损失值不会发生变化，无法确定预测框和真实框之间的位置关系。因此，本案例采用 EIoU 损失函数来解决此问题。相比于 GIoU 损失函数，EIoU 损失函数[69]考虑了预测框和真实框中心点之间的距离，解决了预测框和真实框处于包含关系时 GIoU 损失函数无法确定两者的位置关系问题。同时，EIoU 损失函数考虑了预测框和真实框之间的重叠部分，并且直接通过对宽度和高度进行惩罚项的计算，提高了模型的收敛速度和回归精度。

EIoU 损失函数计算分别为预测框和真实框的重叠损失、中心距离损失以及

高宽损失。因此，EIoU 损失函数定义为

$$\mathrm{EIoU_{Loss}} = 1 - \mathrm{IoU} + \frac{\rho^2(b,\ b^{gt})}{c^2} + \frac{\rho^2(w,\ w^{gt})}{C_{\mathrm{w}}^2} + \frac{\rho^2(h,\ h^{gt})}{C_{\mathrm{h}}^2} \tag{9-3}$$

式中，IoU [70] 为预测框和真实框的面积交并比；$\rho^2(b,\ b^{gt})$ 为预测框和真实框中心点的欧氏距离；$\rho^2(w,\ w^{gt})$ 为预测框和真实框宽度的欧氏距离；$\rho^2(h,\ h^{gt})$ 为预测框和真实框高度的欧氏距离；c 为预测框与真实框的最小外接矩形的对角线距离；C_{w} 为预测框和真实框之间的闭包宽度；C_{h} 为预测框和真实框之间的闭包高度。

9.4 实验结果与分析

9.4.1 实验环境

本案例实验在 Windows 10 操作系统下进行，其配置为 Intel（R） i9-11900k CPU，NVIDIA GeForce RTX3090 显卡，显存容量 24GB，机带 RAM 64GB。实验通过使用 GPU 进行训练和测试，其训练平台为 PyCharm 软件。在训练过程中，一共训练 300 个 Epoch，batch size 设置为 6，学习率为 1×10^{-3}，IoU 阈值为 0.5。

9.4.2 评价指标

实验通过计算 Precision、Recall、AP、MAP（模型定量评价指标）来衡量模型检测的准确性，各指标定义如表 9-1 所示。

表 9-1 评价指标

评价指标	计算公式	定义
Precision	$\mathrm{Precision}=\frac{\mathrm{TP}}{\mathrm{TP+FP}}$	TP 代表被正确检测的正样本，即被正确检测桥梁类别的数量；FP 代表被错误检测的负样本，即检测为桥梁类别而实际为其他类的目标数量；FN 代表被错误检测的正样本，即检测为其他类实际为桥梁类别的数量
Recall	$\mathrm{Recall}=\frac{\mathrm{TP}}{\mathrm{TP+FN}}$	
AP	$\mathrm{AP} = \int_0^1 p(r)\,\mathrm{d}r$	p 代表 Precision，为精确度；r 代表 Recall，为召回率；AP 的值是 p 关于 r 的函数在［0，1］范围内所围成的面积大小
MAP	$\mathrm{MAP} = \frac{\sum_{i=1}^{N}\mathrm{AP}_i}{N}$	N 代表测试集中所有类别数；i 为第 i 个类别；AP_i 为第 i 个类别的平均准确率

9.4.3 实验内容

为验证本案例所提算法的有效性，分别与目标检测中经典算法网络进行对

比，实验分别选取 CenterNet、RetinaNet、SSD、YOLOv3、YOLOv4、YOLOv5、YOLOX 等网络。实验在对高分辨率遥感影像桥梁数据集进行训练时，分别计算其评价指标 Precision、Recall、MAP 的值并进行比较。如表 9-2 所示，分别统计了不同网络模型下的桥梁目标识别精度。其中，表 9-2 中的涨点是各网络和本案例所提算法对比所计算出的 MAP 值。从表 9-2 可以看出，高分辨率遥感影像桥梁检测的 Precision 由 48.7%~98.3%不等，Recall 由 59.3%~96.6%不等，MAP 由 74.6%~98.1%不等。其中，本案例所提算法的桥梁检测的 Precision、Recall、MAP 各项指标均为最优。上述对比实验证明了本案例所提算法可实现高分辨率遥感影像桥梁的高精度检测。

表 9-2　不同网络模型的检测结果　　(%)

网络模型	Precision	Recall	MAP	涨点
CenterNet	97.5	76.2	93.2	4.9
EfficientDet	97.1	76.7	83.4	14.7
Faster R-CNN	48.7	80.2	74.6	23.5
RetinaNet	97.8	78.5	86.9	11.2
SSD	94.9	59.3	90.3	7.8
YOLOv3	94.4	84.0	94.0	4.1
YOLOv4	87.0	83.4	88.7	9.4
YOLOv5	94.1	78.2	90.1	8.0
YOLOX	90.9	87.5	93.3	4.8
本案例所提算法	**98.3**	**96.6**	**98.1**	

注：加粗字体为各项最优结果。

为验证本案例所提算法的有效性，对高分辨率遥感影像桥梁数据集进行消融实验，分别对比融合加权双向特征金字塔网络、卷积注意力模块、解耦头网络后的实验效果。分别计算其评价指标 Precision、Recall、MAP 的值并进行比较。消融实验检测结果如表 9-3 所示。通过消融实验可知，在原始 YOLOv5 网络中融合不同模块网络检测精度均有所提高。从表 9-3 可以看出，本案例所提算法虽然 Recall 达到了次优，为 96.6%（与最优结果仅相差 0.4%），但是 Precision 和 MAP 达到了最优，分别为 98.3%和 98.1%。

表 9-3　消融实验检测结果　　(%)

网络	Precision	Recall	MAP	涨点
YOLOv5	94.1	78.2	90.1	8.0
YOLOv5+CBAM	95.7	**97.0**	97.5	0.6

续表 9-3

网络	Precision	Recall	MAP	涨点
YOLOv5+Decoupled Head	96.6	96.6	97.5	0.6
YOLOv5+BiFPN	96.6	95.3	96.7	1.4
本案例所提算法	**98.3**	96.6	**98.1**	

注：加粗字体为各项最优结果。

为验证本案例所提算法的有效性，证明其在多尺度桥梁及小目标桥梁的检测效果，分别选择了不同场景对桥梁进行预测实验。表 9-4 给出了不同场景下的不同网络模型对桥梁的检测结果。

表 9-4　不同场景下的桥梁检测结果

网络模型	场景 1		场景 2		场景 3	
	MAP	漏检个数	MAP	漏检个数	MAP	漏检个数
CenterNet	0.59	0	0.65	0	0.64	0
RetinaNet	0.74	1	0.96	0	0.94	0
SSD	0.66	3	**1.00**	1	0.82	2
YOLOv3	0.78	1	0.73	0	0.93	1
YOLOv4	0.92	0	0.91	0	0.88	1
YOLOv5	0.79	0	0.85	0	0.73	2
YOLOX	0.81	0	0.84	0	0.81	0
本案例所提算法	**1.00**	0	**1.00**	0	**0.98**	0

注：加粗字体为各项最优结果。

（1）场景 1 桥梁检测结果分析：图 9-6 展示了在大幅面遥感影像中的多尺度桥梁检测结果。场景 1 的桥梁为 3 座小型桥梁及 1 座大型桥梁，桥梁尺度对比明显。在此背景下，不同网络对桥梁检测的 MAP 为 0.59~1.00 不等。结合图 9-6 和表 9-4 可看出，在大幅面遥感影像中，不同网络均能检测出大型桥梁，但是在检测小型桥梁时，RetinaNet、SSD、YOLOv3 网络均出现了漏检现象，漏检个数为 1~3 个不等。尽管其他网络能正确检测出桥梁，但是其检测精度不高，对小型桥梁的检测能力均有所下降，如 CenterNet 网络在该场景下的 MAP 只有 0.59。本案例所提算法对比其他网络结构，在检测大型桥梁时能正确检测，同时在检测小型桥梁时无漏检现象且检测精度最高。

（2）场景 2 桥梁检测结果分析：图 9-7 展示了对小幅面遥感影像中的多尺度桥梁检测结果。场景 2 包括了不同尺度信息的桥梁，且影像信息不清晰。在此背景下，SSD 网络出现了对小尺度桥梁的漏检现象，其他网络均能正确检测出桥梁信息。结合图 9-7 和表 9-4 可看出，不同网络对桥梁检测的 MAP 为 0.65~1.00 不

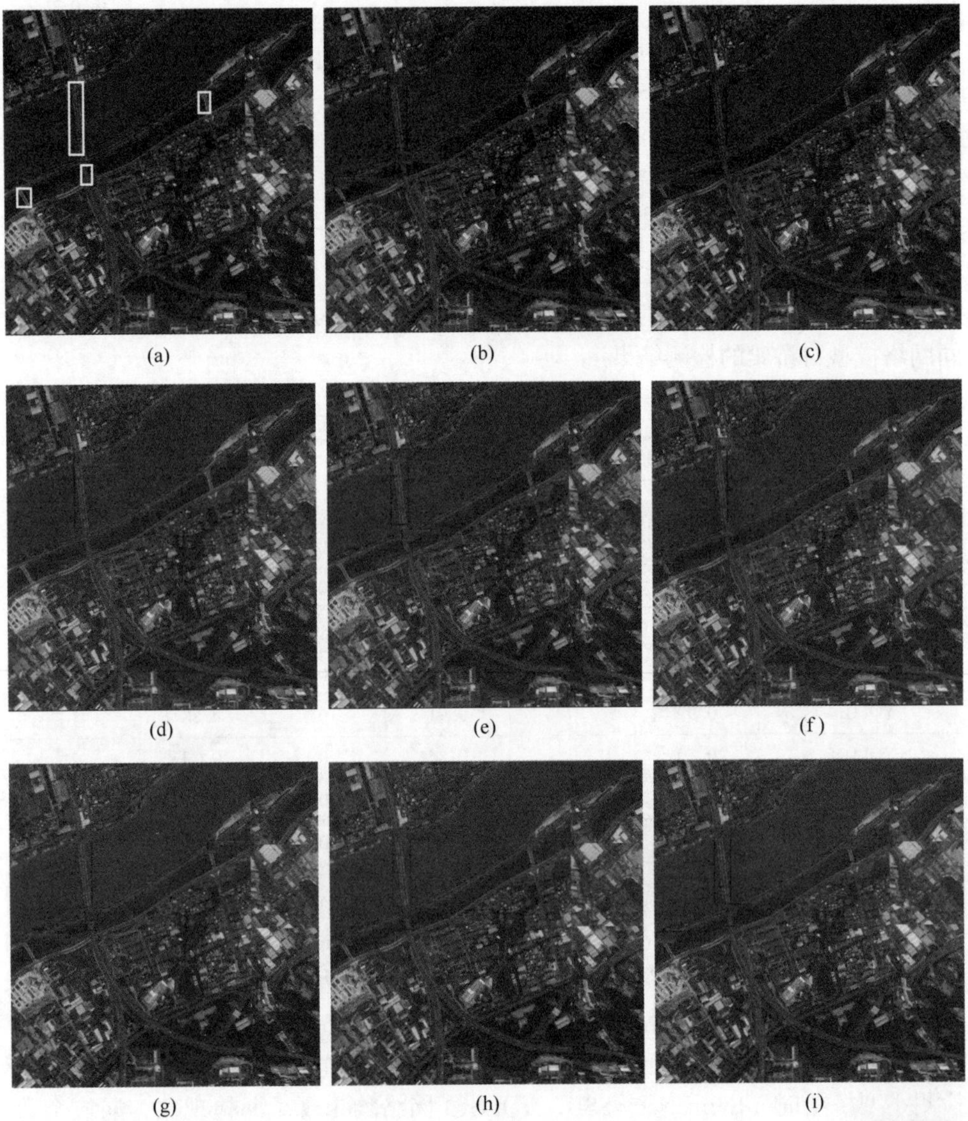

图 9-6　场景 1 桥梁检测结果
（阅读时建议参照彩图）
（a）原图；（b）CenterNet；（c）RetinaNet；（d）SSD；（e）YOLOv3；
（f）YOLOv4；（g）YOLOv5；（h）YOLOX；（i）本案例所提算法

图 9-6 彩图

等。从实验结果来看，不同网络对清晰的大型桥梁进行检测时，均能表现出良好的检测精度和检测效果。但是当高分辨率遥感影像信息不清晰时，如图 9-7（a）左上角的桥梁，各网络对其检测精度均有所下降。在该场景中，无论是对小型桥梁还是对不清晰的桥梁，本案例所提算法均能正确检测且检测精度最高。

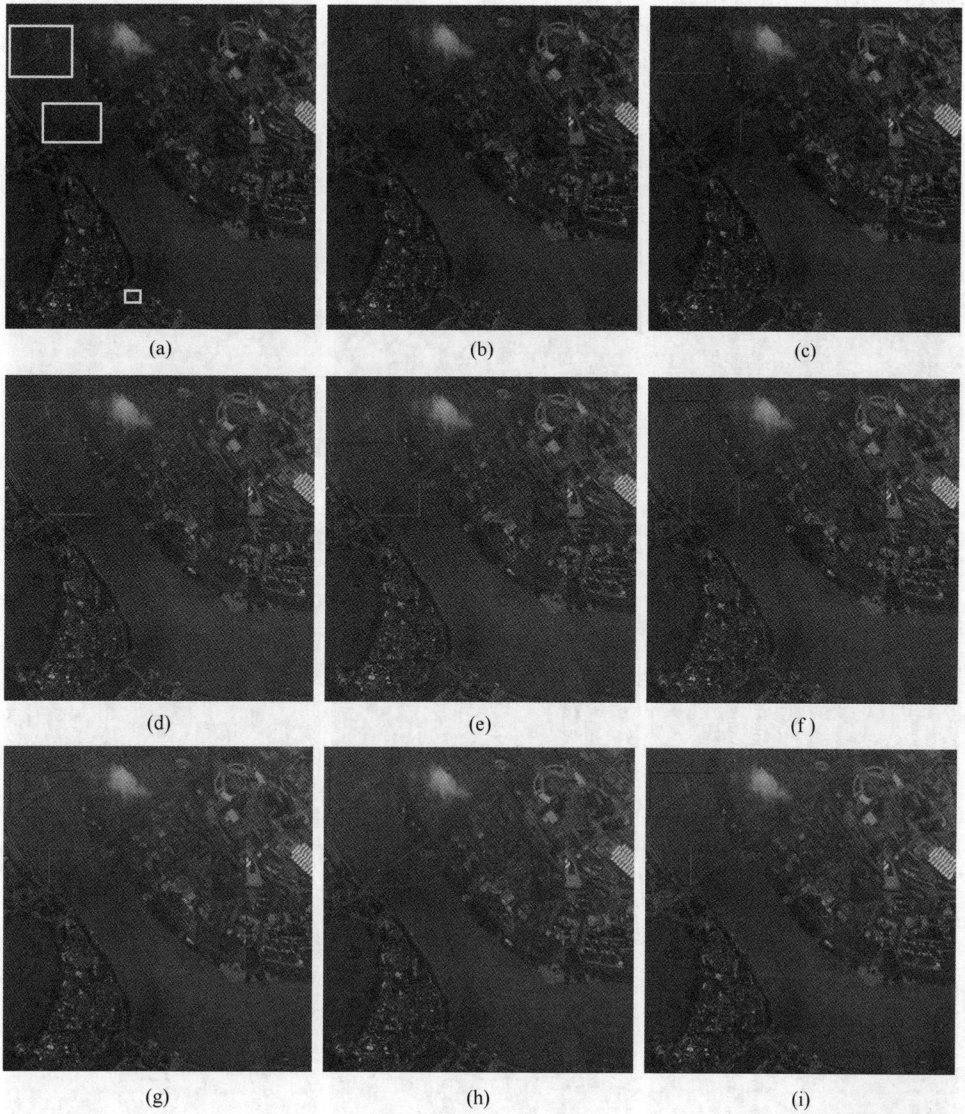

图 9-7 场景 2 桥梁检测结果
（阅读时建议参照彩图）
（a）原图；（b）CenterNet；（c）RetinaNet；（d）SSD；（e）YOLOv3；
（f）YOLOv4；（g）YOLOv5；（h）YOLOX；（i）本案例所提算法

图 9-7 彩图

（3）场景 3 桥梁检测结果分析：图 9-8 展示了对并列桥梁的检测结果。场景 3 共 4 座桥梁并列分布，该场景下的影像成像条件差，存在部分桥梁被云层遮挡的现象，桥梁背景复杂，特征不清晰。因此，不同网络对桥梁的检测精度有所下降。同时在不同网络检测中出现了漏检现象，如 SSD、YOLOv3、YOLOv4、YOLOv5。但是本案例所提算法在有云层遮挡时依旧表现出了良好的桥梁检测能力，仍能正确且高精度检测出桥梁目标。

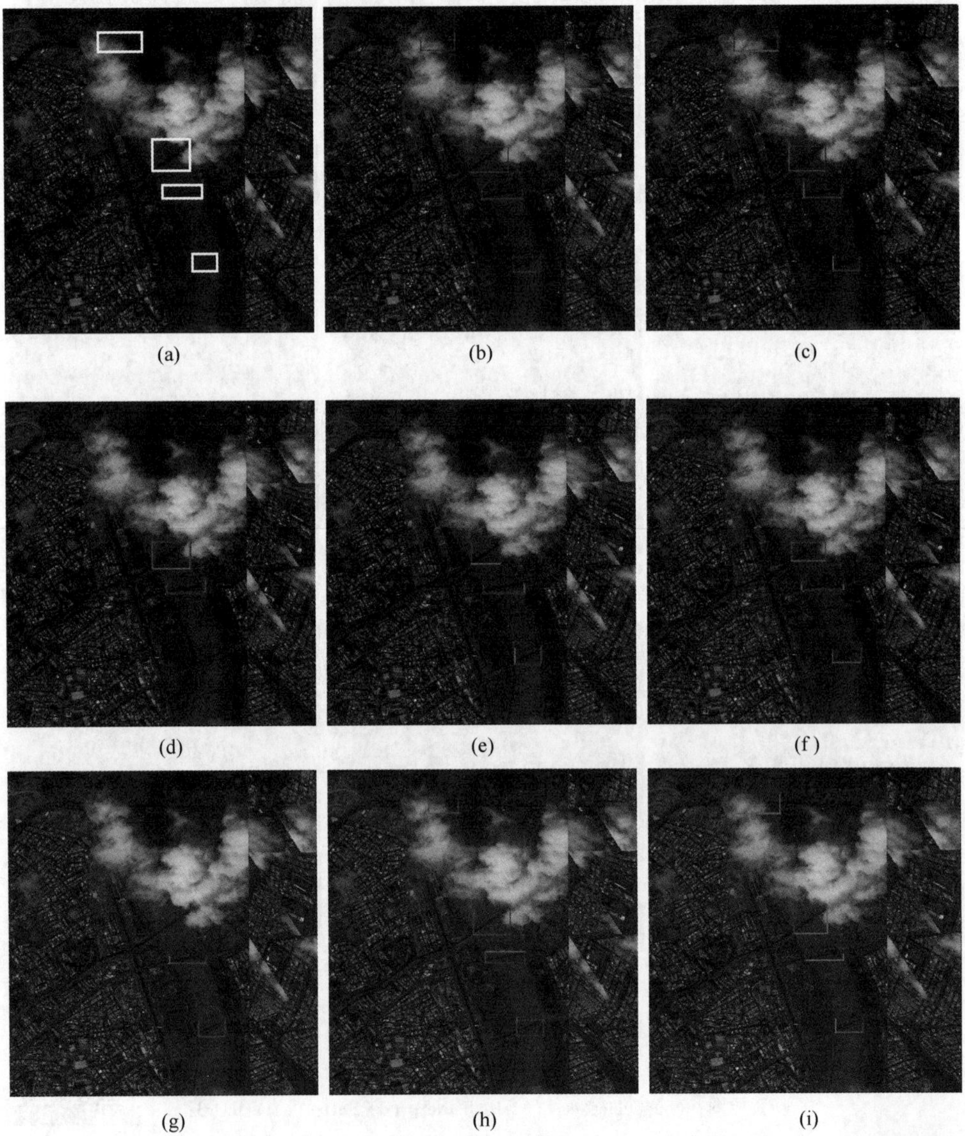

图 9-8 场景 3 桥梁检测结果

（阅读时建议参照彩图）

（a）原图；（b）CenterNet；（c）RetinaNet；（d）SSD；（e）YOLOv3；（f）YOLOv4；（g）YOLOv5；（h）YOLOX；（i）本案例所提算法

图 9-8 彩图

9.4.4 结果与分析

本案例所提算法在检测高分辨率遥感影像桥梁时得出的 MAP 为 98.1%。通过对比实验可知，其涨点从 4.1%~23.5%不等，验证了本案例所提算法能有效且高精度地正确检测桥梁目标。通过消融实验可知，本案例所提算法检测高分辨率遥感影像桥梁目标的涨点从 0.4%~8.0%不等。对比实验和消融实验结果表明，本案例所提算法在桥梁检测中的精度有大幅提升。

为验证本案例所提算法的有效性，分别选择在不同场景下验证不同网络对桥梁的检测效果。从检测结果可知，本案例所提算法较其他几种算法均有良好的检测效果，检测精度最高，无漏检现象，验证了本案例所提算法的优越性。在这些不同的场景中，尤其是在检测大幅影像中的小目标桥梁和被云层遮挡的桥梁时，本案例所提算法依旧能表现出较高的检测精度和泛化能力。

9.5 案例要点

（1）构造了一种新的特征金字塔结构。利用加权双向特征金字塔网络调节不同尺度桥梁特征信息不一致问题，实现多尺度桥梁特征融合的同时增强特征的表示能力。

（2）融合 CBAM 注意力机制，更进一步从通道维度和空间维度提取桥梁特征信息，更有效地关注多尺度桥梁特征，进一步增强多尺度桥梁特征信息的提取。

（3）在分类和回归任务中，融合解耦头算法分别进行分类和回归任务，实现加快网络收敛速度和提高模型检测精度。通过对比实验和消融实验，发现本案例所提出的融合解耦头算法的 YOLOv5 网络在高分辨率遥感影像中的多尺度桥梁检测中具有优越性，可实现高精度且准确的识别与检测。

参考文献

[1] 李娇娇，刘志强，宋锐，等．一种改进 UNet 网络的遥感影像分割算法［J］. 西安电子科技大学学报，2022，49（6）：67-75，128.

[2] 王玉，周国清，尤号田．贝叶斯框架下基于曲波特征加权的 SAR 影像分割［J］. 控制与决策，2022，37（7）：1729-1736.

[3] 程结海，黄中意，王建如，等．高空间分辨率遥感影像最优分割结果自动确定方法［J］. 测绘学报，2022，51（5）：658-667.

[4] 韩瑞泽，冯伟，郭青，等．视频单目标跟踪研究进展综述［J］. 计算机学报，2022，45（9）：1877-1907.

[5] 宋瑞阳．基于深度学习的动态目标识别与跟踪算法研究［D］. 北京：北京化工大

学, 2022.
[6] 饶雄飞, 周龙宇, 杨春雷, 等. 基于无人机多光谱影像和关键点检测的雪茄烟株数提取 [J]. 农业机械学报, 2023, 54 (3): 266-273.
[7] 张宇, 温光照, 米思娅, 等. 基于深度学习的二维人体姿态估计综述 [J]. 软件学报, 2022, 33 (11): 4173-4191.
[8] 谢志峰, 周志鹏, 王兆胜, 等. 多尺度空间特征引导的服装关键点检测方法 [J]. 计算机辅助设计与图形学学报, 2022, 34 (11): 1763-1771.
[9] KRITHIGA R, GEETHA P. Breast cancer detection, segmentation and classification on histopathology images analysis: A systematic review [J]. Archives of Computational Methods in Engineering, 2021, 28: 2607-2619.
[10] SALVI M, ACHARYA U R, MOLINARI F, et al. The impact of pre-and post-image processing techniques on deep learning frameworks: A comprehensive review for digital pathology image analysis [J]. Computers in Biology and Medicine, 2021, 128: 104129.
[11] ZHOU X, LI C, RAHAMAN M M, et al. A comprehensive review for breast histopathology image analysis using classical and deep neural networks [J]. IEEE Access, 2020, 8: 90931-90956.
[12] SINGH N, RATHORE S S, KUMAR S. Towards a super-resolution based approach for improved face recognition in low resolution environment [J]. Multimedia Tools and Applications, 2022, 81 (27): 38887-38919.
[13] WANG Y K, PENG C L, LIU D C, et al. ForgeryNIR: Deep face forgery and detection in near-infrared scenario [J]. IEEE Transactions on Information Forensics and Security, 2022, 17: 500-515.
[14] MING X, WEI F Y, ZHANG T, et al. Group sampling for scale invariant face detection [J]. IEEE Transactions on Pattern Analysis and Machine Intelligence, 2022, 44 (2): 985-1001.
[15] BUTERA L, FERRANTE A, JERMINI M, et al. Precise agriculture: Effective deep learning strategies to detect pest insects [J]. IEEE-CAA Journal of Automatica Sinica, 2021, 9 (2): 246-258.
[16] 李辉, 严康华, 景浩, 等. 基于改进 SSD 的苹果叶部病理检测识别 [J]. 传感器与微系统, 2022, 41 (10): 134-137.
[17] DU L, SUN Y, CHEN S, et al. A novel object detection model based on Faster R-CNN for Spodoptera frugiperda according to feeding trace of corn leaves [J]. Agriculture, 2022, 12 (2): 248.
[18] LIANG Y, GU Z, ZHANG Z. The modeling of super deep learning aiming at knowledge acquisition in automatic driving [J]. Computational Intelligence and Neuroscience, 2022, 2022: 8928632.
[19] TANG F, GAO F, WANG Z. Driving capability-based transition strategy for cooperative driving: From manual to automatic [J]. IEEE Access, 2020, 8: 139013-139022.
[20] XIAO G, YANG Q, YANG F, et al. Level-wise driving knowledge induction for embedded automatic train driving system [J]. Journal of Vibration and Control, 2022, 28 (13/14):

1835-1845.

[21] TIAN S, YIN X C, SU Y, et al. A unified framework for tracking based text detection and recognition from web videos [J]. IEEE Transactions on Pattern Analysis and Machine Intelligence, 2017, 40 (3): 542-554.

[22] RAJ A N J, JUNMIN C, NERSISSON R, et al. Bilingual text detection from natural scene images using Faster R-CNN and extended histogram of oriented gradients [J]. Pattern Analysis and Applications, 2022, 25 (4): 1001-1013.

[23] AKALLOUCH M, BOUJEMAA K S, BOUHOUTE A, et al. ASAYAR: A dataset for Arabic-Latin scene text localization in highway traffic panels [J]. IEEE Transactions on Intelligent Transportation Systems, 2020, 23 (4): 3026-3036.

[24] BERKAYA S K, GUNDUZ H, OZSEN O, et al. On circular traffic sign detection and recognition [J]. Expert Systems with Applications, 2016, 48: 67-75.

[25] 史晓鹏, 何为, 韩力群. 采用 Hough 变换的道路边界检测算法 [J]. 智能系统学报, 2012, 7 (1): 81-85.

[26] CREUSEN I M, WIJNHOVEN R G J, HERBSCHLEB E, et al. Color exploitation in hog-based traffic sign detection [C] //2010 IEEE International Conference on Image Processing. Hong Kong: [s. n.], 2010: 2669-2672.

[27] GIRSHICK R, DONAHUE J, DARRELL T, et al. Rich feature hierarchies for accurate object detection and semantic segmentation [C] //2014 IEEE/CVF Conference on Computer Vision and Pattern Recognition. Columbus: [s. n.], 2014: 580-587.

[28] GIRSHICK R. Fast R-CNN [C] //2015 IEEE International Conference on Computer Vision. Santiago: [s. n.], 2015: 1440-1448.

[29] REN S, HE K, GIRSHICK R, et al. Faster R-CNN: Towards real-time object detection with region proposal networks [J]. IEEE Transactions on Pattern Analysis and Machine Intelligence, 2017, 39 (6): 1137-1149.

[30] LIU W, ANGUELOV D, ERHAN D, et al. SSD: Single shot multibox detector [C] //14th European Conference on Computer Vision. Amsterdam: [s. n.], 2016: 21-37.

[31] LIN T Y, GOYAL P, GIRSHICK R, et al. Focal loss for dense object detection [C] //2017 IEEE International Conference on Computer Vision. Honolulu: [s. n.], 2017: 318-327.

[32] REDMON J, DIVVALA S, GIRSHICK R, et al. You only look once: Unified, realtime object detection [C] //2016 IEEE/CVF Conference on Computer Vision and Pattern Recognition. Seattle: [s. n.], 2016: 779-788.

[33] REDMON J, FARHADI A. YOLO9000: Better, faster, stronger [C] //2017 IEEE/CVF Conference on Computer Vision and Pattern Recognition. Honolulu: [s. n.], 2017: 6517-6525.

[34] JOSEPH R, ALI F. YOLOv3: An incremental improvement [J]. arXiv preprint, arXiv: 1804. 02767, 2018.

[35] BOCHKOVSKIY A, WANG C Y, MARK L. YOLOv4: Optimal speed and accuracy of object detection [J]. arXiv preprint, arXiv: 2004. 10934, 2020.

[36] ULTRALYTICS. YOLOv5 2020 [DB/OL]. https://github.com/ultralytics/yolov5.

[37] LI C, LI L, JIANG H, et al. YOLOv6: A single-stage object detection framework for industrial applications [J]. arXiv preprint, arXiv: 2209.02976, 2022.

[38] VASWANI A, SHAZEER N, PARMAR N, et al. Attention is all you need [J]. arXiv preprint, arXiv: 1706.03762, 2017.

[39] CARION N, MASSA F, SYNNAEVE G, et al. End-to-end object detection with transformers [C] // 16th European Conference on Computer Vision. Glasgow: [s. n.], 2020: 213-229.

[40] BLICKENSDORFER L, SCHWIEDER M, PFLUGMACHER D, et al. Mapping of crop types and crop sequences with combined time series of Sentinel-1, Sentinel-2 and Landsat 8 data for Germany [J]. Remote Sensing of Environment, 2022, 269: 112831.

[41] GURURAJ P, UMESH P, SHETTY A. Evaluation of surface soil moisture models over heterogeneous agricultural plots using L-band SAR observations [J]. Geocarto International, 2022, 37 (25): 10301-10319.

[42] KUMAR V, HUBER M, ROMMEN B, et al. Agricultural SandboxNL: A national-scale database of parcel-level processed Sentinel-1 SAR data [J]. Scientific Data, 2022, 9 (1): 402.

[43] CHADWICK A J, COOPS N C, BATER C W, et al. Species classification of automatically delineated regenerating conifer crowns using RGB and near-infrared UAV imagery [J]. IEEE Geoscience and Remote Sensing Letters, 2021, 19: 2502205.

[44] WANG Y T, XI X H, WANG C, et al. A novel method based on kernel density for estimating crown base height using UAV-borne LiDAR data [J]. IEEE Geoscience and Remote Sensing Letters, 2022, 19: 7004105.

[45] SHARMA R, ARYA R. UAV based long range environment monitoring system with Industry 5.0 perspectives for smart city infrastructure [J]. Computers & Industrial Engineering, 2022, 168: 108066.

[46] TEBALDINI S, MANZONI M, TAGLIAFERRI D, et al. Sensing the urban environment by automotive SAR imaging: Potentials and challenges [J]. Remote Sensing, 2022, 14 (15): 3602.

[47] LI M, ZHANG T, TU Y, et al. Monitoring post-flood recovery of croplands using the integrated Sentinel-1/2 imagery in the Yangtze-Huai River basin [J]. Remote Sensing, 2022, 14 (3): 690.

[48] QIN L J, MAO P, XU Z B, et al. Accurate measurement and assessment of typhoon-related damage to roadside trees and urban forests using the unmanned aerial vehicle [J]. Remote Sensing, 2022, 14 (9): 2093.

[49] ALSAMHI S H, SHVETSOV A V, KUMAR S, et al. UAV computing-assisted search and rescue mission framework for disaster and harsh environment mitigation [J]. Drones, 2022, 6 (7): 154.

[50] DONG Z P, WANG M, WANG Y L, et al. Object detection in high resolution remote sensing imagery based on convolutional neural networks with suitable object scale features [J]. IEEE

Transactions on Geoscience and Remote Sensing, 2020, 58 (3): 2104-2114.

[51] ZHU Q Q, YANG Y, SUN X L, et al. CDANet: Contextual detail-aware network for high-spatial-resolution remote-sensing imagery shadow detection [J]. IEEE Transactions on Geoscience and Remote Sensing, 2022, 60: 5617415.

[52] YANG Y R, SUN X, DIAO W H, et al. Adaptive knowledge distillation for lightweight remote sensing object detectors optimizing [J]. IEEE Transactions on Geoscience and Remote Sensing, 2022, 60: 5623715.

[53] ZHENG Y Y, WU G. YOLOv4-Lite-based urban plantation tree detection and positioning with high-resolution remote sensing imagery [J]. Frontiers in Environmental Science, 2022, 9: 756227.

[54] SUN X, WANG P J, YAN Z Y, et al. FAIR1M: A benchmark dataset for fine-grained object recognition in high-resolution remote sensing imagery [J]. ISPRS Journal of Photogrammetry and Remote Sensing, 2022, 184: 116-130.

[55] ZHOU Y, WANG S F, ZHAO J Q, et al. Fine-grained feature enhancement for object detection in remote sensing images [J]. IEEE Geoscience and Remote Sensing Letters, 2022, 19: 6508305.

[56] WANG W G, SUN J P, HU R, et al. Knowledge-based bridge detection from SAR images [J]. Journal of Systems Engineering and Electronics, 2009, 20 (5): 929-936.

[57] ZHU Z C, SUN X, DIAO W H, et al. Invariant structure representation for remote sensing object detection based on graph modeling [J]. IEEE Transactions on Geoscience and Remote Sensing, 2022, 60: 5625217.

[58] JIANG S L, YAO W, WONG M S, et al. An optimized deep neural network detecting small and narrow rectangular objects in Google Earth images [J]. IEEE Journal of Selected Topics in Applied Earth Observations and Remote Sensing, 2020, 13: 1068-1081.

[59] CHAUDHURI D, SAMAL A. An automatic bridge detection technique for multispectral images [J]. IEEE Transactions on Geoscience and Remote Sensing, 2008, 46 (9): 2720-2727.

[60] HAO Q W, CHEN X M, NI G Q, et al. Fast hough transform for automatic bridge extraction [C] //Proceedings of Electronic Imaging and Multimedia Technology V. Beijing: [s. n.], 2007, 6833: W8330.

[61] WANG H, YIN D, SUN T. Study on river segmentation and bridge recognition for SAR image based on FSVM [C] //Proceedings of International Symposium on Optoelectronic Technology and Application—Optical Remote Sensing Technology and Applications. Beijing: [s. n.], 2014, 9299: 929918.

[62] 孙宇, 黄亮, 赵俊三, 等. 结合随机擦除和YOLOv4的高空间分辨率遥感影像桥梁自动检测 [J]. 自然资源遥感, 2022, 34 (2): 97-104.

[63] WANG Z Q, ZHANG Y S, YU Y, et al. Prior-information auxiliary module: An injector to a deep learning bridge detection model [J]. IEEE Journal of Selected Topics in Applied Earth Observations and Remote Sensing, 2021, 14: 6270-6278.

[64] CHEN L F, WENG T, XING J, et al. A new deep learning network for automatic bridge

detection from SAR images based on balanced and attention mechanism [J]. Remote Sensing, 2020, 12 (3): 441.

[65] TAN M, PANG R, LE Q V. EfficientDet: Scalable and efficient object detection [J]. arXiv preprint, arXiv: 1911.09070, 2020.

[66] WOO S, PARK J, LEE J Y, et al. CBAM: Convolutional block attention module [J]. Lecture Notes in Computer Science, 2018, 11211: 3-19.

[67] 2020 Gaofen Challenge on Automated High-Resolution Earth Observation Image Interpretation [EB/OL]. http: //en. sw. chreos. org.

[68] REZATOFIGHI H, TSOI N, GWAK J, et al. Generalized intersection over union: A metric and a loss for bounding box regression [C] //Proceedings of 2019 IEEE/CVF Conference on Computer Vision and Pattern Recognition. Long Beach: [s. n.], 2019: 658-666.

[69] ZHANG Y F, REN W Q, ZHANG Z, et al. Focal and Efficient IoU Loss for accurate bounding box regression [J]. Neurocomputing, 2022, 506: 146-157.

[70] JIANG B R, LUO R X, MAO J Y, et al. Acquisition of localization confidence for accurate object detection [J]. Lecture Notes in Computer Science, 2018, 11218: 816-832.

10　基于 GEE 平台的 1991—2020 年环洱海地带土地利用时空变化分析案例

10.1　案例目标

（1）了解传统遥感方法和基于谷歌地球引擎（Google Earth Engine, GEE）平台方法分别对海量数据处理的优缺点。

（2）了解 GEE 平台开展土地利用和土地覆被变化（land use and land cover change, LUCC）的研究现状。

（3）熟悉 GEE 平台解译长时间序列 Landsat 影像任务的技术流程，能够利用 GEE 平台进行土地利用时空变化分析。

10.2　背景信息

洱海作为云南第二大淡水湖，是大理人民的生命源泉，也是云南省乃至全国的重要战略资源储备基地。作为我国重点保护湖泊“新三湖”之一，其保护治理一直受到国家及地方政府的高度重视，习近平总书记在 2015 年考察云南时，对洱海的保护治理提出明确要求和殷切期望。多年来洱海一直是“全国城市近郊保护得最好的湖泊”之一，而近 30 年来，伴随着我国城镇化进程快速推进，环洱海地带社会经济发展迅速，不合理的环境保护与经济发展关系逐渐突出，人类活动、自然因素等共同作用使环洱海地区土地利用现状出现了不同程度的变化，林地和湿地面积减少、建筑物扩张等。研究环洱海地区土地利用和土地覆被变化有助于科学制定土地政策，合理调整土地利用结构。

10.3　案例涉及的知识点

10.3.1　LUCC 研究方法现状

随着遥感技术更新迭代，遥感影像的空间分辨率向亚米级迈进，时间尺度也逐渐提升，中国已进入海量遥感数据时代[1]。但由于存在影像收集、存储、处理繁琐，以及数据运算耗时长等问题，传统的遥感方法研究对大范围长时间序列的遥感影像使用较少。遥感云计算平台的出现有效地避免了这样的缺陷，与传统的遥感数据处理、空间分析方法相比，GEE 平台云端处理海量数据，免去了繁杂的数据下载和预处理工作，且能高效地结合辅助数据进行分析研究，近年国内外学者基于 GEE 开展土地利用和土地覆被变化的研究逐渐增多。如胡云锋等[2]基于 GEE 平台上 Landsat 影像分析了北京市 LUCC 规律，得出了北京市耕地、人造地表面积变化的驱动机制；娄佩卿等[3]基于 GEE 获取研究区 1998—2018 年土地利用数据，定量分析京津冀的土地利用演变规律，并利用当量估算方法定量地估算京津冀地区的生态服务价值（ESV）；Phan 等[4]基于 Landsat8 地表反射率数据（L8sr），利用 GEE 平台进行影像合成后的 8 个数据集获取蒙古某区域的土地覆盖图，对多云、多雪覆盖区域的土地利用分类问题进行了分析讨论。而针对环洱海地区生态保护与经济发展之间的问题，一些学者已对洱海周边 LUCC 及生态风险评估进行了相关研究。如许泉立等[5]利用蚁群智能算法模拟洱海流域土地利用变化，推断出 2010—2020 年洱海流域主要的人地矛盾会集中表现为城镇用地不断扩张，以及耕地面积持续性减少；王天山等[6]基于 1990—2014 年四期遥感数据采用 RS、GIS、地理学和景观生态学的分析方法，分析洱海周边土地利用及景观格局变化，总结出区域内经济迅速发展、城镇用地扩张、景观内部生物多样性降低等是导致环洱海地区人地矛盾突出的主要原因；王涛等[7]基于 1995—2015 年三期 Landsat 影像解译数据，对洱海流域生态风险时空变化及其演化机制进行了分析，并得出土地利用类型演变、人类活动、城镇化推进是流域高生态风险等级区域增多和转移的重要原因；张磊等[8]构建缓冲区与土地利用动态演变模型，分析探究了大理洱海东环路沿线区域 1997—2015 年的土地利用变化特征。

综上所述，众多研究者运用不同的研究方法对环洱海地区不同范围、不同时间序列的 LUCC 过程及其驱动力进行了分析。但多以洱海流域为研究区域，研究时限跨度较短，且分析环洱海地区 LUCC 与人类活动耦合关系的研究较少，以及对环洱海地区 Landsat 影像存在的云遮挡问题无法有效地处理。鉴于此，本案例以环洱海地带为研究区域，基于 GEE 平台解译 1991—2020 年长时间序列 Landsat 影像，并结合土地利用图谱、人类活动强度指数分析洱海周边人类活动强度及 LUCC，旨在为缓解洱海周边人地矛盾、保护生态与资源提供科学合理的参考。

10.3.2　本案例的研究数据

10.3.2.1　研究区概况

洱海（100°05′~100°17′E，25°36′~25°58′N）位于云南省西北部，北起洱源，南至大理下关，多年湖泊平均水面面积约为 246 km^2，是大理人民生活用水和工农业生产用水的源泉，同时具有调节区域气候、发展渔业、推动旅游等多种功能。洱海地处山谷盆地，四面环山，地势北侧高于南侧，山地平均海拔西侧高于东侧。据 2017 年资源统计，洱海流域生产总值达 450.55 亿元，近 10 年间 GDP 平均增速超过 10%，尤其是环洱海地带，一度成为云南省经济发展较快的区域。本案例选取沿洱海湖面 10 km 的范围作为研究区域，如图 10-1 所示。

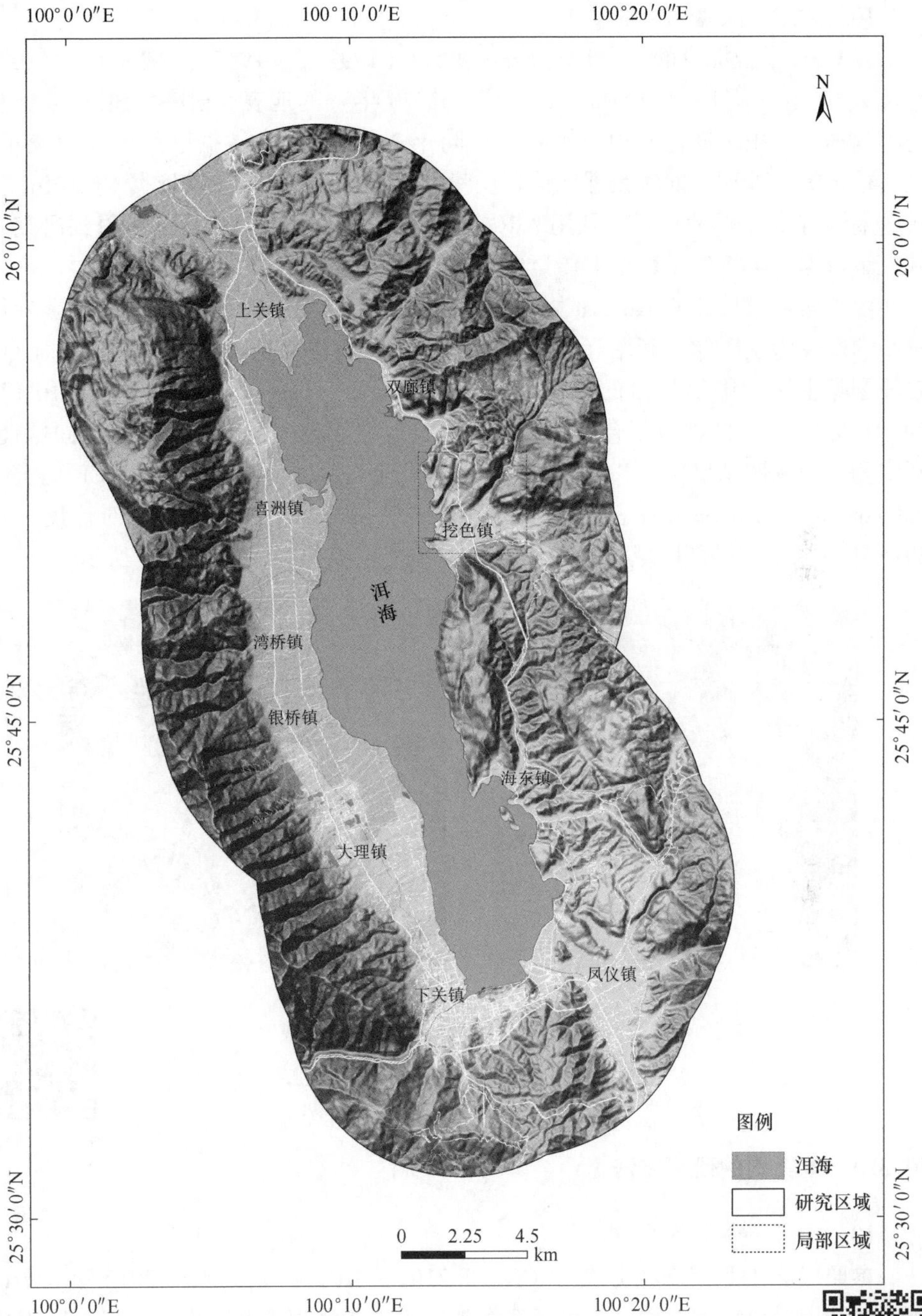

图 10-1 研究区及局部区域位置

图 10-1 彩图

10.3.2.2　数据预处理

以 GEE 平台提供的 7 个时段 Landsat TM（1991 年、1995 年、2000 年、2005 年及 2010 年）及 Landsat OLI（2015 年、2020 年）的地表反射率（SR）数据为基础数据，其中 7 期影像拍摄时间均在同年 2～4 月。SR 数据已经过几何校正、大气校正等预处理，同时数据中包含质量评估波段 QA，该波段依据 CFMASK 算法[9]标注了每个像素质量。利用 ARCGIS 对洱海湖面进行缓冲区分析得到研究区域矢量数据，再将矢量数据上传至云平台对 7 期遥感影像进行裁剪处理。

由于研究区域西侧 Landsat 影像常年存在云量覆盖，因此影像筛选春季云量较小的影像为主影像，利用（同年、间隔一年）春季时段的多景影像，结合 QA 波段剔除主影像中质量差的像元，实现影像去云。TM、OLI 影像分别选用 B7-B4-B1 及 B6-B5-B2 波段组合进行地物解译，但由于地表反射率（SR）数据颜色不饱和、地物图像层次差，还需要对组合波段 DN 值进行调整。利用 GEE 提供的 Polynomial 函数对 Landsat 蓝色波段进行非线性调整，从而增强影像对比度。以 2015 年数据中的局部区域（见图 10-1）对比度增强为例，如图 10-2 所示。

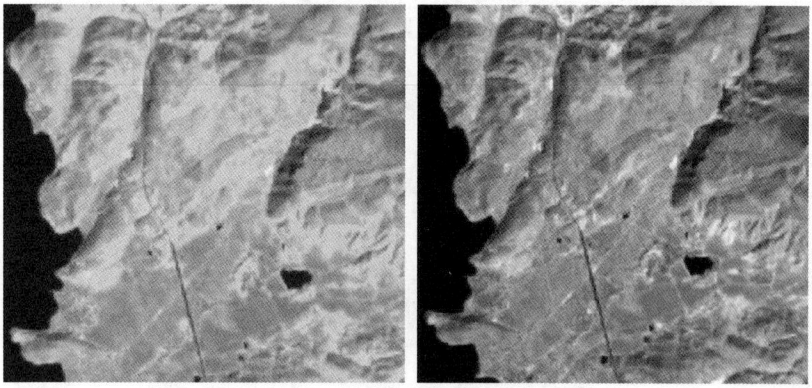

(a)　　(b)

图 10-2　影像对比度增强

（a）原始 SR 数据；（b）对比度增强后

图 10-2 彩图

10.3.3　本案例的研究方法

10.3.3.1　分类体系

参照《土地利用现状分类》（GB/T 21010—2017）及大理市 2012 年、2019 年土地利用变更数据，同时考虑环洱海地区土地利用程度及特点，将研究区土地利用类型划分为 6 个一级类型：林地、草地、耕地、水域、建设用地和湿地。

10.3.3.2　随机森林分类算法

随机森林（random forest，RF）是 Breiman 于 2001 年提出的一种机器学习算法，它由若干 Bagging 集成学习技术训练得到的决策树构成[10]。随机森林分类算法有很高的分类精度，对异常值和噪声有较好的稳健性，同时具有实现简单、运行快速、泛化能力强等优点[11]，相关文献[12-14]已证实该方法被国内外学者广泛应用于土地利用分类。其分类原理如下：

（1）有放回地从原始训练样本中随机抽取样本，合成 T 个样本集去构建决策树。

（2）在构建决策树时随机选取 F 个特征参数，输入决策树节点作为约束条件。

（3）结合每个决策树的预测结果，利用投票方式决定最终分类结果。

10.3.3.3 训练样本及特征选取

选用中国多时期土地利用土地覆被遥感监测数据集（CNLUCC）[15]以及 30 m 分辨率全球地表覆被数据集（GLC30—2010，GLC30—2000），结合影像完成前三期影像样本点的选取，后几期样本选取主要参照 Google Earth Pro 软件中的高分辨率影像。考虑到研究区域一部分背阳坡植被与水体、裸露地表与建筑区呈现近似的光谱信息，为获得较优的分类结果，本案例在选取 Landsat 影像的蓝色、绿色、红色、近红外、短波红外（SWIR 1 和 SWIR 2）波段等 6 个光谱特征外，引入归一化建筑指数（NDBI）、归一化差异水体指数（NDWI）、增强型植被指数（EVI）以及 30 m 分辨率数字高程数据（GDEMV2 30M）等特征作为随机森林算法的训练变量。其中 CNLUCC 来源于中国科学院资源环境科学数据中心（http://www.resdc.cn），GDEMV2 30M 源自地理空间数据云（www.gscloud.cn）。三种指数的计算公式如下：

$$\mathrm{NDBI} = \frac{\rho_{\mathrm{SWIR}} - \rho_{\mathrm{NIR}}}{\rho_{\mathrm{SWIR}} + \rho_{\mathrm{NIR}}} \tag{10-1}$$

$$\mathrm{NDWI} = \frac{\rho_{\mathrm{GREEN}} - \rho_{\mathrm{NIR}}}{\rho_{\mathrm{GREEN}} + \rho_{\mathrm{NIR}}} \tag{10-2}$$

$$\mathrm{EVI} = 2.5 \times \frac{\rho_{\mathrm{NIR}} - \rho_{\mathrm{SWIR}}}{\rho_{\mathrm{NIR}} + 6.0\rho_{\mathrm{RED}} - 7.5\rho_{\mathrm{BLUE}} + 1} \tag{10-3}$$

式中，ρ_{GREEN}、ρ_{RED}、ρ_{NIR}、ρ_{SWIR} 分别为 Landsat 影像中绿色、红色、近红外、短波红外波段反射率。

10.3.3.4 土地利用变化图谱

地学信息图谱是一种旨在实现区域可持续发展的时空复合分析方法，将多维时空的土地利用和土地覆被变化信息以图谱单元进行可视化，能定量表现多时空条件下的“空间格局”及“时序特征”[16]。土地利用变化图谱代数运算公式为

$$N = 100A + 10B + C \tag{10-4}$$

式中，N 为研究阶段内土地利用变化模式的图谱单元编码，比如编码 0-1-2 表示

土地变化过程为林地→草地→耕地；A、B、C 分别为 1991 年、2005 年、2020 年土地利用类型的编码。

在分析研究区 1991—2005 年、2005—2020 年两个阶段土地利用变化图谱的情况下，结合环洱海地区的实际地类变化情况，将研究区土地利用变化模式划分为 5 种图谱变化模式：

（1）稳定不变型。1991—2005 年和 2005—2020 年两个阶段土地利用变化类型均未发生变化，如 333 水域→水域→水域。

（2）后期变化型。仅后一个阶段（2005—2020 年）土地利用变化类型发生变化，如 001 林地→林地→草地。

（3）前期变化型。仅前一个阶段土地利用变化类型发生变化，如 044 林地→建设用地→建设用地。

（4）反复变化型。研究起始与结束年份土地利用类型一致，如 101 林地→草地→林地。

（5）连续变化型。两个阶段土地利用类型都发生不同的变化，如 210 耕地→草地→林地。

10.3.3.5　人类活动强度指数评估模型

从人与自然的角度看，人类活动强度是指一定面积的区域受人类活动影响而产生的扰动程度[17]。不同区域人类活动强度差异大，而人类活动的强弱对土地利用类型演变的速度影响不同。本案例采用人类活动强度指数（HAI）来直观地分析研究区人类活动强度的时空分布，HAI 具体计算公式为

$$\mathrm{HAI} = \sum_{i=1}^{N} A_i P_i / \mathrm{TA} \tag{10-5}$$

式中，HAI 为人类活动强度指数；N 为土地利用类型种类；A_i 为第 i 种土地利用类型的面积；P_i 为第 i 类土地所反映的人类活动强度系数；TA 为土地利用总面积。参考文献［18］和［19］中的各地类人类活动强度系数，确定研究区各土地利用类型对应的人类活动强度系数（见表 10-1），将其代入人类活动强度指数评估模型进行计算。

表 10-1　不同土地利用类型人类活动强度系数

参数	林地	草地	耕地	水域	建设用地	湿地
Lohani	0.12	0.09	0.61	0.12	0.96	0.38
Leopold	0.14	0.08	0.59	0.13	0.94	0.42
Delphi	0.12	0.09	0.64	0.15	0.95	0.55
平均值	0.13	0.09	0.61	0.13	0.95	0.45

10.4　实验结果与分析

10.4.1　分类结果精度评定

精度评定采集验证样本：耕地样本30个、建设用地样本25个、林地样本30个、草地样本25个、水域样本20个、湿地样本15个。依据验证样本对7期遥感影像分类结果进行混淆矩阵计算，得到精度评价指标OA、Kappa系数见表10-2。由表10-2可知，基于GEE平台随机森林分类方法解译结果总体精度达91.5%以上，Kappa系数均高于0.88，为后续研究提供了精度保障。

表10-2　1991—2020年环洱海地区土地利用分类精度评价

年份	总体分类精度/%	Kappa系数
1991	91.52	0.888
1995	93.22	0.911
2000	91.5	0.889
2005	94.95	0.935
2010	92.3	0.941
2015	94.94	0.932
2020	92.58	0.902

10.4.2　土地利用时空变化分析

10.4.2.1　研究区土地利用数量变化分析

1991—2020年环洱海10 km范围内各土地利用类型时空分布见图10-3，结合表10-3可以看出，环洱海地区在1991—2020年土地利用类型存在较大的差异。纵观30年间环洱海地区土地覆被类型，以林地、耕地、水域为主，占研究区总面积的80%以上，空间分布层次鲜明，从中心至边缘分别为水域、耕地、林地。从总体来看，在1991年，环洱海地区林地、草地、耕地、水域、建设用地、湿地分别占研究区总面积的34.42%、13.15%、32.78%、16.02%、3.26%和0.37%。截至2020年，林地、草地、耕地面积减少至33.47%、11.86%、31.61%；水域面积变化幅度较小，减少的面积比例为0.3%；建设用地面积增幅较大，相比1991年增长了3.47%；湿地占地面积总体基数较小，占总面积比例为0.62%。

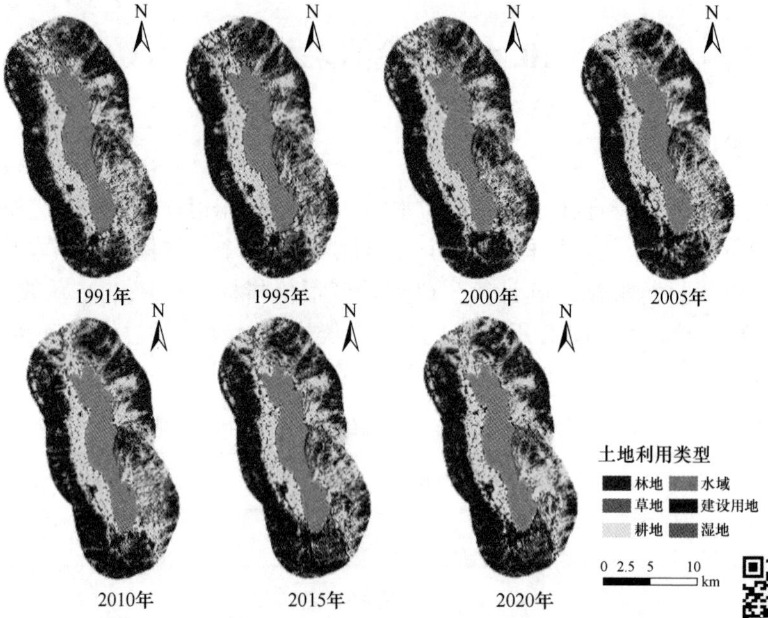

图 10-3　1991—2020 年环洱海地区的土地利用分类结果

图 10-3 彩图

表 10-3　1991—2020 年环洱海地区土地利用变化量

阶段	年份	变化量	林地	草地	耕地	水域	建设用地	湿地
		面积/km^2	533. 28	203. 69	507. 91	248. 21	50. 49	5. 69
		比例/%	34. 42	13. 15	32. 78	16. 02	3. 26	0. 37
	1991	ΔI	99. 82	111. 96	131. 29	0. 55	44. 52	6. 43
		ΔD	86. 49	132. 34	149. 90	6. 26	16. 07	3. 51
1991—2000		ΔW	13. 33	−20. 38	−18. 62	−5. 71	28. 46	2. 92
		面积/km^2	546. 26	183. 39	489. 71	242. 50	78. 77	8. 62
		比例/%	35. 26	11. 84	31. 61	15. 65	5. 08	0. 56
	2000	ΔI	67. 42	109. 10	141. 83	3. 18	30. 15	7. 84
		ΔD	77. 35	116. 31	131. 97	1. 52	27. 73	4. 63
2000—2010		ΔW	−9. 93	−7. 22	9. 86	1. 66	2. 42	3. 20
		面积/km^2	536. 24	176. 60	499. 17	244. 14	81. 14	11. 97
		比例/%	34. 61	11. 40	32. 22	15. 76	5. 24	0. 77
	2010	ΔI	56. 73	55. 21	110. 52	1. 44	42. 16	6. 10
		ΔD	74. 62	101. 20	66. 79	2. 11	19. 02	8. 41
2010—2020		ΔW	−17. 89	−45. 99	43. 73	−0. 67	23. 14	−2. 31
	2020	面积/km^2	518. 50	183. 72	489. 74	243. 51	104. 24	9. 55
		比例/%	33. 47	11. 86	31. 61	15. 72	6. 73	0. 62

注：ΔI 为增加量；ΔD 为减少量；ΔW 为净变化量。

此外，对 1991 年以及 1995—2020 年间每隔 5 年的洱海湖面积进行统计，分别为 245.866 km^2、239.688 km^2、240.930 km^2、241.482 km^2、242.626 km^2、243.431 km^2、242.093 km^2（研究区解译数据的航拍时间均处于枯水期），其中主要转出至湿地 1.331 km^2 和耕地 1.485 km^2，反映出人类在湖滨区域围湖造田的活动，但从数据上看，2005 年起湖面积得到了控制，表明 1999 年起大理白族自治州实施的“三退三还”等长期水环境保护战略的重大意义。

从三个阶段来看，草地在三个阶段均呈现减少的态势；而建设用地则成相反态势，三个阶段都呈现增加的趋势。在 1991—2000 年间，草地、耕地、水域面积分别减少了 20.30 km^2、18.20 km^2、5.71 km^2，林地、建设用地和湿地面积分别增加了 12.98 km^2、28.28 km^2、2.93 km^2。在 2000—2010 年间，林地和草地面积分别减少了 10.02 km^2、6.79 km^2，耕地、水域、建设用地和湿地面积分别增长了 9.46 km^2、1.64 km^2、2.37 km^2、3.25 km^2。在 2010—2020 年间，林地、草地和湿地面积分别减少了 17.74 km^2、7.12 km^2、2.42 km^2，水域面积减少量相对水域总面积较小，将其忽略不计，而耕地、建设用地面积增加了 9.43 km^2、23.10 km^2。将三个阶段进行对比分析，可以看出在 2010—2020 年间草地和耕地的变化量相比 1991—2000 年间、2000—2010 年间较大，但从其总体占比而言，草地和耕地后两个阶段保持稳定，比例分别稳定在 11.8%、31.6%左右，林地在相对总量上，三个阶段变化趋于稳定。三个阶段呈现出这样的土地利用变化差异的主要原因在于 2000 年城镇化进程加快，大理得到了较大的发展，特别是大理下关、凤仪一带，基于独特的地理位置优势，建设用地的大幅扩张，进而使林地、草地面积减少。另外，1991—2020 年间水域面积在前期减少，后期趋于稳定，而湿地变化复杂，但占比从 1991 年的 0.37% 逐渐上升，至 2010 年达 0.77%，前期缩减是由于早期人类活动围湖造田、圈湖发展渔业，后期的稳定得益于国家及政府的宏观调控及“三退三还”“两取消”“两禁”等水环境保护政策的贯彻实施。

10.4.2.2 环洱海地区土地利用空间变化分析

依据 1991—2020 年环洱海地区各个时序土地利用数据及转移矩阵，建立土地利用变化图谱，分析洱海周边土地利用变化主要类型图谱特征。如表 10-4 所示，表中主要转移类型为该图谱变化模式下转移量较大的类型，其中连续变化型模式转移方式多，但转移量较分散。从图谱变化模式来看，在 1991—2020 年间土地利用变化模式以稳定不变型为主，转移面积为 1013.97 km^2；后期变化型次之，转移面积为 192.47 km^2；然后是前期变化型，转移面积为 177.63 km^2；反复变化型和连续变化型转移面积分别为 92.44 km^2、72.75 km^2。从总体数据来看，1991—2020 年间约 65%土地保持稳定，近 45%的土地类型在不同程度上发生了转变，但其中反复变化型、连续变化型转移率较小，表明环洱海地区在 1991—

2005 年、2005—2020 年两个阶段中土地类型变化趋于稳定。

表 10-4 1991—2020 年环洱海地区土地利用变化模式图谱特征

图谱变化模式	面积/km^2	占总面积比例/%	主要转移类型	面积/km^2
稳定不变型	1013.97	65.45	水域→水域→水域	240.90
后期变化型	192.47	12.42	林地→林地→草地	39.25
			草地→草地→耕地	34.59
			耕地→耕地→建设用地	35.54
前期变化型	177.63	11.47	草地→林地→林地	33.96
			草地→耕地→耕地	30.80
			耕地→林地→林地	24.92
反复变化型	92.44	5.97	耕地→草地→耕地	27.45
连续变化型	72.75	4.70	耕地→草地→林地	8.48

从主要转移类型来看，稳定不变型的转移类型主要为“水域→水域→水域”，转移面积为 240.90 km^2；后期变化型的主要转移类型为“林地→林地→草地”和“耕地→耕地→建设用地”，其转移面积分别为 39.25 km^2、35.54 km^2；前期变化型的主要转移类型为“草地→林地→林地”和“草地→耕地→耕地”，其转移面积分别为 33.96 km^2、30.80 km^2；反复变化型的主要转移类型为“耕地→草地→耕地”，转移面积为 27.45 km^2；连续变化型的主要转移类型为“耕地→草地→林地”，其转移面积为 8.48 km^2。

综合 1991 年各土地类型面积（见表 10-3），稳定不变型中水域占比达 97%，表明 30 年来环洱海地区水域未发生太大变化，保持相对稳定；后期变化型中“草地→草地→耕地”“耕地→耕地→建设用地”，以及前期变化型中草地向耕地、林地的转换，两种模式造成草地转向耕地、耕地转向建设用地的原因，主要是 2000 年以来云南城镇化进程大大提高，人类活动对土地利用类型影响占比越来越大，大理下关、凤仪等经济发展较快的地区建设用地扩张速度加快，使得耕地转向建设用地，而耕地的减少又引发了毁林开荒等开辟农田的人类活动，最终出现林地、草地减少的去向与建设用地的新增来源呈现吻合状态。连续变化型模式中总体转移面积小，但转移复杂且种类多，一定程度反映了环洱海地区城乡建设过程中人类活动对土地的不合理利用及资源的破坏。

10.4.2.3 人类活动强度分析

为进一步分析城镇化推进对环洱海地区土地利用和土地覆被变化的影响，本案例采用 500 m×500 m 格网，将研究区划分成一系列子单元，分别计算各单元的 HAT，利用 ArcGIS10.3 对每个网格进行赋值并绘制人类活动强度空间分布图（见图 10-4），参考已有相关研究和研究区特征，将环洱海地区 HAI 划分为 5 类：

高影响（$HAI>0.8$）、中高影响（$0.6<HAI\leq0.8$）、中影响（$0.4<HAI\leq0.6$）、中低影响（$0.2<HAI\leq0.4$）和低影响（$HAI\leq0.2$）。

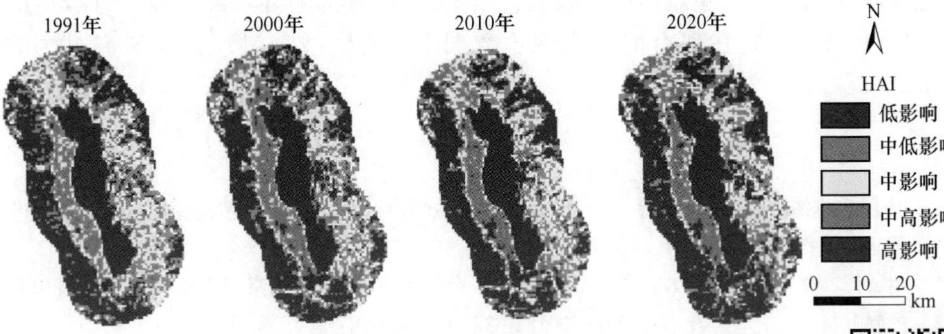

图 10-4 环洱海地区人类活动强度空间分布图

图 10-4 彩图

从图 10-4 可以看出，环洱海地区人类活动强度空间分布特征为：以低影响区为主；高影响区、中高影响区、低影响区分布较为集中，高影响区集中在环湖南侧，中高影响区主要分布于环湖西侧，低影响区主要分布在研究区外围，中低影响区和中影响区分布较零散。从人类活动强度随时间变化趋势上来看，由于 2000 年后城镇化进程加快，高影响区、中高影响区显著增加，环湖地区人类活动强度上升，沿湖地区兴起了许多城镇和村落。总体来看，环洱海地区人类活动强度呈逐年增长趋势，特别是在环湖南侧、环湖西侧最为明显，主要原因是环湖西侧有着平坦的地势、肥沃的土地，是早期的城镇、村落、农业用地、工业用地主要聚集地，随着 30 年来城镇化进程推进，社会经济发展及人类更高层次生活的追求，该区域人口密度逐年上升，建设用地大幅扩张使得耕地面积减少，草地和湿地人为转移至耕地。而环湖西北侧（上关镇）和东南侧（凤仪镇），早期相对环湖西侧地理条件不佳，但随着国家在城镇建设中对环湖东侧交通设施的大力投入，如大理高速、大理机场等，东侧的地理位置优势逐渐凸显，为响应城镇化进程良性发展，同时要满足区域粮食安全保障，导致部分林地、草地、湿地向耕地转移，弥补了耕地转移为建设用地的空缺。

10.5 案例要点

（1）基于 GEE 平台解译 1991—2020 年长时间序列 Landsat 影像，并结合土地利用图谱、人类活动强度指数分析洱海周边人类活动强度及 LUCC，本案例结果可为缓解洱海周边人地矛盾、生态与资源保护提供科学合理的参考。

（2）通过案例分析了解传统遥感方法处理遥感影像的优缺点。针对现有 LUCC 的研究方法选择 GEE 平台处理 Landsat 影像数据，有效提升了数据处理的效率和精度。

（3）由于早期的土地利用变更数据及高分辨率影像难以获取，在解译过程中选取样本时，个人主观性影响较大，训练样本及验证样本并不精准，在今后的研究中需深入探究在现有的精准训练数据下，使模型学习到整个研究时序的特征。

参考文献

[1] 冯丁饶，谢炘格，雷昊仪，等. 基于遥感技术与数学模型的土地利用/覆盖变化研究进展 [J]. 湖北农业科学，2018，57（13）：5-9，12.

[2] 胡云锋，商令杰，张千力，等. 基于GEE平台的1990年以来北京市土地变化格局及驱动机制分析 [J]. 遥感技术与应用，2018，33（4）：573-583.

[3] 娄佩卿，付波霖，林星辰，等. 基于GEE的1998~2018年京津冀土地利用变化对生态系统服务价值的影响 [J]. 环境科学，2019，40（12）：5473-5483.

[4] PHAN T N，KUCH V，LEHNERT L W. Land cover classification using Google Earth Engine and random forest classifier—The role of image composition [J]. Remote Sensing，2020，12（15）：2411.

[5] 许泉立，杨昆，王桂林，等. 基于蚁群算法的洱海流域土地利用变化模拟 [J]. 农业工程学报，2014，30（19）：290-299，340.

[6] 王天山，郑寒. 城市化过程中环洱海区域土地利用及景观格局变化分析 [J]. 生态经济，2016，32（1）：181-185.

[7] 王涛，张超，于晓童，等. 洱海流域土地利用变化及其对景观生态风险的影响 [J]. 生态学杂志，2017，36（7）：2003-2009.

[8] 张磊，武友德，李君. 观景公路沿线土地利用变化特征分析——以大理洱海东环海路为例 [J]. 长江流域资源与环境，2018，27（12）：2707-2717.

[9] LIU C C，ZHANG Y C，CHEN P Y，et al. Clouds classification from Sentinel-2 imagery with deep residual learning and semantic image segmentation [J]. Remote Sensing，2019，11（2）：119.

[10] BREIMAN L. Random forests [J]. Machine Learning，2001，45（1）：5-32.

[11] 王猛，张新长，王家耀，等. 结合随机森林面向对象的森林资源分类 [J]. 测绘学报，2020，49（2）：235-244.

[12] RODRIGUEZ-GALIANO V F，GHIMIRE B，ROGAN J，et al. An assessment of the effectiveness of a random forest classifier for land-cover classification [J]. ISPRS Journal of Photogrammetry and Remote Sensing，2012，67（1）：93-104.

[13] 赵丹平，顾海燕，贾莹. 机器学习法在面向对象影像分类中的对比分析 [J]. 测绘科学，2016，41（10）：181-186.

[14] 王李娟，孔钰如，杨小冬，等. 基于特征优选随机森林算法的农耕区土地利用分类 [J]. 农业工程学报，2020，36（4）：244-250.

[15] 徐新良，刘纪远，张树文，等. 中国多时期土地利用土地覆被遥感监测数据集（CNLUCC）

[DB/OL]. 中国科学院资源环境科学数据中心数据注册与出版系统 http://www.resdc.cn/DOI.

[16] 唐常春，李亚平．多中心城市群土地利用/覆被变化地学信息图谱研究——以长株潭城市群为例 [J]. 地理研究，2020，39 (11)：2626-2641.

[17] 段群滔，罗立辉．人类活动强度空间化方法综述与展望 [J]. 冰川冻土，2021，43 (1)：1-12.

[18] 严恩萍，林辉，王广兴，等．1990—2011 年三峡库区生态系统服务价值演变及驱动力 [J]. 生态学报，2014，34 (20)：5962-5973.

[19] 南箔，杨子寒，毕旭，等．生态系统服务价值与人类活动的时空关联分析——以长江中游华阳河湖群地区为例 [J]. 中国环境科学，2018，38 (9)：3531-3541.

11　基于 NICE-GAN 的光学图像与 SAR 图像风格迁移案例

11.1　案例目标

（1）了解光学图像与 SAR 图像的特点与图像风格迁移的意义。

（2）掌握生成对抗网络的基本理论及其工作的基本原理。

（3）掌握基于无独立编码生成对抗网络（no independent component for encoding-GAN，NICE-GAN）实现光学图像与 SAR 图像风格迁移的技术流程。

11.2　背景信息

光学图像（optical image）和合成孔径雷达（synthetic aperture radar，SAR）图像是两种常见的来自不同传感器的遥感图像类型，具有不同的物理特性和获取方式。光学图像是通过感光元件（如摄像机或卫星传感器）记录可见光波段（通常是红、绿、蓝三原色）的反射或辐射能量而获得的图像，具有高空间分辨率和丰富的颜色信息，可以提供细节丰富的地物表面特征，如建筑物、植被、水体等[1-2]。SAR 图像是通过合成孔径雷达系统获取的图像。SAR 系统利用雷达发射器向地表发射微波信号，并接收返回的回波信号，通过对多个回波信号进行处理和合成，生成高分辨率的 SAR 图像。SAR 图像不受天气、云层和光照条件的影响，具有全天候、全天时的获取能力[3]。

图像风格迁移[4]是指将一张图像的视觉风格迁移成另一张图像的技术或方法。图像风格迁移的目标是保持图像的内容不变，但通过改变图像的风格，使其具备与目标风格相似的外观特征。它可以改变图像的外观、颜色和纹理等视觉特征，使其看起来像是以另一种艺术风格或图像风格进行绘制或拍摄的。

11.2.1　研究意义

光学图像与 SAR 图像风格迁移可以实现数据增强与增强视觉效果[5]。风格迁移可以改变图像的外观和视觉风格，使得光学图像和 SAR 图像之间的转换更加自然和一致。这有助于提高图像的可视化效果，并增强人眼对图像的感知和理解。通过风格迁移，可以使 SAR 图像呈现出类似于光学图像的颜色、纹理和光照等视觉特征，或者将光学图像转换成 SAR 图像的灰度和散射特性，从而提供更直观和易于解释的图像结果。此外，还可以实现数据的融合与补充，这是因为光学图像和 SAR 图像在地物探测和信息提取方面具有互补性[6]。光学图像能够提供高分辨率的颜色信息，适用于目标识别和细节分析；而 SAR 图像则对地表的几何形状和微小变化更为敏感，适用于地貌分析和目标形变检测。通过将光学图像和 SAR 图像进行风格迁移，可以有效融合两者的信息，提供更全面和丰富的地物观测数据。对于一些遥感应用任务如目标检测、场景分类、环境监测等具有重要意义。通过将光学图像和 SAR 图像进行风格迁移，可以使它们在特征表示上更加一致，继而提高后续数据处理和分析的准确性和效率。

11.2.2 图像风格迁移国内外研究现状

实现光学图像与 SAR 图像风格迁移的方法按时间发展顺序可以大致分为三大类别：传统的图像风格迁移、基于神经网络的图像风格迁移和基于生成对抗网络的图像风格迁移。

（1）传统的图像风格迁移。在计算机图形学的领域内，图像风格迁移被视为一种非真实感图形学的表现形式。这一技术的实现方法多样，但各有其局限性。例如，常用的笔触渲染技术虽然在某种程度上能够实现风格的模拟，但它要求在设计阶段就确定具体的风格，这限制了其应用的灵活性，使得将其简单扩展到其他风格成为一种挑战[7]。此外，基于图像类别的方法虽然概念上可行，但它依赖于成对的数据集，而在现实世界中，获取这样成对的数据集几乎是不可行的。图像滤波方法，以其快速和稳定性受到关注，但这种方法需要算法工程师不断调整滤波器的参数，这一过程不仅耗时耗力，而且所能模拟出的风格种类相对有限，因而难以实现大规模的应用[8]。在计算机视觉领域，图像风格迁移则被认为是纹理合成问题的一种拓展。这种方法将不同的风格视作不同的纹理，理论上通过在合成纹理的过程中有意保留输入图像的一些语义内容信息，便可以实现风格到内容的迁移[9]。然而，这种方法并未广泛发展，因为它主要基于像素的底层图像特征进行纹理迁移，而没有充分考虑到更为丰富的语义信息。这往往导致图像风格迁移的结果并不理想，未能有效捕捉到目标风格的精髓和输入图像的核心内容。

（2）基于神经网络的图像风格迁移。随着深度学习技术的飞速进步，图像风格迁移研究已被细化为两个核心步骤，即图像纹理的提取以及图像的重建过程[10]。在纹理提取阶段，基于神经网络的纹理合成方法分为依据统计分布的参数化纹理建模方法和依据马尔可夫随机场（Markov random field，MRF）的非参数化纹理建模方法[11]。参数化方法通过对纹理进行 N 阶统计量建模，而 MRF 方法则采用图像块间的相似度匹配来进行点对点的纹理合成。这些纹理建模技术为图像风格迁移提供了一种有效的方式，解决了如何对风格图像中的特征进行精确建模与提取的问题。针对图像重建过程，同样有两种截然不同的方法：一种是基于在线图像优化的方法，这种方法通过在像素空间内应用梯度下降技术来最小化目标函数，它起始于随机噪声，通过迭代修改图像的像素值以逼近目标图像[12]。这种方法虽然理论上能够达到高度精确的重建效果，但由于需要进行大量的像素级迭代优化，因而在计算资源和时间成本上都极为昂贵。另一种是基于离线模型优化的快速图像重建方法。这种方法通过设计一个前向传播网络，并利用大量数据进行预训练，以数据驱动的方式优化模型。这个训练过程的目标是实现给定输入后，网络能够在一次前向传播中直接输出重建的图像，大大加速了图像重建的过程。基于神经网络的图像风格迁移，实际上是将上述四种方法通过不同的组合进行应用[13-15]，以适应不同的风格迁移需求。其多样性和灵活性使得图像风格迁移不仅能够更加精准地捕捉和复现给定风格的特征，同时也能在保证效率的同时，最大限度地减少计算成本。这些进展不仅推动了图像处理技术的发展，也为艺术创作和多媒体应用开辟了新的可能性。

（3）基于生成对抗网络的图像风格迁移。严格来说，基于生成对抗网络（generative adversarial network，GAN）[16]的风格迁移在本质上也是属于神经网络的风格迁移范围之内，但其因独特而精妙的设计理念在图像风格迁移领域脱颖而出，相关研究也成为热点。GAN 的核心架构包括两个关键组成部分，即生成器（generator）和判别器（discriminator），二者在训练过程中相互博弈进行学习。生成器接受一个随机噪声向量作为输入，并通过一系列的神经网络层逐步转换为与训练数据相似的样本。生成器的目标是尽可能生成逼真的样本，以骗过判别器。判别器则是一个二分类器，接受真实样本和生成样本作为输入，并输出一个概率值，表示输入样本是真实样本的概率。判别器的目标是能够准确地区分真实样本和生成样本，两者通过对抗训练的方式相互竞争和学习，逐渐提高自身的能力，最终生成器能够生成与训练数据相似的新样本。Demiray 等[17]利用 GAN 技术在不额外使用与数据相关的附加信息的前提下，将 DEM 数据的空间分辨率提高近 4 倍；Sun 等[18]提出通过级联两个 GAN 的方法学习如何使用不成对雾霾数据集对遥感图像进行去雾霾处理，实验结果证明了该方法的有效性；Li 等[19]提出了一种基于 GAN 和云失真物理模型（CR-GAN-PM）的半监督方法，用于去除来自不同区域的不成对图像的薄云，其中 GAN 模型主要用于从输入的模糊图像中分解出无云背景和云失真图层，然后重建被云雾遮挡的区域；Li 等[20]使用 GAN 技术实现了光学图像与 SAR 图像之间风格信息的迁移，确保二者具有一致的风格信息用于变化信息检测任务。GAN 的训练过程可以简化为以下几个步骤：

步骤一：初始化生成器和判别器的参数。

步骤二：从训练数据中随机选择一批样本作为真实样本，并从随机噪声中生成一批样本作为生成样本。

步骤三：将真实样本和生成样本分别输入判别器，并计算损失函数，用于衡量判别器的分类性能。

步骤四：更新判别器的参数，使其能够更好地区分真实样本和生成样本。

步骤五：生成新的随机噪声向量，并将其输入生成器生成新的样本。

步骤六：将生成样本输入判别器，并计算损失函数，用于衡量生成器的生成能力。

步骤七：更新生成器的参数，使其能够生成更逼真的样本。

步骤八：重复步骤二至步骤七，迭代训练生成器和判别器，直到达到预定的训练轮数或损失函数收敛。

11.3　案例涉及的知识点

11.3.1　NICE-GAN

大多数的生成对抗网络都由三个部分组成：将输入图像嵌入低维隐层空间的编码器；将隐层编码转换为其他域图像的生成器；使用对抗训练进行域对齐的判别器。但在图像风格迁移的任务中，当网络训练完成后，当前的网络框架将丢弃判别器。在 NICE-GAN[21] 中，判别器被赋予了编码和分类的双重角色，通过复用目标域判别器的前几层网络来替代目标域图像的编码器。图 11-1 展示了标准 GAN 与 NICE-GAN 的区别，其中 X 和 Y 分别为网络的两个输入光学图像和 SAR 图像。

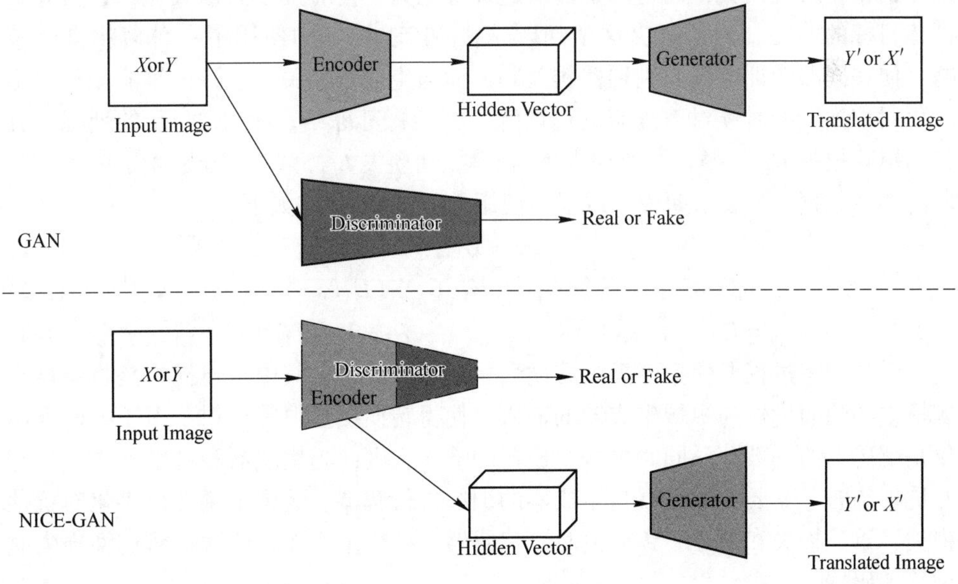

图 11-1　GAN 与 NICE-GAN 的区别

与 GAN 相比，NICE-GAN 具有两个显著的优势：首先，由于不需要独立的编码组件，因此结构更紧凑，同时在训练完成后，其编码部分仍然保留用于推断。其次，传统的编码器是通过生成器的梯度传播进行间接训练的，在 NICE-GAN 中将其插入判别器中，可以直接利用判别损失进行训练，如果应用了多尺度判别器结构，则它将拥有更多的信息量和更高的训练效率。本案例的 NICE-GAN 结构如图 11-2 所示。

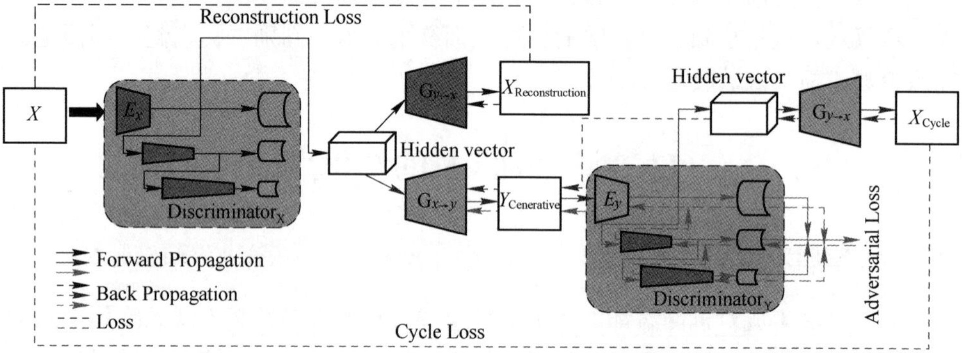

图 11-2　NICE-GAN 基本原理

NICE-GAN 框架中的主要问题是编码器上的转换构造与判别（discrimination）之间存在矛盾的耦合，当通过 GAN 玩 min-max 游戏时，编码器与生成器一起训练以最小化对抗损失，而与判别器一起训练则为了使对抗损失最大化，这会导致训练目标的冲突。为了解决这个问题，在 NICE-GAN 中使用了一种解耦训练策略，使编码器的训练仅与判别器相关联，而与生成器无关。通过该策略，仅在最大化对抗损失的时候对编码器进行训练，否则将其冻结。NICE-GAN 的训练过程包括重建损失 L_{Re}、循环一致损失 L_c 和对抗性损失 L_{ad}，X、Y 分别表示两个不同域的图像数据，E 表示期望，过程中使用 L1 范数，具体如下：

$$L_{Re} = E_{x\sim X}[\,|x - G_{Y\to X}(E_X(x))|_1] \tag{11-1}$$

$$L_c = E_{x\sim X}[\,|x - G_{Y\to X}(E_Y(G_{X\to Y}(E_X(x))))|_1] \tag{11-2}$$

$$L_{ad} = E_{y\sim Y}(D_Y(y))^2 + E_{x\sim X}[1 - D_Y(G_{X\to Y}(E_X(x)))]^2 \tag{11-3}$$

整个训练过程要使重建损失和循环一致损失最小，其中重建损失是将源域真实样本的隐向量作为源域生成器的输入，使得转换接近恒等映射。由于编码器不仅是解码器的一部分，同时也是生成器的输入，因此当生成器和判别器进行相互对抗训练时，需要将编码器与生成器的训练进行解耦，具体来说在最小化对抗性损失、重建损失和循环一致损失时，编码器冻结权重，而在最大化对抗性损失时训练编码器。

11.3.2　风格迁移网络模型训练样本的选择

使用不同的训练样本训练风格迁移模型，这里把双时相图像对中不一致的内容统称为语义信息差异，例如 T1 时刻的农田在 T2 时刻的图像上变成了建筑，就称这一对双时相图像存在变化的语义信息（changed semantic information，CSI）。如果两个时刻的双时相图像的内容均未发生任何变化，那么称该双时相图像是语义信息不变的图像对。为进一步探究语义信息对图像风格迁移模型的影响，分别设计包含变化的语义信息和语义信息不变的两组训练样本，如图 11-3 所示。

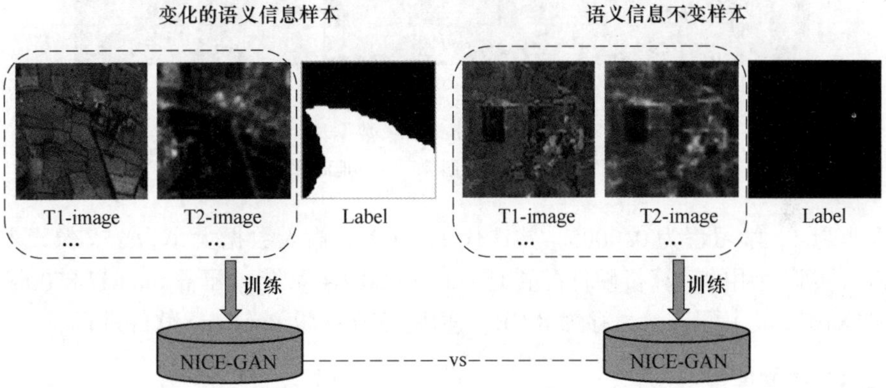

图 11-3　风格迁移模型的不同训练样本

11.4　实验结果与分析

11.4.1　数据源

本案例采用来自英国的 Gloucester 数据集，该数据集包含洪水发生前后的光学图像与 SAR 图像。如图 11-4 所示，光学图像是由 Quickbird2 号于 2006 年 7 月获得的，SAR 图像是由 TerraSAR-X 于 2007 年 7 月获得的。这两幅图像覆盖了相同的区域，图像大小为 2325 像素×4135 像素，分辨率为 0.65 m。地面真实变化区域参考图是根据输入图像综合一些先验信息和专家知识而手动生成的。所有数据在预处理之后经过批量裁剪成 256×256 大小的图片，60%用于训练，20%用于验证，20%用于预测，其中参考标签将训练集划分成包含变化的语义信息和语义信息不变的两组训练样本。

11.4.2　实验环境

NICE-GAN 由有 6 层残差块的 ResNetGenerator 和 7 层编码的判别器组成，批

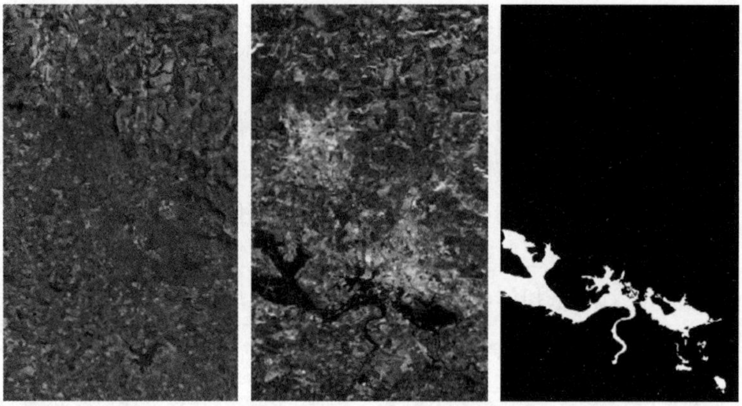

(a)　　(b)　　(c)

图 11-4　Gloucester 数据集

（a）光学图像；（b）SAR 图像；（c）地面真实变化区域

次大小为 4，学习率为 0.0005，共迭代 10 万次。输入数据大小为 256 像素×256 像素。实验使用的计算机硬件配置是 Ubuntu 20.04 系统，配备 Intel i7-8700 CPU 和 GTX1070 显卡配置，显存为 8 GB，使用 2020.1 版 PyCharm 软件进行。

11.4.3　精度评价

本案例选择经典 Fréchet Inception Distance（FID）和最大均值差异(maximum mean discrepancy，MMD)[22]作为图像域映射结果的精度评价指标，它们都基于 Inception 网络中间层的特征表示来衡量生成图像与真实图像之间的差异。具体数学方程分别表达如下：

$$\mathrm{FID} = \| \mathrm{mean}_a - \mathrm{mean}_b \|_2^2 + M_{\mathrm{r}}\left[\sum_a + \sum_b - 2\left(\sum_a \sum_b \right)^{\frac{1}{2}} \right] \tag{11-4}$$

$$\mathrm{MMD}(P,\ Q) = \left\| \frac{1}{n} \sum_{i=1}^{n} \phi(x_i) - \frac{1}{n} \sum_{j=1}^{n} \phi(y_j) \right\|^2 \tag{11-5}$$

式中，a 和 b 分别为真实样本和生成样本；mean_a 为真实样本 a 的平均值；mean_b 为生成样本 b 的平均值；$\| \cdot \|$ 表示欧氏距离；a 和 b 的收敛矩阵分别用 $\sum_a$ 和 $\sum_b$ 表示，而该收敛矩阵的迹运算用 M_{r} 表示；$\phi(x_i)$ 为样本 x_i 在特征空间中的映射结果；$\phi(y_j)$ 为样本 y_j 在特征空间中的映射结果。

11.4.4　结果与分析

本案例利用 NICE-GAN 技术在 Gloucester 数据集上的图像风格迁移可视化结果如图 11-5 所示。其中，图 11-5（a）所展示的是真实光学图像→SAR 图像的风格迁移结果，图 11-5（b）展示的是真实 SAR 图像→光学图像的风格迁移结果。

从可视化结果中可以看出，NICE-GAN 模型能实现光学图像与 SAR 图像之间风格信息的有效迁移。通过这种风格迁移，NICE-GAN 生成的图像在视觉上与源域图像保持了高度一致，能够准确捕捉并再现源图像的纹理特征和光谱属性，使得两种不同来源的图像在风格上显得相似。该实验结果表明 NICE-GAN 能够将 SAR 图像中的风格信息迁移到光学图像中，反之亦然，从而克服了由于两种图像物理成像原理不同而导致的风格差异，进一步提高了图像的可解释性，极大地丰富了遥感图像的应用场景。

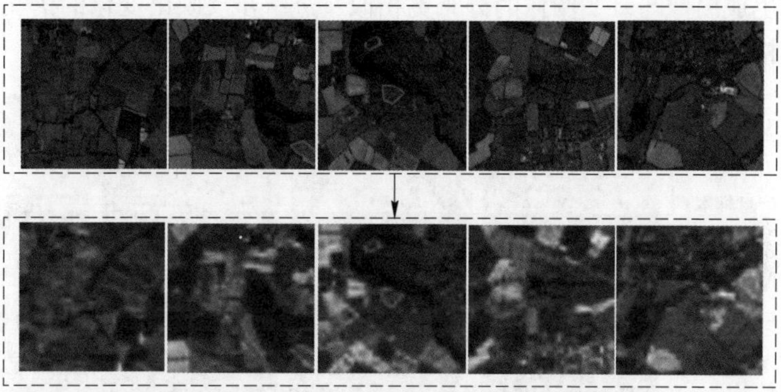

(a)

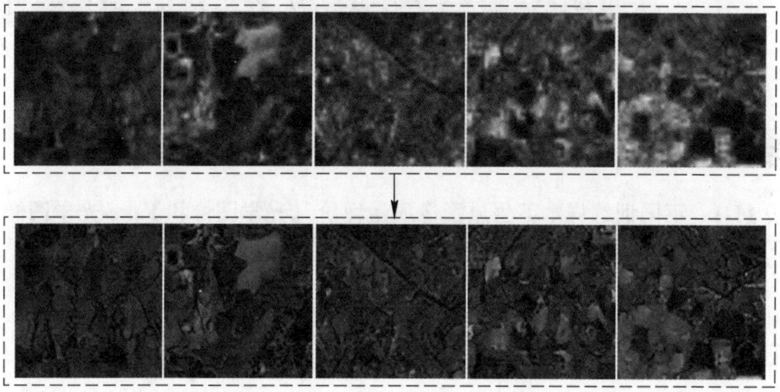

(b)

图 11-5　光学图像与 SAR 图像风格迁移结果

（a）光学图像→SAR 图像风格迁移；（b）SAR 图像→光学图像风格迁移

针对不同语义信息是否会对图像风格迁移模型生成结果质量产生影响的问题，开展了相关实验，提出了一种创新性的训练策略。将用于图像风格迁移网络模型 NICE-GAN 的训练样本数据分成两类：一类是包含变化的语义信息的光学与 SAR 异源遥感图像样本；另一类是语义信息未发生变化的光学与 SAR 异源遥感图像样本。不同的训练样本下，NICE-GAN 生成图像的结果如图 11-6 所示。对比

图 11-6（c）可视化结果可以发现，不同训练样本下生成图像的风格信息存在明显差异，使用不含变化的语义信息的训练样本生成的结果在保留源域内容信息的前提下，风格上会更接近于目标域图像风格，结果更优。为进一步评估不同训练样本下生成图像的质量，采用 FID 和 MMD 对结果进行精度评价，表 11-1 和表 11-2 分别展示了真实光学图像与风格迁移后光学图像、真实 SAR 图像与风格迁移后 SAR 图像之间的定量结果。从表 11-1 和表 11-2 中可以看出，不论是哪一个方向的风格迁移，使用不含变化的语义信息训练样本时，FID 和 MMD 都是最小，表明此时生成图像与真实图像的分布更相似；进一步反映出变化的语义信息会干扰图像风格迁移模型的学习，进而影响生成图像结果的质量。

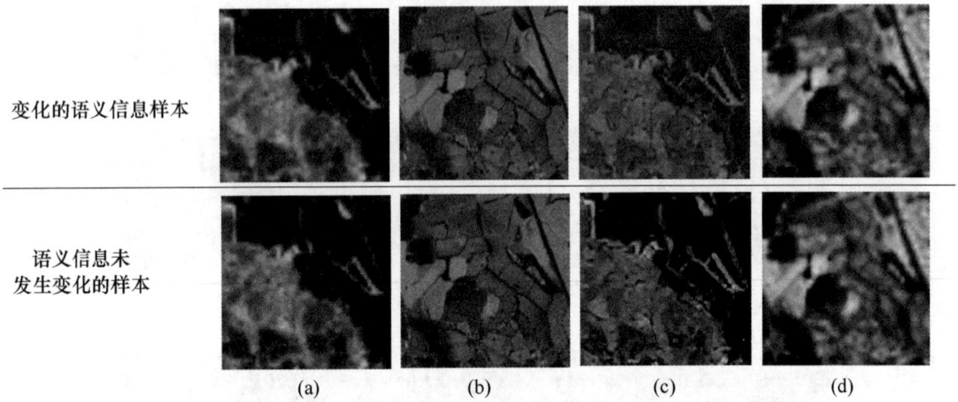

图 11-6　不同训练样本下图像风格迁移结果

（a）SAR 图像；（b）光学图像；（c）Fake-光学图像；（d）Fake-SAR 图像

表 11-1　不同训练样本下生成图像质量评价（光学图像和 Fake-光学图像）

光学图像和 Fake-光学图像	FID	MMD^2
使用 CSI 训练样本	150.515	1.986
使用不含 CSI 训练样本	**133.098**	**1.865**
使用混合训练样本	146.859	3.764

注：表中加粗数字为方法最优解，下划线数字为方法次优解。

表 11-2　不同训练样本下生成图像质量评价（SAR 图像和 Fake-SAR 图像）

SAR 图像和 Fake-SAR 图像	FID	MMD^2
使用 CSI 训练样本	130.330	2.175
使用不含 CSI 训练样本	**111.591**	**1.538**
使用混合训练样本	113.834	2.462

注：表中加粗数字为方法最优解，下划线数字为方法次优解。

11.5 案例要点

（1）本案例使用 NICE-GAN 在 Gloucester 数据集上实现了光学图像与 SAR 图像间双向风格信息迁移，同时为了进一步探究变化的语义信息是否会扰乱风格迁移模型的学习，提出一种新颖的训练策略，根据 Gloucester 训练集分别设计了两组不同的样本数据，即包含变化的语义信息的样本和不含变化的语义信息的样本分别训练 NICE-GAN 网络。

（2）使用不含变化的语义信息的样本训练 NICE-GAN 模型生成的图像数据，其 FID 和 MMD 指标均最低，表明此时生成图像的分布与真实数据的分布相似，这为后续基于图像风格迁移开展相关工作提供了新的启发和思路。

参考文献

[1] ZHENG J X, TIAN Y C, YUAN C. MDESNet: Multitask difference-enhanced siamese network for building change detection in high-resolution remote sensing images [J]. Remote Sensing, 2022, 14 (15): 3775.

[2] BOUSQUET E, MIALON A, RODRÍGUEZ-FERNÁNDEZ N. Monitoring post-fire recovery of various vegetation biomes using multi-wavelength satellite remote sensing [J]. Biogeosciences, 2022, 19 (13): 3317-3336.

[3] SCHELLENBERG K, JAGDHUBER T, ZEHNER M, et al. Potential of Sentinel-1 SAR to assess damage in drought-affected temperate deciduous broadleaf forests [J]. Remote Sensing, 2023, 15 (4): 1004.

[4] XIE C, WANG Z Z, CHEN H B. Image style transfer algorithm based on semantic segmentation [J]. IEEE Access, 2021, 9: 54518-54529.

[5] MICHAEL E, MILANFAR P. Style transfer via texture synthesis [J]. IEEE Transactions on Image Processing, 2016, 26 (5): 2338-2351.

[6] HAMIDI E, PETER B G, MUÑOZ D F, et al. Fast flood extent monitoring with SAR change detection using Google Earth Engine [J]. IEEE Transactions on Geoscience and Remote Sensing, 2023, 61: 4201419.

[7] KIM Y, HAM B, DO M. Structure-texture image decomposition using deep variational priors [J]. IEEE Transactions on Image Processing, 2019, 28: 2692-2704.

[8] GAVASKAR R G, CHAUDHURY K. Fast adaptive bilateral filtering [J]. IEEE Transactions on Image Processing, 2018, 28: 779-790.

[9] DONG X H, DONG J Y, SUN G M. Learning-based texture synthesis and automatic inpainting using support vector machines [J]. IEEE Transactions on Industrial Electronics, 2019, 66: 4777-4787.

[10] CHU W, WU Y L. Image style classification based on learnt deep correlation features [J]. IEEE Transactions on Multimedia, 2018, 20: 2491-2502.

[11] HEITZ E, VANHOEY K, CHAMBON T. A sliced wasserstein loss for neural texture synthesis [C] //2021 IEEE/CVF Conference on Computer Vision and Pattern Recognition. Nashville: [s. n.], 2021: 9407-9415.

[12] SHAN T Q, QI J, JIANG M. GPU-based acceleration and mesh optimization of finite-element-method-based quantitative photoacoustic tomography: A step towards clinical applications [J]. Applied Optics, 2017, 56 (15): 4426-4432.

[13] GATYS L A, ECKER A S, BETHGE M. Texture synthesis using convolutional neural networks [J]. Advances in Neural Information Processing Systems, 2015, 2015: 262-270.

[14] LI C, MICHAEL W. Combining Markov random fields and convolutional neural networks for image synthesis [C] //2016 IEEE Conference on Computer Vision and Pattern Recognition. Las Vegas: [s. n.], 2016: 2479-2486.

[15] JOHNSON J, ALAHI A, LI F F. Perceptual losses for real-time style transfer and super-resolution [J]. Lecture Notes in Computer Science, 2016, 9906: 694-711.

[16] PHILLIP I, ZHU J Y. Image-to-image translation with conditional adversarial networks [C] // 2017 IEEE Conference on Computer Vision and Pattern Recognition. Honolulu: [s. n.], 2017: 5967-5976.

[17] DEMIRAY B Z, SIT M, DEMIR I, et al. D-SRGAN: DEM super-resolution with generative adversarial networks [J]. SN Computer Science, 2021, 2: 48.

[18] SUN X, XU J D. Remote sensing images dehazing algorithm based on cascade generative adversarial networks [C] //2020 13th International Congress on Image and Signal Processing, BioMedical Engineering and Informatics. Chengdu: [s. n.], 2020: 316-321.

[19] LI J, WU Z C, HU Z W, et al. Thin cloud removal in optical remote sensing images based on generative adversarial networks and physical model of cloud distortion [J]. ISPRS Journal of Photogrammetry and Remote Sensing, 2020, 166: 373-389.

[20] LI X H, DU Z H, HUANG Y Y, et al. A deep translation (GAN) based change detection network for optical and SAR remote sensing images [J]. ISPRS Journal of Photogrammetry and Remote Sensing, 2021, 179: 14-34.

[21] CHEN R F, HUANG W B, HUANG B H. Reusing discriminators for encoding: Towards unsupervised image-to-image translation [C] //2020 IEEE/CVF Conference on Computer Vision and Pattern Recognition. Seattle: [s. n.], 2020: 8165-8174.

[22] HEUSEL M, RAMSAUER H, UNTERTHINER T, et al. GANs trained by a two time-scale update rule converge to a local nash equilibrium [J]. Advances in Neural Information Processing Systems, 2017, 2017: 6627-6638.

12　多注意力机制遥感影像建筑物变化检测教学案例

12.1　案例目标

（1）了解遥感变化检测基本任务和应用领域。

（2）了解多时相遥感影像建筑物变化检测研究现状。

（3）熟悉多注意力机制遥感影像建筑物变化检测的技术流程。

12.2　背景信息

12.2.1　遥感变化检测概况

过去，资源变化情况调查主要靠工作人员到野外一片一片地进行实地考察和绘图，工作量非常大，往往需要好几年甚至十几年的时间，而且等调查结束之后，可能一些地方的资源利用方式已经发生了变化，所以不能真实地反映情况。而遥感技术的出现为资源普查提供了很大的方便，遥感变化检测技术不仅可以全面系统地提供资源状况，而且还能对信息进行及时更新。遥感变化检测是对多个栅格数据集（通常在不同时期针对一个区域收集）进行比较，以确定变化的类型、幅度和位置，变化包括人为活动、突然的自然干扰或长期的气候或环境趋势等。基于遥感影像进行变化检测的研究也是遥感领域多年来的研究热点。常见的变化检测具体的任务范畴涵盖以下几点：

（1）检测研究区域内植被覆盖、建筑物与构筑物等是否发生了变化。

（2）提取变化地理区域，将变化与未变化像元区分开。

（3）明确具体变化类型，比如是耕地变建筑，还是耕地变果园。

（4）分析变化的时空分布模式。

在社会治理应用中，遥感变化检测技术已经在自然资源管理、生态环境保护、农业、林业等领域实现了规模化应用，在这些领域开展了宏观大尺度的违法督察、现状调查、变化监测等工作。尤其在农业生产中，已配合有关部门开展了作物面积监测、作物长势监测、作物产量评估、土壤墒情监测、双碳、作物病虫害监测及预报。在气象方面，气象卫星已长期服务于天气预报、气候变化预测、灾害天气预警。在水文方面，现已通过遥感进行了大量水体的面积变化、冰川和积雪的融化状态以及洪水过程的动态监测工作。在环保方面，通过遥感技术手段，已开展水环境监测、大气环境监测、生态环境监测等环境保护监测服务。在违法治理方面，遥感也已深入煤矿开采破坏草原、冶炼废渣非法填海、矿山非法开采等多种违法监控中来。综上所述，由于现在遥感技术水平的提升，其在不同行业均得到了较为成功的应用，遥感配合不同场景也发挥出了不同的价值。遥感技术应用场景灵活多变，成果的应用方向不胜枚举，随着卫星向大尺度、多谱段、高分辨率、分钟级发展，其应用场景也会越来越广泛。

12.2.2 遥感建筑物变化检测研究现状

建筑物是城市发展的重要载体。对建筑物变化信息进行实时、准确的监测，可为生态环境保护、自然资源管理、城市扩张分析等提供科学依据和参考[1-2]。传统的建筑物变化信息可通过图像直接比较[3-4]或分类后比较[5-6]来检测。前一种方法利用图像之间的差异，通过聚类或阈值分割获得变化结果[7]。袁修孝等[8]采用多通道 Gabor 滤波器处理不同尺度和方向的图像，提取建筑物纹理特征，解决了建筑物投影差引起的错检问题。除了使用各波段图像像素的辐射亮度值进行差异计算外，还可以借助一些特征指数，例如常用的形态学建筑物指数(morphological building index，MBI)[9]或归一化建筑指数（normalized difference built-up index，NDBI)[10]。分类后比较方法通常使用各种机器学习模型对多时相遥感图像进行分类，然后进行变化检测。其中，随机森林（random forest，RF)[11]、决策树[12]、支持向量机（support vector machine，SVM)[13]、马尔可夫随机场（Markov random field，MRF)[14]和条件随机场（conditional random field，CRF)[15]等已得到应用。谭琨等[16]构建了一种基于 SVM 的高光谱遥感图像分类模型，结果表明 SVM 进行高光谱分类时径向基核函数的分类精度最高。张志强等[17]为减弱光照、观测角度等环境影响，利用 RF 分类器获取像元级建筑物变化检测结果，然后将像元级的变化结果与图像对象融合，实现了像元级和目标级的建筑物变化检测。虽然经典变化检测方法研究颇丰，但检测结果易受大气条件及人为因素影响，在复杂场景中往往表现不佳，无法满足高精度变化检测的需求。

经过数年的发展，卫星分辨率已从千米级发展到米级和亚米级，空间分辨率的提高允许人们对地面变化进行更精细的监测。与此同时，深度学习方法也为建筑物变化检测研究注入了新的活力。Zhu 等[18]将改进的 SegNet 网络与图像形态学相结合来识别新建筑，但它对结构差异较大的变化并不敏感。Peng 等[19]提出了一种基于 U-Net++ 的多侧输出网络。由于没有提取单幅图像的深度特征，限制了变化检测的准确性。Daudt 等[20]提出了三种端到端结构，其中双分支的孪生结构可以分别提取特征信息，有效提高了变化检测的准确性。Fang 等[21]将孪生网络和 Nested U-Net 结合起来，提出了 SNU-Net 变化检测网络，通过编码器-解码器之间密集的跳跃连接，在 CDD 数据集上获得了更好的效果。Chen 等[22]将图像划分为多尺度子区域，使用双分支金字塔模型提取特征，并生产了遥感建筑物变化检测数据集（LEVIR-CD）。虽然这些孪生建筑物变化检测方法提高了变化检测的效率，获得了较高的精度，但大多数模型对图像的特征提取不够充分，容易出现漏检现象。

注意力机制可以将注意力集中在感兴趣的区域，在一定程度上提高建筑物变化检测的准确性[23-25]。DASNet[26]引入了一种扩展注意力机制，由通道注意力机制和空间注意力机制两部分组成，提高了模型检测建筑物变化的性能。Lei 等[27]提出了一种用于建筑物变化检测的 SNLRUX++ 网络，通过级联多尺度特征融合方法在不同尺度的特征图上进行预测，提高密集建筑物群检测性能。在王超等的研究中[28]，U-Net++ 与多级差分模块相结合，突出了变化区域，同时减少了“伪变化”的影响。与传统方法相比，上述深度学习方法能在更深层次上提取图像特征。然而，连续的向下采样会引起空间位置信息丢失，进而导致变化区域检测不完整，建筑物边缘模糊。

12.2.3 案例背景

超高分辨率（very high resolution，VHR）遥感图像具有丰富的空间信息和细节特征，可用于探测建筑物等特定地面物体的变化情况[29]。建筑物是城市和农村的重要组成部分，对建筑物的变化检测一直是遥感的一个重要应用。此外，建筑物的变化与社会经济发展息息相关，是人文地理、城乡规划、土地利用等许多领域分析研究的基础，建筑物是城市发展的重要载体，对建筑物变化区域的检测可为地理国情监测提供重要的基础数据，可对城市扩张进行有效监测，促进可持续发展。因此，如何利用多时相 VHR 遥感图像自动、高效地检测建筑物的变化已成为研究热点[30]。

12.3 案例涉及的知识点

12.3.1 研究方法

模型使用双时相图像作为输入，输出结果为二值检测图。基于编码器-解码器的网络具有较高的特征提取能力[31]，图 12-1 显示了该网络结构（Siam-EMNet），其中编码器由共享权重的孪生 EfficientNet B4 组成，该结构对网络的宽度、深度和分辨率复合缩放，可有效提取特征信息。解码器中的 PAB 模块用于获取像素之间的空间依赖关系，MFAB 模块通过融合高低语义特征获取任意特征映射之间的通道依赖关系，双注意力机制结合可以充分利用图像中的多尺度特征信息提高准确率。此外，通过使用跳跃连接，编码器的特征被传输到解码器，这使得深层和浅层特征的融合更加高效。

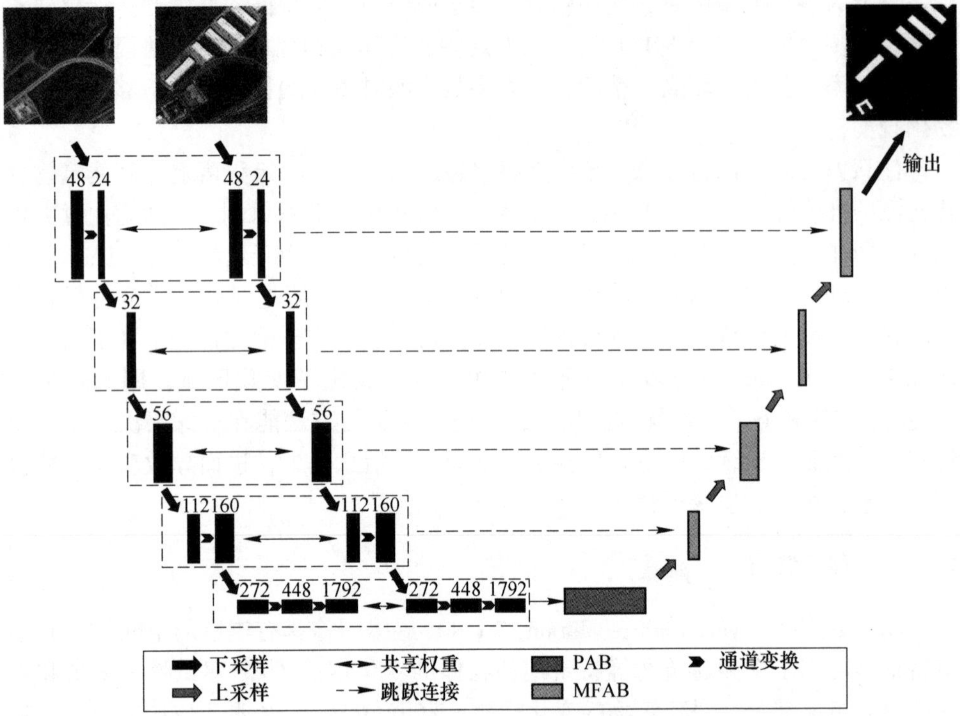

图 12-1　本案例所提方法流程图

12.3.2　数据集介绍

本案例采用 2020 年发布的建筑物变化检测数据集 LEVIR-CD。该数据集由 637 对 1024 像素 × 1024 像素的 VHR 谷歌地球影像组成，双时相影像来自美国得克萨斯州 20 多个地区，空间分辨率为 0.5 m（见图 12-2）。该数据集中包含 31333 幢风格各异的建筑。其中，训练集、验证集和测试集的样本量分别为 445 对、128 对和 64 对。

12.3.3　孪生编码器

通常可以通过加深网络深度、扩大网络宽度和提高网络分辨率来优化模型的精度。AlexNet[32] 首次将 Dropout、ReLU、LRN 等技术与 CNN 相结合，扩展了 CNN 的宽度和深度。VGGNet[33]、ResNet[34] 和 InceptionNet[35] 分别通过加深网络深度和扩大网络宽度来优化模型。Huang 等[36] 通过提高图像分辨率也改善了模

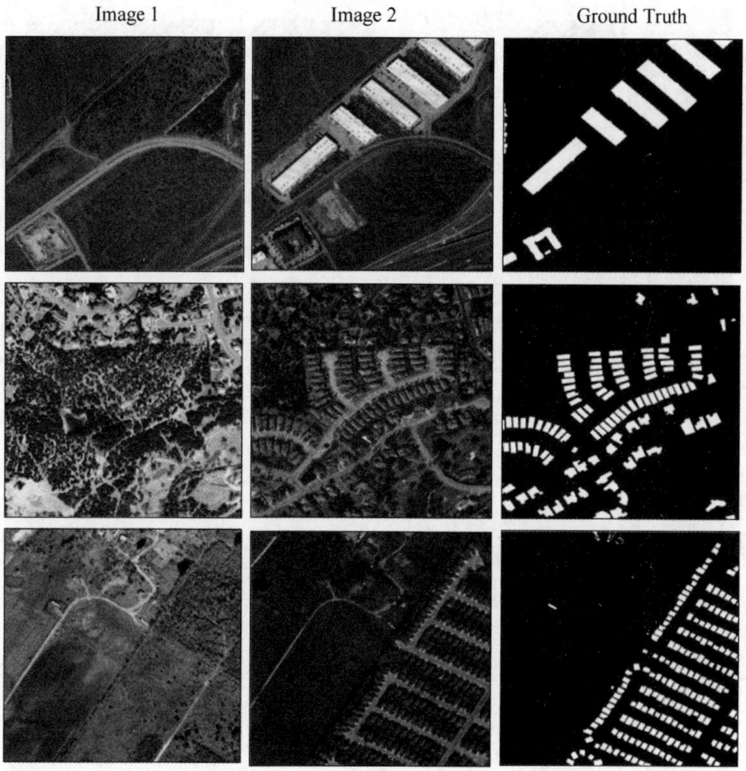

图 12-2 数据集样本

型性能。在过去的大多数研究中，只对宽度、深度或分辨率三者中的一个进行调整。EfficientNet 是 Tan 等[37]在现有 CNN 的基础上提出的 CNN 系列。该研究扩展了网络宽度、深度和图像分辨率的不同组合，以探索不同组合对实验精度的影响，共提出了从 EfficientNet B0 到 EfficientNet B7 的八个版本。本案例中，使用了双分支 EfficientNet B4 来提取特征信息，两个分支共享权重并有效利用信息。图 12-3 显示了单分支情况下 EfficientNet B4 的结构。第 1 块是卷积层，卷积核大小为 3×3，步长为 2。第 2 块至第 8 块重复了堆叠 MBConv 结构，而第 9 块是普通的 1×1 卷积层。

12.3.4 双注意力机制解码器

为了在局部特征上建立丰富的上下文连接模型，在解码器部分设计了双注意力模块（PAB 和 MFAB）来捕捉空间和通道信息。受文献［38］的启发，引入了 PAB[25]和 MFAB[39]。PAB 模块捕获丰富的空间上下文信息建模，从而增强其表征能力。MFAB 模块通过结合高层和低层特征映射来捕获特征通道间关系。两个模块的结构如图 12-4（a）为 PAB 结构，图 12-4（b）为 MFAB 结构。根据建筑物分割任务的重要性，对特征映射进行增强和抑制。

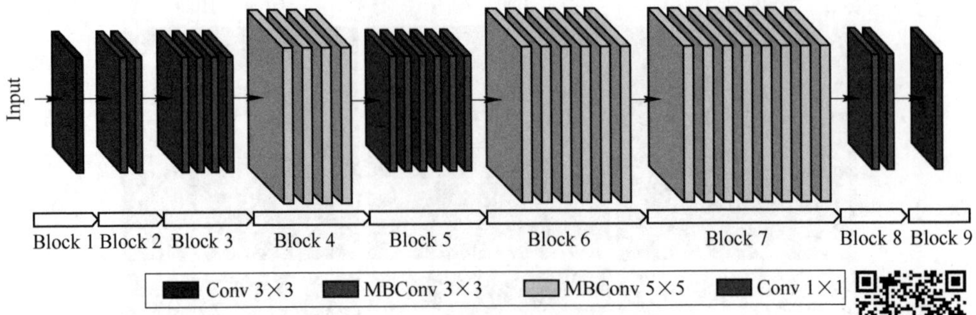

图 12-3　单分支 EfficientNet B4 结构

图 12-3 彩图

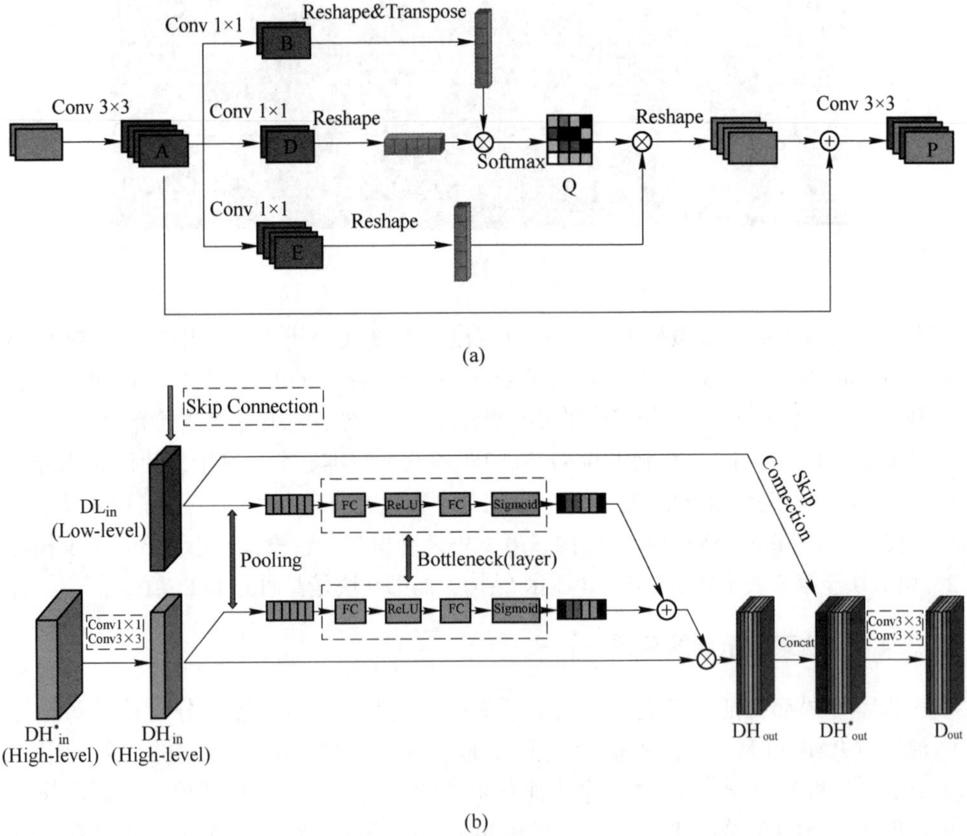

图 12-4　注意力机制结构图

(a) PAB；(b) MFAB

12.3.5 损失函数

对于变化和非变化样本不平衡的场景来说，Dice 损失函数是不错的选择，该函数在训练过程中更注重对变化区域信息的挖掘，但对于小目标建筑物来说，其训练效果并不稳定，另外极端情况下会产生梯度过拟合。交叉熵损失函数刻画了实际输出与期望输出的距离，熵值越小，两个概率分布就越接近，同时这个值也决定了实验训练梯度。熵值越小，梯度越小，参数更新越慢；熵值越大，梯度越大，参数更新越快，参数的更新迭代可以弥补使用单一 Dice 损失函数[40]结果不稳定的情况。因此，本案例使用交叉熵损失和 Dice 损失加权组合的混合损失函数来优化模型。其定义如下：

$$L_{\text{loss}} = L_{\text{Dice}} + L_{\text{CE}} = -\frac{1}{Z}\sum_{i=1}^{Z}\left(\beta p_i \lg y_i + \alpha \frac{p_i y_i}{p_i + y_i}\right) \tag{12-1}$$

式中，p_i 和 y_i 分别为预测的特征图和地面真实情况；Z 为 batch size。此外，还使用了两个超参数（$0<\beta<5$ 和 $0<\alpha<5$）来调节损失函数的效果。通过训练过程调整参数，在 $\beta=0.5$ 和 $\alpha=2$ 时取得了最佳性能。

12.4 实验结果与分析

12.4.1 实验环境

本案例方法所使用的计算机配置为 Windows10 操作系统，案例在 PyTorch 平台上实现，所有模型环境均使用 NVIDIA GeForce RTX 3090 和 64 GB 内存。使用 Adam 优化器，初始学习率设置为 0.0001，调整倍数为 0.1，迭代次数设置为 80，批次大小为 8。为了加快训练速度和增加训练样本，将原始图像裁剪为 256 像素×256 像素。

12.4.2 评价指标

为了有效评价网络模型在建筑物变化检测中的检测性能，选择 Recall、Precision、Accuracy 和 F1 值作为评价指标，计算公式如下：

$$\text{Recall} = \frac{\text{TP}}{\text{TP} + \text{FN}} \tag{12-2}$$

$$\text{Precision} = \frac{\text{TP}}{\text{TP} + \text{FP}} \tag{12-3}$$

$$\text{Accuracy} = \frac{\text{TP} + \text{TN}}{\text{TP} + \text{TN} + \text{FP} + \text{FN}} \tag{12-4}$$

$$F1值 = \frac{2 \times Precision \times Recall}{Precision + Recall} \tag{12-5}$$

式（12-2）~式（12-4）中的 TN、TP、FN 和 FP 分别为真阴性、真阳性、假阴性和假阳性的数量。

12.4.3 实验内容

为了验证该网络在建筑物变化检测方面的优越性，本案例设计了两组对比实验方案。第一组为不同编码器对模型的影响。在 Siam-EMNet 网络模型中，使用了预训练的 EfficientNet B4 编码器结构。为了验证其有效性和合理性，将其与 MobileNet V2[41]、XCEP[42]、ResNet34[34]和 VGG13[33]的编码器结构进行了比较。第二组为不同方法之间的比较。将提出的 Siam-EMNet 网络模型与 BIT[30]、CDNet[43]、DSIFN[44]、L-U-Net[45]、P2V-CD[46]和 SNU-Net[21]进行了比较。

（1）不同编码器对模型的影响：表 12-1 中的定量结果表明，在 LEVIR-CD 数据集上，EfficientNet B4 的 Precision 为 92.00%，Recall 为 88.51%，Accuracy 为 95.71%，F1 值为 90.21%，性能良好。与 MobileNet V2、XCEP、ResNet34 和 VGG13 相比，其 F1 值分别提高了 13.63%、15.76%、10.80% 和 9.99%，证明 EfficientNet B4 编码器对数据集中的建筑物变化检测具有显著效果。

表 12-1 不同编码器的实验结果

编码器	Loss	Precision	Recall	Accuracy	F1 值
MobileNet V2	0.04159	81.28	77.90	83.63	76.58
XCEP	0.03957	76.39	81.58	83.32	74.45
ResNet 34	0.03489	85.69	79.13	85.45	79.41
VGG 13	0.032	85.28	79.24	84.67	80.22
EfficientNet B4	**0.02652**	**92.00**	**88.51**	**95.71**	**90.21**

注：加粗字体为各项最优结果。

（2）不同方法之间的比较：为了验证 Siam-EMNet 的有效性，和一些 SOTA 方法进行了比较，包括 BIT、CDNet、DSIFN、L-U-Net、P2V-CD 和 SNU-Net。所有实验都使用了相同的预处理方法，并将参数值调到最优，以使实验结果具有可比性。表 12-2 中的对比数据显示，在四项评价指标中，本案例所提方法获得了最高的 Recall、Accuracy 和 F1 值；Precision 次优，比 DSIFN 低 2.56%，但本案例所提方法的 Recall、Accuracy 和 F1 值分别比 DSIFN 高 7.69%、0.78% 和 3.06%。实验结果表明，Siam-EMNet 在检测建筑物变化方面表现良好。

表 12-2 不同方法之间的比较

方法	Precision	Recall	Accuracy	F1 值
BIT	89.21	88.05	94.66	88.63
CDNet	89.93	86.85	95.02	88.36
DSIFN	**94.56**	80.82	94.93	87.15
L-U-Net	90.60	88.46	95.44	89.52
P2V-CD	91.89	87.38	95.57	89.58
SNU-Net	88.18	88.12	94.89	88.15
Siam-EMNet	92.00	**88.51**	**95.71**	**90.21**

注：加粗字体为各项最优结果。

为进一步说明本案例所提方法的优越性，采用了三种场景进行实验，结果如图 12-5~图 12-7 所示（256 像素×256 像素）。

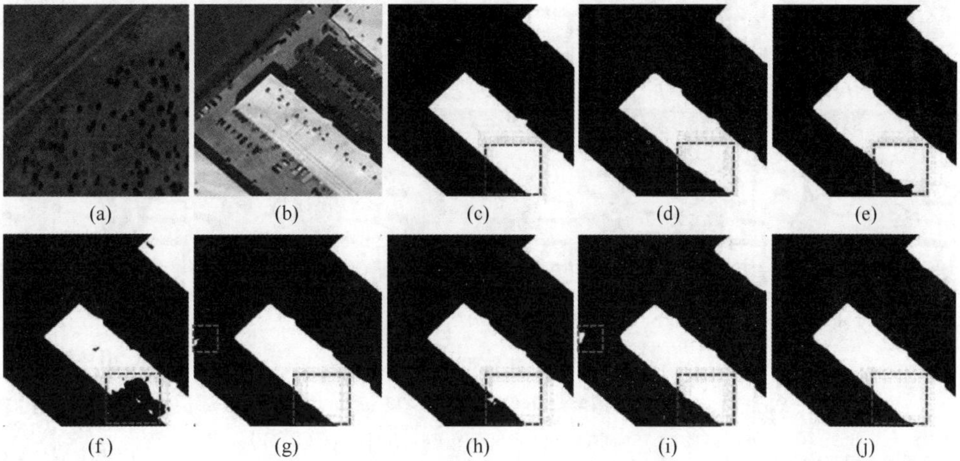

图 12-5 大目标建筑物的变化检测结果

（a）T1 image（256 像素×256 像素）；（b）T2 image；（c）Truth map；（d）BIT；（e）CDNet；（f）DSIFN；（g）L-U-Net；（h）P2V-CD；（i）SNU-Net；（j）Siam-EMNet

图 12-5 彩图

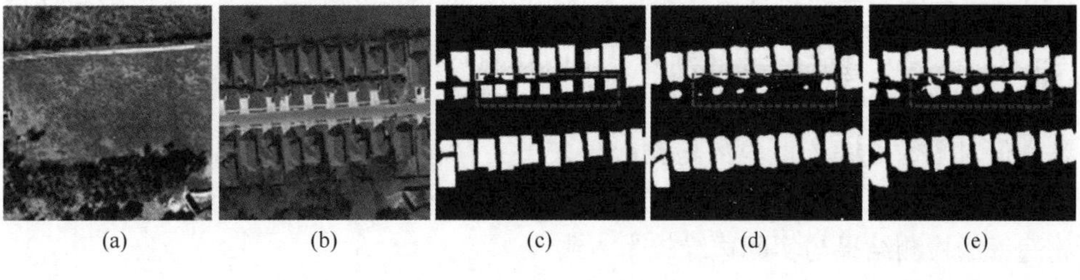

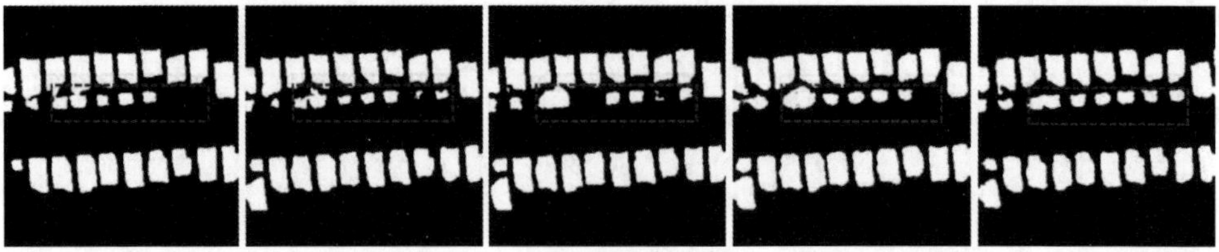

(f)　(g)　(h)　(i)　(j)

图 12-6　小目标建筑物的变化检测结果

（a）T1 image（256 像素×256 像素）；（b）T2 image；（c）Truth map；（d）BIT；（e）CDNet；（f）DSIFN；（g）L-U-Net；（h）P2V-CD；（i）SNU-Net；（j）Siam-EMNet

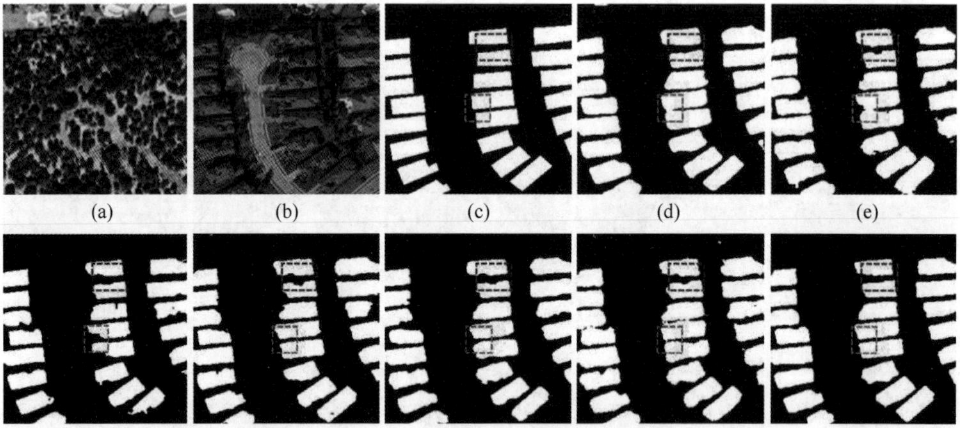

图 12-7　密集建筑群的变化检测结果

（a）T1 image（256 像素×256 像素）；（b）T2 image；（c）Truth map；（d）BIT；（e）CDNet；（f）DSIFN；（g）L-U-Net；（h）P2V-CD；（i）SNU-Net；（j）Siam-EMNet

图 12-7 彩图

表 12-3 中定量评估结果显示，Siam-EMNet 模型在 Recall 指标上没有达到最佳值，但在 Precision、Accuracy 和 F1 值上达到了最佳值。图 12-5 显示了大目标建筑物的变化检测结果，可以看出，对于大型目标建筑场景，BIT、CDNet 和 DSIFN 模型都存在漏检现象，尤其是 DSIFN，漏检面积较大，建筑边缘完整性较差；P2V-CD 模型基本能识别出变化的建筑区域，并获得了表 12-3 中最好的 Recall，但红框内存在误检现象；L-U-Net 和 SNU-Net 模型对建筑物的检测较为完整，但对图像边缘蓝框内的检测效果较差，存在误检问题；Siam-EMNet 方法对深层和浅层信息高度融合，能高效地利用遥感图像中建筑物的边缘信息，对建筑物边缘的检测结果与实际边缘较为一致。

表 12-3　大型目标建筑的变化检测结果

方法	Precision	Recall	Accuracy	F1 值
BIT	98.94	95.43	98.17	97.15
CDNet	98.85	97.13	98.88	98.26
DSIFN	98.97	82.09	93.98	89.73
L-U-Net	99.09	97.52	98.93	98.30
P2V-CD	98.24	**98.38**	98.92	98.31
SNU-Net	98.60	96.76	98.64	97.67
Siam-EMNet	**99.62**	97.76	**98.99**	**98.68**

注：加粗字体为各项最优结果。

图 12-6 显示了小目标建筑物的变化检测结果。从对比结果来看，BIT、DSIFN 和 P2V-CD 模型的检测结果明显偏差。相比之下，L-U-Net、P2V-CD 和 SNU-Net 的性能有所提高，尤其是 L-U-Net 方法，虽然仍有一些漏检，但其 Precision 很高（见表 12-4）。SNU-Net 虽然 Recall 最高，但其 Precision 比本案例所提方法低 3.9%。Siam-EMNet 方法在一些小目标建筑物中保持了良好的检测性能，改善了小型目标建筑检测中的漏检和边缘模糊问题。

表 12-4　小型目标建筑的变化检测结果

方法	Precision	Recall	Accuracy	F1 值
BIT	88.60	86.65	94.19	87.61
CDNet	90.72	85.44	94.67	88.00
DSIFN	91.42	83.54	94.20	87.30
L-U-Net	92.51	85.79	95.02	89.02
P2V-CD	92.41	87.14	95.28	89.69
SNU-Net	89.13	**90.06**	94.93	89.59
Siam-EMNet	**93.03**	89.38	**95.54**	**90.04**

注：加粗字体为各项最优结果。

图 12-7 显示了密集建筑群的变化检测结果。在图 12-7 中，建筑物错综复杂，容易受到背景中阴影和相邻地面物体的干扰。从图 12-7（d）~（j）可以看出，7 种模型都能确定变化建筑物的位置，但在建筑物边缘检测效果上存在较大差距。红色虚线框内显示，CDNet、L-U-Net、P2V-CD 和 SNU-Net 模型受背景信息影响较大，对建筑物边缘的识别效果较差，存在明显的误检问题。BIT 模型在该位置的表现较好，但在建筑物非常密集的区域，如蓝色虚线框处，会出现检测错误。DSIFN 在检测建筑物变化方面表现出色，但建筑物边缘的拟合度较低，会出现漏检现象。Siam-EMNet 方法有效地避免了背景中道路和阴影的影响，检测到了完

整的建筑物边缘信息，具有较强的抗干扰性，边缘检测效果较好。表 12-5 显示了 7 种模型的定量评估结果。在表 12-5 中，虽然 DSIFN 方法的 Precision 优于本案例提出的方法，但本案例所提方法的 Recall、Accuracy 和 F1 值均为最优，整体性能优于其他 6 种方法。

表 12-5　密集建筑群的变化检测结果

方法	Precision	Recall	Accuracy	F1 值
BIT	89. 77	92. 84	93. 98	91. 28
CDNet	89. 22	93. 89	94. 47	91. 49
DSIFN	**97. 46**	87. 11	95. 13	91. 99
L-U-Net	93. 68	92. 30	95. 55	92. 98
P2V-CD	93. 83	91. 87	95. 47	92. 84
SNU-Net	89. 02	93. 14	93. 63	91. 03
Siam-EMNet	93. 63	**94. 68**	**96. 24**	**94. 15**

注：加粗字体为各项最优结果。

12. 4. 4　结果与分析

本案例针对建筑物变化检测领域中存在的变化区域检测不全、边缘粗糙等问题，提出了一种基于 Siamese EfficientNet B4-MANet（Siam-EMNet）的 VHR 遥感影像建筑物变化检测网络。该编码器结构复合扩展了网络的宽度、深度并提高了分辨率，增强了提取建筑物特征信息的能力；解码器结构融合了 PAB 和 MFAB，增强了对建筑物边缘细节的检测，有效避免了对小区域的漏检。编码器-解码器之间通过跳跃连接，有效提取 VHR 遥感图像的双时相特征信息，实现了高效的多级信息融合。在 LEVIR-CD 数据集上获得的结果表明，Siam-EMNet 在建筑物变化检测方面效果显著，其 Precision、Recall、Accuracy 和 F1 值分别为 92. 00%、88. 51%、95. 71% 和 90. 21%。与 BIT、CDNet、DSIFN、L-U-Net、P2V-CD 和 SNU-Net 相比，Siam-EMNet 的综合性能最好。此外，本案例还使用 WHU-CD 数据集来验证网络模型的泛化能力，结果表明所提出的网络模型具有良好的泛化能力。

12. 5　案例要点

（1）设计了一种孪生双分支的 EfficientNet B4 编码结构。该编码结构根据网络的深度、宽度和分辨率进行复合扩展，有助于更好地预测建筑物变化区域，获得更高质量的预测结果。同时，采用预训练权重，使得实验结果收敛更加稳定。

（2）构建了基于 Siam-EMNet 的变化检测网络。采用集成 PAB 和 MFAB 的解码器对编码器的特征映射进行上采样。在上采样过程中恢复并改善细节，可更准确地检测变化区域的边界信息，有效避免小区域的漏检。

（3）利用交叉熵损失和 Dice 损失加权组合的混合损失函数优化 Siam-EMNet，减少因变化和非变化样本不平衡引起的检测误差。

参 考 文 献

[1] PARK S, SONG A. Hybrid approach using deep learning and graph comparison for building change detection [J]. GIScience & Remote Sensing, 2023, 60 (1): 2220525.

[2] HUANG X, ZHANG L P, ZHU T T. Building change detection from multitemporal high-resolution remotely sensed images based on a morphological building index [J]. IEEE Journal of Selected Topics in Applied Earth Observations and Remote Sensing, 2014, 7 (1): 105-115.

[3] CHEN J, GONG P, HE C Y, et al. Land-use/land-cover change detection using improved change-vector analysis [J]. Photogrammetric Engineering and Remote Sensing, 2003, 69 (4): 369-379.

[4] HU J R, ZHANG Y Z. Seasonal change of land-use/land-cover (LULC) detection using MODIS data in rapid urbanization regions: A case study of the pearl river delta region (China) [J]. IEEE Journal of Selected Topics in Applied Earth Observations and Remote Sensing, 2013, 6 (4): 1913-1920.

[5] WALTER V. Object-based classification of remote sensing data for change detection [J]. ISPRS Journal of Photogrammetry and Remote Sensing, 2004, 58 (3/4): 225-238.

[6] RADKE R J, ANDRA S, AL-KOFAHI O, et al. Image change detection algorithms: A systematic survey [J]. IEEE Transactions on Image Processing, 2005, 14 (3): 294-307.

[7] SINGH A. Digital change detection techniques using remotely-sensed data [J]. International Journal of Remote Sensing, 1989, 10 (6): 989-1003.

[8] 袁修孝，宋妍. 一种运用纹理和光谱特征消除投影差影响的建筑物变化检测方法 [J]. 武汉大学学报信息科学版，2007，32 (6)：489-493.

[9] HUANG X, ZHANG L P. A multidirectional and multiscale morphological index for automatic building extraction from multispectral Geoeye-1 imagery [J]. Photogrammetric Engineering and Remote Sensing, 2011, 12 (7): 721-732.

[10] VARSHNEY A. Improved NDBI differencing algorithm for built-up regions change detection from remote-sensing data: An automated approach [J]. Remote Sensing Letters, 2013, 4 (5): 504-512.

[11] SEO D K, KIM Y H, EO Y D, et al. Fusion of SAR and multispectral images using random forest regression for change detection [J]. ISPRS International Journal of Geo-Information, 2018, 7 (10): 401.

[12] XIE Z W, WANG M, HAN Y H, et al. Hierarchical decision tree for change detection using high resolution remote sensing images [J]. Communications in Computer and Information

Science, 2018, 980: 176-184.

[13] HUO C L, CHEN K M, DING K, et al. Learning relationship for very high resolution image change detection [J]. IEEE Journal of Selected Topics in Applied Earth Observations and Remote Sensing, 2016, 9 (8): 3384-3394.

[14] TOUATI R, MIGNOTTE M, DAHMANE M. Multimodal change detection in remote sensing images using an unsupervised pixel pairwise-based Markov random field model [J]. IEEE Transactions on Image Processing, 2020, 29: 757-767.

[15] HAO M, ZHOU M C, JIN J, et al. An advanced superpixel-based Markov random field model for unsupervised change detection [J]. IEEE Geoscience and Remote Sensing Letters, 2020, 17 (8): 1401-1405.

[16] 谭琨，杜培军. 基于支持向量机的高光谱遥感图像分类 [J]. 红外与毫米波学报，2008，27 (2): 123-128.

[17] 张志强，张新长，辛秦川，等. 结合像元级和目标级的高分辨率遥感影像建筑物变化检测 [J]. 测绘学报，2018，47 (1): 102-112.

[18] ZHU B, GAO H M, WANG X, et al. Change detection based on the combination of improved SegNet neural network and morphology [C] //Proceedings of the 3rd IEEE International Conference on Image, Vision and Computing. Chongqing: [s. n.], 2018: 55-59.

[19] PENG D F, ZHANG Y J, GUAN H Y. End-to-end change detection for high resolution satellite images using improved UNet++ [J]. Remote Sensing, 2019, 11 (11): 1382.

[20] DAUDT R C, SAUX B L, BOULCH A. Fully convolutional siamese networks for change detection [C] //2018 25th IEEE International Conference on Image Processing. Athens: [s. n.], 2018: 4063-4067.

[21] FANG S, LI K Y, SHAO J Y, et al. SNUNet-CD: A densely connected siamese network for change detection of VHR images [J]. IEEE Geoscience and Remote Sensing Letters, 2021, 19: 3056416.

[22] CHEN H, SHI Z W. A spatial-temporal attention-based method and a new dataset for remote sensing image change detection [J]. Remote Sensing, 2020, 12 (10): 1662.

[23] LIU Y, PANG C, ZHAN Z Q, et al. Building change detection for remote sensing images using a dual-task constrained deep siamese convolutional network model [J]. IEEE Geoscience and Remote Sensing Letters, 2020, 18 (5): 811-815.

[24] SHEN Q, HUANG J R, WANG M, et al. Semantic feature-constrained multitask siamese network for building change detection in high-spatial-resolution remote sensing imagery [J]. ISPRS Journal of Photogrammetry and Remote Sensing, 2022, 189: 78-94.

[25] FU J, LIU J, TIAN H J, et al. Dual attention network for scene segmentation [C] // Proceedings of the 32nd IEEE Conference on Computer Vision and Pattern Recognition. Long Beach: [s. n.], 2019: 3141-3149.

[26] CHEN J, YUAN Z Y, PENG J, et al. DASNet: Dual attentive fully convolutional siamese networks for change detection in high-resolution satellite images [J]. IEEE Journal of Selected Topics in Applied Earth Observations and Remote Sensing, 2020, 14: 1194-1206.

[27] LEI Y J, YU J M, CHAN S X, et al. SNLRUX++ for building extraction from high-resolution remote sensing images [J]. IEEE Journal of Selected Topics in Applied Earth Observations and Remote Sensing, 2021, 15: 409-421.

[28] 王超, 王帅, 陈晓, 等. 联合 UNet++和多级差分模块的多源光学遥感影像对象级变化检测 [J]. 测绘学报, 2023, 52 (2): 283-296.

[29] 张祖勋, 姜慧伟, 庞世燕, 等. 多时相遥感影像的变化检测研究现状与展望 [J]. 测绘学报, 2022, 51 (7): 1091-1107.

[30] CHEN H, QI Z P, SHI Z W. Remote sensing image change detection with transformers [J]. IEEE Transactions on Geoscience and Remote Sensing, 2021, 60: 3095166.

[31] DENG W J, SHI Q, LI J. Attention-gate-based encoder-decoder network for automatical building extraction [J]. IEEE Journal of Selected Topics in Applied Earth Observations and Remote Sensing, 2021, 14: 2611-2620.

[32] KRIZHEVSKY A, SUTSKEVER I, HINTON G E. Imagenet classification with deep convolutional neural networks [J]. Communications of the ACM, 2017, 60 (6): 84-90.

[33] SIMONYAN K, ZISSERMAN A. Very deep convolutional networks for large-scale image recognition [C] //International Conference on Learning Representations. San Diego: [s. n.], 2015: 1-14.

[34] HE K M, ZHANG X Y, REN S Q, et al. Deep residual learning for image recognition [C] // Proceedings of the IEEE Computer Society Conference on Computer Vision and Pattern Recognition. Las Vegas: [s. n.], 2016: 770-778.

[35] SZEGEDY C, VANHOUCKE V, IOFFE S, et al. Rethinking the inception architecture for computer vision [C] //Proceedings of the IEEE Computer Society Conference on Computer Vision and Pattern Recognition. Las Vegas: [s. n.], 2016: 2818-2826.

[36] HUANG Y P, CHENG Y L, BAPNA A, et al. GPipe: Efficient training of giant neural networks using pipeline parallelism [C] //33rd Annual Conference on Neural Information Processing Systems. Vancouver: [s. n.], 2019.

[37] TAN M X, LE Q V. EfficientNet: Rethinking model scaling for convolutional neural networks [C] //36th International Conference on Machine Learning. Long Beach: [s. n.], 2019: 10691-10700.

[38] FAN T L, WANG G L, LI Y, et al. MA-Net: A multi-scale attention network for liver and tumor segmentation [J]. IEEE Access, 2020, 8: 179656-179665.

[39] HU J, SHEN L, ALBANIE S, et al. Squeeze-and-excitation networks [J]. IEEE Transactions on Pattern Analysis and Machine Intelligence, 2020, 42 (8): 2011-2023.

[40] LI X Y, SUN X F, MENG Y X, et al. Dice loss for data-imbalanced NLP tasks [C] // Proceedings of the Annual Meeting of the Association for Computational Linguistics. Seattle: [s. n.], 2020: 465-476.

[41] ALCANTARILLA P F, STENT S, ROS G, et al. Street-view change detection with deconvolutional networks [J]. Autonomous Robots, 2018, 42 (7): 1301-1322.

[42] SANDLER M, HOWARD A, ZHU M L, et al. MobileNetV2: Inverted residuals and linear

bottlenecks [C] //Proceedings of the IEEE Computer Society Conference on Computer Vision and Pattern Recognition. Salt Lake City: [s. n.], 2018: 4510-4520.

[43] CHOLLET F. Xception: Deep learning with depthwise separable convolutions [C] //Proceedings of the 30th IEEE Conference on Computer Vision and Pattern Recognition. Honolulu: [s. n.], 2017: 1800-1807.

[44] ZHANG C X, YUE P, TAPETE D, et al. A deeply supervised image fusion network for change detection in high resolution bi-temporal remote sensing images [J]. ISPRS Journal of Photogrammetry and Remote Sensing, 2020, 166: 183-200.

[45] SUN S T, MU L, WANG L Z, et al. L-UNet: An LSTM network for remote sensing image change detection [J]. IEEE Geoscience and Remote Sensing Letters, 2022, 19: 8004505.

[46] LIN M H, YANG G Y, ZHANG H Y. Transition is a process: Pair-to-video change detection networks for very high resolution remote sensing images [J]. IEEE Transactions on Image Processing, 2023, 32: 57-71.

13 基于显著性检测的遥感影像建筑物变化检测案例

13.1 案例目标

（1）了解变化检测发展时间脉络及发展现状。

（2）了解显著性检测研究现状。

（3）熟悉基于显著性检测的遥感影像建筑物变化检测的技术流程。

13.2 背景信息

13.2.1 变化检测发展时间脉络

对地观测技术、信息技术和计算机技术的发展，不仅使遥感数据日新月异，也使得变化检测技术不断更新进步。目前变化检测方法按照发展时间脉络具体可分为四个部分，主要包括像素级变化检测、机器学习、面向对象影像分析和深度学习。

（1）像素级变化检测：针对中低分辨率遥感影像，像素级变化检测方法应用较多。像素级主要对影像中的像元进行检测，通过对像元属性区分得到像元之间的差异，从而提取变化信息。主要包括直接比较法、影像变换类方法和分类后比较法[1-2]。

（2）机器学习：机器学习在20世纪末得到广泛应用，相比于像素级变化检测，机器学习的变化检测精度有一定提高。机器学习的主要思想是分析遥感数据的潜在规律，利用数据规律进行变化检测。主要方法包括人工神经网络（artificial neural network，ANN）、支持向量机（support vector machine，SVM）、决策树（decision tree，DT）、随机森林（random forest，RF）和K邻近（K-nearest neighbor，KNN）[3-4]等。

（3）面向对象影像分析：面向对象影像分析技术（object-based image analysis，OBIA）常应用于高空间分辨率遥感影像变化检测，OBIA的特点是对影像对象级进行处理和分析，相比于像素级方法，OBIA能提取更多信息，变化检测结果更加优异[5]。OBIA的核心就是对遥感影像进行分割，所以分割结果的精度好坏直接影响遥感影像变化检测结果，目前也没有一种最佳分割方法。

（4）深度学习：随着遥感大数据和人工智能的发展，深度学习方法迅速被引入遥感影像变化检测领域。作为一种高分辨率遥感数据特征挖掘的有效手段，深度学习方法为高分影像数据的分类与变化检测提供了一条新的途径。与传统机器学习方法相比，深度学习模型在原来多层神经网络的基础上加入了特征学习部分，使用训练集逐层贪婪学习以初始化网络权值来接近全局最优点。同时，深度学习模型的逐层训练架构可以有效解决多层反向传递之后梯度弥散的问题，从而实现真正意义上的深度学习[6]。深度学习模型能够通过训练集逐层学习找到全局最优点，从而提高变化检测精度，但是深度学习方法建模困难，模型的精度直接决定变化检测的结果，同时整个过程需要大量的训练样本，计算量大。

13.2.2　显著性检测的变化检测研究现状

在过去几十年中，变化检测方法日异月殊，在技术不断推陈出新的如今，变化检测方法与其他领域的算法进行了互补，使变化检测方法的更新速度和性能精度都得到了巨大的提升[7-8]。目前，这一趋势仍在持续，显著性检测就是其中之一。显著性检测模拟人眼视觉系统，在影像中找到类似于人类最感兴趣的区域，该区域称为显著性区域，忽略除该区域以外的其他区域，这样检测的结果具有鲁棒性，在高空间分辨率遥感影像中，显著性检测也能将复杂地物检测出来[9-10]。显著性检测与传统变化检测方法相比，可以提取更准确的地物信息，从而提高变化检测精度。

伴随着多媒体技术日新月异的发展以及互联网络的无缝隙全覆盖，人类享受着影像和视频技术带来的便捷，但是也不断面临着数据处理和分析的挑战，急需一种可以处理大数据下的遥感影像技术[11]。视觉是人类最常用的媒介，人类通过视觉获取大量信息，同时丰富的视觉信息为人类提供决策。当面对视觉信息时，人类通常选择性地对其进行提取，而不是全部信息，即局部信息更被人类重视。如果计算机可以像人类一样具有局部信息提取能力，从大量影像和视频中提取出人类感兴趣的区域，即选择注意的能力，则可以将此技术应用到大数据领域，满足各行各业的需求，显著性检测技术应运而生[12]。显著性检测技术能够模拟人类视觉系统，检测出影像中最能吸引人们注意、最能表现影像内容的显著部分。因为显著区域可能具有多种颜色、复杂的边缘、表面纹理和空间信息，所以显著性检测具有重大研究意义，并得到了社会各界的广泛应用。

目前显著性检测技术可以实现物体识别及追踪、对象分析和场景描述，也有许多学者将显著性检测技术应用到遥感影像变化检测。文献［13］首先使用超像素分割，生成均匀紧凑的超像素，然后使用显著性检测和模糊 C 均值（fuzzy C-means，FCM）聚类获得像素级预分类结果，之后提取上述结果的光谱，最后通过随机森林进行超像素变化检测；文献［14］首先采用文献［15］的显著性模型得到显著性影像，然后采用马尔可夫随机场（Markov random field，MRF）对显著性影像进行特征融合后进行变化检测；文献［16］改进了显著性模型，采用底层提取特征方式获得显著性影像，然后通过 MRF 得到变化检测结果；文献［17］首先构造差异影像，然后通过小波变换得到空间和上下文信息，最后进行显著性检测得到变化检测结果；文献［18］首先对遥感影像进行基于聚类的显著性检测，然后对显著性结果构造差异影像进行变化检测。显著性检测可以提取特征信息，所以高质量的显著性检测模型能大幅提高变化检测精度，选取适合的显著性模型算法就尤为重要。

13.2.3 案例背景

随着深度学习的迅猛发展及其在计算机视觉和自然语言处理等领域取得了良好效果，许多学者采用基于深度学习的遥感图像变化检测方法开展研究。文献［19］提出了一种基于区域的卷积神经网络方法，并通过此方法识别高分辨率遥感影像中的多类地物（建筑物、道路等），从而有效地进行多类地物变化检测。文献［20］提出了一种基于深度特征差异卷积神经网络遥感影像变化检测方法，该方法只需少量像素级样本进行训练，最后通过阈值得到二进制变化映射。文献［21］提出了一种基于生成对抗网络的半叠加卷积变化检测网络，该方法训练过程中利用未标记信息不断地对分类器进行正则化，从而提高了分类器的泛化能力，达到较好的分类效果。文献［22］首先利用平稳小波变换（stationary wavelet transform，SWT）从均值和对数比构造差异影像，然后采用模糊 C 均值聚类执行伪分类，最后采用 DNN 进行变化检测。文献［23］采用堆叠自动编码器（stacked auto-encoders，SAEs；属于 DNN）以快速、无监督的方式进行多时相合成孔径雷达（synthetic aperture radar，SAR）影像变化检测。虽然上述方法取得了一定效果，但仍存在一些不足和挑战：小尺度建筑物分割效果仍不理想；分割地物边界粗糙和缺失；建模困难，计算量较大。

13.3 案例涉及的知识点

13.3.1 研究方法

本案例提出了一种基于残差注意力机制网络显著性检测遥感影像建筑物变化检测方法。残差注意力网络[24]是一个使用注意力机制的卷积神经网络，它通过堆叠注意力模块来构建神经网络，采用残差注意力可以将网络扩展数百层，注意力模块随着层的加深自适应改变感知特征；然后将训练的最优模型对遥感影像进行建筑物提取，并获取差异影像；最后采用大津法阈值分割[25-26]和闭运算处理得到变化影像，以期获得更优异的建筑物变化检测结果。具体流程如图 13-1 所示。

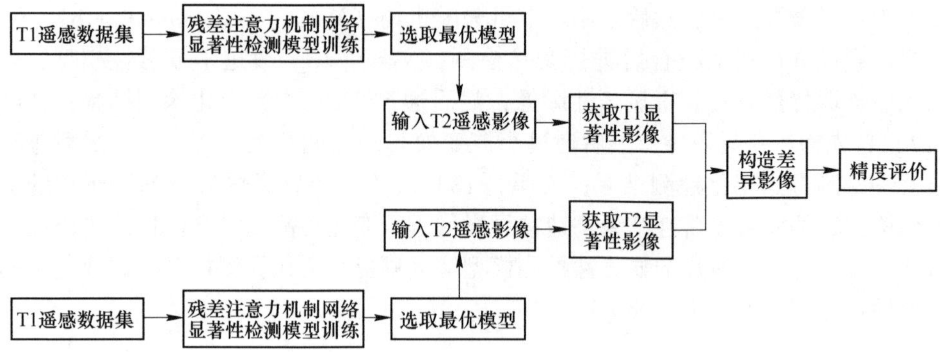

图 13-1　本案例方法流程图

13.3.2　数据集介绍

本案例选择了武汉大学建筑物数据集[27]，遥感影像包含蓝、绿和红三个波段，空间分辨率为 0.2 m，其中裁剪出三组对照影像，大小分别为 1101 像素×1003 像素、737 像素×652 像素、881 像素×800 像素，如图 13-2～图 13-4 所示。

(a)　(b)　(c)

图 13-2　第一组遥感影像

（a）T1 时刻影像；（b）T2 时刻影像；（c）参考影像

(a)　(b)　(c)

图 13-3　第二组遥感影像

（a）T1 时刻影像；（b）T2 时刻影像；（c）参考影像

(a)　(b)　(c)

图 13-4　第三组遥感影像

（a）T1 时刻影像；（b）T2 时刻影像；（c）参考影像

T1 和 T2 遥感影像数据集训练过程：分别将 638 张影像输入神经网络，其中 574 张作为训练集，占总数的 90%，64 张作为验证集，占总数的 10%；标签也按此划分训练标签和验证标签，将背景的标签值设为 0，背景包括道路、植被和车辆等不属于建筑物的其他类别，建筑物的标签设为 1。

13.3.3　基于残差注意力机制网络显著性检测

残差注意力机制网络显著性检测是一种在“非常深”结构中采用混合注意力机制的卷积神经网络，具体特征表现如下：

（1）堆叠网络结构。残差注意力网络是由多个注意力模块堆叠而成的。注意力机制的特点就是堆叠结构，不同注意力机制能获得更多特征。

（2）注意力残差学习。直接堆叠注意力模块会导致明显的性能下降。因此，提出了注意力学习机制来优化具有数百层的非常深的残差注意力网络。

（3）自下而上和自上而下前馈结构。该结构已成功应用于人体姿态估计和影像分割。这种结构可以在单个前馈过程中模拟自下而上的快速前馈过程和自上而下的注意力反馈，从而允许开发具有自上而下注意力的端到端可训练网络。

13.3.4　残差注意力网络

残差注意力网络是通过堆叠多个注意力模块构建的。每个注意力模块分为两个分支：掩膜分支和主干分支。主干分支执行特征处理，并可适用于任何最先进的网络结构。为了更好地执行特征处理，使用预激活残差单位、再激活残差单位和初始单位作为残差注意力网络的基本单位来构建注意力模块。给定输入为 x 的主干分支输出 $T(x)$，掩膜分支使用自下而上、自上而下的结构来学习相同大小的掩膜 $M(x)$，该掩膜对输出特征 $T(x)$ 进行软加权。自下而上、自上而下的结构模拟了快速前馈和反馈的注意力过程。输出掩膜用作主干分支神经元的控制门，类似于公路网。注意力模块 H 的输出为

$$H_{i,c}(x) = M_{i,c}(x) * T_{i,c}(x) \tag{13-1}$$

式中的 i 在所有空间位置，$c \in \{1, \cdots, C\}$ 是通道的索引。整个结构可以进行端到端的训练。在注意力模块中，注意力掩膜不仅可以在前向推理中用作特征选择器，还可以在反向传播中用作梯度更新过滤器。在软掩膜分支中，输入特征的掩膜梯度为

$$\frac{\partial M(x,\ \theta)T(x,\ \phi)}{\partial \phi} = M(x,\ \theta)\frac{\partial T(x,\ \phi)}{\partial \phi} \tag{13-2}$$

式中，θ 为掩膜分支参数；ϕ 为主干分支参数。

注意力残差学习类似于残差学习中的思想，如果软掩膜单元可以被构造为相同的映射，那么其性能应该不会比没有注意力的对应单元差。因此，将注意力模块的输出 H 修改为

$$H_{i,c}(x) = [1 + M_{i,c}(x)] * F_{i,c}(x) \tag{13-3}$$

$M(x)$ 范围为 $[0,1]$，$M(x)$ 近似为 0，$H(x)$ 将近似原始特征 $F(x)$。称这种方法为注意力残差学习。

注意力残差学习不同于残差学习。在 ResNet 中，残差学习公式为 $H_{i,c}(x) = x + F_{i,c}(x)$，其中 $F_{i,c}(x)$ 近似于残差函数，$F_{i,c}(x)$ 表示由深度卷积神经网络生成的特征。掩膜分支 $M(x)$ 更关键，其充当特征选择器，增强好的特征并抑制来自主干特征的噪声。

13.3.5　混合注意力、空间注意力和通道注意力

掩膜分支提供的注意力随着主干分支特征而自适应地改变，使用三种类型的激活函数，分别对应混合注意力、通道注意力和空间注意力。无附加限制的混合注意力 f_1 对每个通道和空间位置使用简单的 Sigmoid 层。通道注意力 f_2 在所有通道内对每个空间位置执行 L2 归一化，以去除空间信息。空间注意力 f_3 在来自每个通道的特征图内执行归一化，然后 Sigmoid 层获得仅与空间信息相关的软掩膜。

$$f_1(x_{i,c}) = \frac{1}{1 + \exp(-x_{i,c})} \tag{13-4}$$

$$f_2(x_{i,c}) = \frac{x_{i,c}}{\| x_i \|} \tag{13-5}$$

$$f_3(x_{i,c}) = \frac{1}{1 + \exp(-(x_{i,c} - \text{mean}_c)/\text{std}_c)} \tag{13-6}$$

式中的 i 在所有空间位置范围内，c 在所有通道范围内；mean_c 和 std_c 表示来自第 c 通道的特征图的平均值和标准偏差；x_i 表示第 i 个空间位置的特征向量。

13.3.6　基于 OTSU 的差异影像分析

OTSU 算法按灰度特性将图像分成背景和前景两部分，方差作为灰度分布均

匀性的度量，其值越大，说明构成图像的两部分差别越大，即类间方差越大。当部分目标被错分为背景或部分背景被错分为目标，都会导致两部分差别变小，当所取阈值的分割使类间方差最大时就意味着错分概率最小，可将图像中两部分进行最理想分开。

将图像的灰度范围平均分为 L 级，N_i 表示第 i 灰度级的像素点数，总的像素点数和概率密度分布分别为

$$N = \sum_{i=0}^{L-1} N_i \tag{13-7}$$

$$P_i = \frac{N_i}{N},\ \sum_{i=0}^{L-1} P_i = 1,\ P_i \geqslant 0 \tag{13-8}$$

将图像分割成两类，目标类为 $C_0 = \{0,\ 1,\ \cdots,\ T\}$，背景类为 $C_1 = \{T+1,\ T+2,\ \cdots,\ L-1\}$，$\sigma^2$ 为类间方差，则最佳阈值 T 满足类间方差最大，公式为

$$\sigma^2(T) = \max\{\sigma^2(T)\},\ 0 \leqslant T \leqslant L \tag{13-9}$$

13.4 实验结果与分析

13.4.1 实验环境

本案例实验中使用的计算机的配置为英特尔酷睿 i7-8700K 和英伟达 GTX 1050Ti 4G，实验过程由 PyCharm2019 和 MATLAB2018b 实现。初始学习率设置为 0.001，将验证集损失值作为监测指标，每三个周期检测损失值是否下降，如果不下降则将初始学习率降低 50%；批次设为 2，周期设为 200，每训练 319 次作为一个周期。

13.4.2 评价指标

在精度评价方面，本案例采用错检率（false alarm，FA）[28]、漏检率（missing alarm，MA）[28]、总体精度（overall accuracy，OA）[28]、Kappa 系数[29]和 F 值[30]来定量分析实验结果，同时采用直观比较法进行定性评价。

FA 表示实际为未变化的样本被检测为发生变化的地物的样本比例。

$$\mathrm{FA} = \frac{\mathrm{FP}}{\mathrm{TN} + \mathrm{FP}} \tag{13-10}$$

式中，FP 为实际正确，变化检测结果错误的样本；TN 为实际错误，变化检测结果正确的样本。

MA 表示实际为发生变化的样本被检测为未变化的地物的样本比例。

$$MA = \frac{FN}{TP + FN} \tag{13-11}$$

式中，FN 为实际错误，变化检测结果错误的样本；TP 为实际正确，变化检测结果正确的样本。

OA 表示所有分类正确的样本数除以总的样本数。

$$OA = \frac{TP + TN}{TP + TN + FN + FP} \tag{13-12}$$

Kappa 系数用于一致性检验，其计算公式基于混淆矩阵，结果用于衡量分类精度，代表着模型分类结果与完全随机的分类产生错误减少的比例。

$$PRE = \frac{(TP + FP)(TP + FN)}{(TP + TN + FP + FN)^2} + \frac{(FN + TN)(FP + TN)}{(TP + TN + FP + FN)^2} \tag{13-13}$$

$$Kappa = \frac{OA - PRE}{1 - PRE} \tag{13-14}$$

PRE 表示理论检测结果的一致率，Kappa 系数越大，代表检测结果精度越高。

F 值为算数平均数除以几何平均数，F 值越大，代表变化检测的结果越好。

$$F值 = \frac{TP \cdot TP}{TP \cdot TP + FP + FN} \tag{13-15}$$

13.4.3　对比实验

为了验证本案例方法的有效性和可靠性，设计了三组实验，分别选取卷积小波神经网络（convolutional-wavelet neural network，CWNN）[31] 方法、模糊局部 C 均值聚类（fuzzy local information C-means，FLICM）[32] 方法、主成分分析（principal component analysis，PCA）与 K 均值（K-means）结合方法（PCA-K-means）[33]、联合变化矢量分析（change vector analysis，CVA）及光谱斜率差异（spectral gradient difference，SGD）构造差异影像的基于聚类的显著性检测方法（co-saliency）[8]、联合 CVA 及 SGD 构造差异影像的基于判别区域特征集成显著性检测方法（Drfi）[34] 进行对比。

（1）第一组实验结果：由表 13-1 可知，本案例方法具有较高的 OA、Kappa 系数和 F 值，其中 OA 达到 98.31%，Kappa 系数和 F 值均达到 72%以上，明显高于其他的对比方法。第一组数据结果（见图 13-5）的视觉直观比较显示，本案例方法错检更少，能够完整地检测出变化的每个建筑物，并有效避免道路和绿地的错检，因此在精度评价的各项指标中全面领先其他对比方法，更接近于参考影像。由于本案例采用的遥感影像拍摄时间和角度不同，建筑物有一定的阴影和变形，在构造差异影像过程中会导致一些建筑物边缘轮廓上的错检。

表 13-1 第一组影像精度评价结果 (%)

方法	FA	MA	OA	Kappa 系数	F 值
CWNN	17.40	74.15	80.76	2.68	5.80
FLICM	13.04	72.06	85.05	5.89	8.10
PCA-K-means	22.83	42.19	76.51	7.11	9.60
co-saliency	**0.94**	54.08	97.33	51.42	57.40
Drfi	1.42	38.12	97.39	59.25	59.90
本案例方法	1.17	**17.36**	**98.31**	**75.10**	**72.80**

注：加粗字体为各项最优结果。

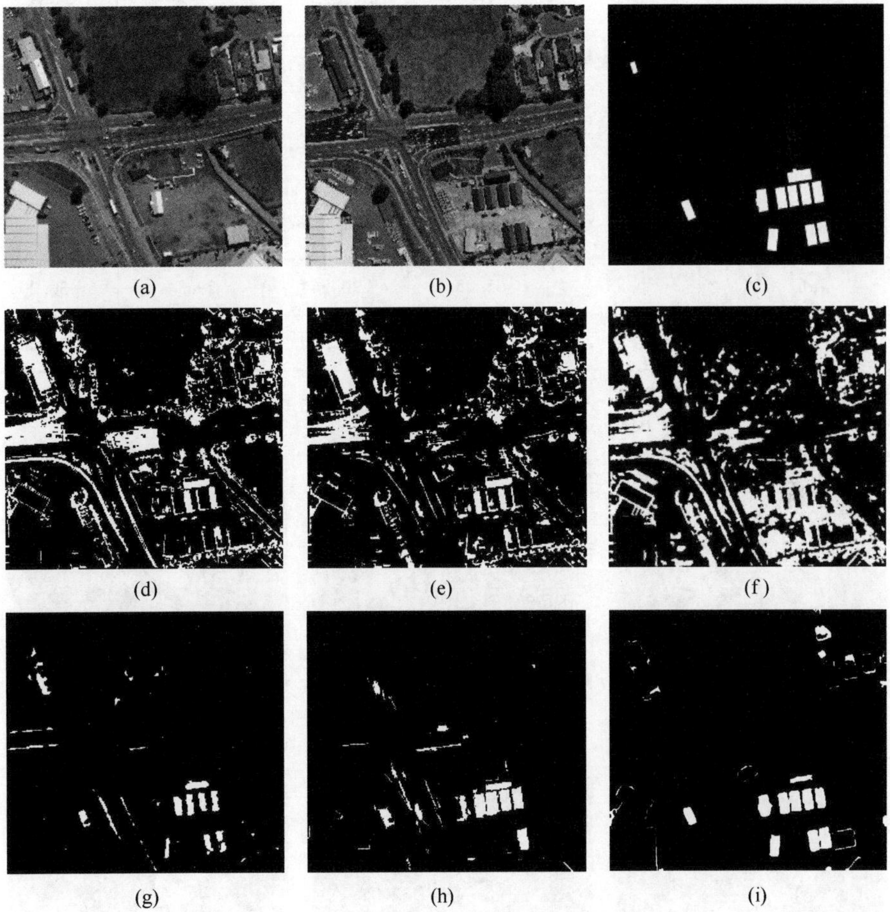

图 13-5 第一组影像变化检测结果

(a) T1 时刻影像；(b) T2 时刻影像；(c) 参考影像；(d) CWNN；(e) FLICM；(f) PCA-K-means；(g) co-saliency；(h) Drfi；(i) 本案例方法

（2）第二组实验结果：由表 13-2 可知，本案例方法具有较高的 OA、Kappa 系数和 F 值，其中 OA 达到 97.37%，Kappa 系数和 F 值均达到 74%以上，明显高于其他的对比方法。第二组数据结果（见图 13-6）的视觉直观比较显示，本案例方法不仅能将左侧变化的一排建筑物检测出来，而且能将右侧变化的建筑物检测出来，本案例方法的检测结果更接近于参考影像，相比之下，其他对比方法有更多的错检和漏检，因此本案例方法在精度评价的各项指标中全面领先。同第一组数据一样，由于本案例方法的遥感影像拍摄时间和角度不同，建筑物有一定的阴影和变形，在构造差异影像过程中会导致建筑物边缘上的错检。

表 13-2　第二组影像精度评价结果　（%）

方法	FA	MA	OA	Kappa 系数	F 值
CWNN	20.23	60.89	77.56	7.97	12.10
FLICM	17.26	59.01	80.47	11.12	14.40
PCA-K-means	22.57	51.90	75.83	8.21	13.30
co-saliency	2.55	33.11	95.78	61.10	61.60
Drfi	6.83	55.05	90.54	29.34	30.20
本案例方法	**1.97**	**14.02**	**97.37**	**76.72**	**74.40**

注：加粗字体为各项最优结果。

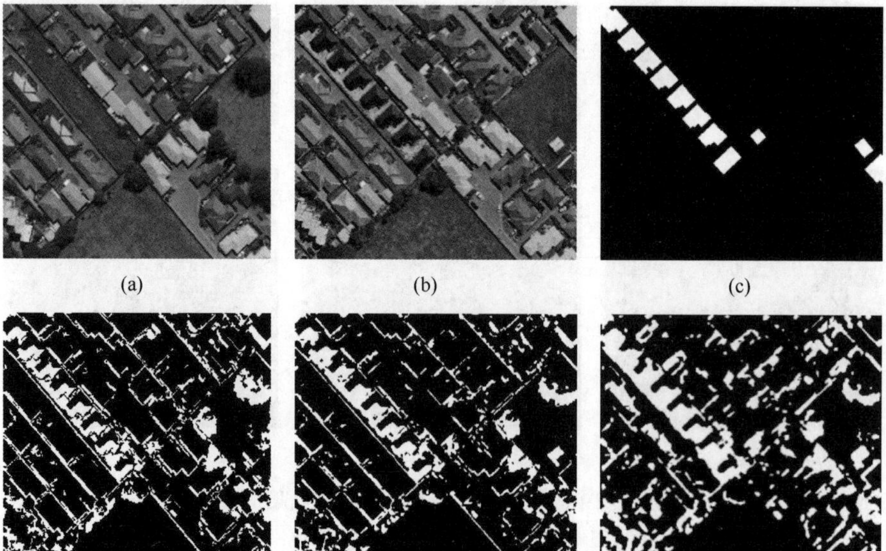
(a)　(b)　(c)
(d)　(e)　(f)

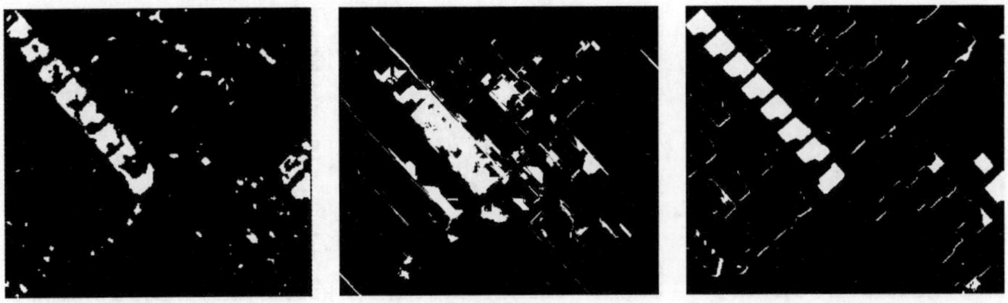

(g) (h) (i)

图 13-6 第二组影像变化检测结果

（a）T1 时刻影像；（b）T2 时刻影像；（c）参考影像；（d）CWNN；（e）FLICM；（f）PCA-K-means；（g）co-saliency；（h）Drfi；（i）本案例方法

（3）第三组实验结果：由表 13-3 可知，本案例方法具有较高的 OA、Kappa 系数和 F 值，其中 OA 达到 98.56%，Kappa 系数和 F 值均达到 92%以上，明显高于其他的对比方法。第三组数据结果（见图 13-7）的视觉直观比较显示，本案例方法的错检更少，检测结果十分接近参考影像，每一个变化的建筑物都能完整地检测出来，漏检率低至 6.10%。

表 13-3 第三组影像精度评价结果 （%）

方法	FA	MA	OA	Kappa 系数	F 值
CWNN	19.26	66.20	75.83	10.12	19.20
FLICM	13.84	81.37	79.10	4.12	14.50
PCA-K-means	25.35	68.94	70.09	3.97	14.50
co-saliency	6.33	32.32	90.95	55.95	57.90
Drfi	4.96	71.68	88.07	26.82	36.50
本案例方法	**0.90**	**6.10**	**98.56**	**92.36**	**92.80**

注：加粗字体为各项最优结果。

(a) (b) (c)

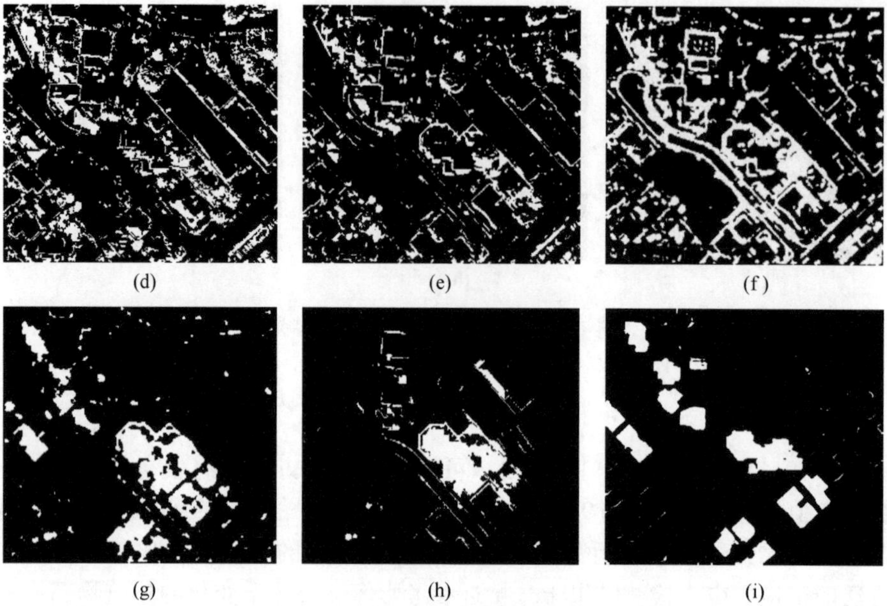

图 13-7　第三组影像变化检测结果

（a）T1 时刻影像；（b）T2 时刻影像；（c）参考影像；（d）CWNN；（e）FLICM；（f）PCA-K-means；（g）co-saliency；（h）Drfi；（i）本案例方法

13.4.4　结果与分析

针对建筑物单一地物的变化检测，残差注意力机制能有效避免道路和绿地等地物的影响，能将每组影像中每个变化的建筑物都检测出来，所以该方法的建筑物检测轮廓十分接近参考影像。对比方法中，CWNN 对合成孔径雷达影像有较好的检测结果，但对光学图像的检测效果还有待提升；FLICM 和 PCA-K-means 对于光谱信息更为复杂的高分辨率遥感影像还需要进一步研究以提升检测精度；co-saliency 难以避免道路和绿地等地物的影响，部分建筑物易出现错检；Drfi 采用局部对比度信息对影像边缘检测效果不佳。相比之下，本案例方法具有更高的精度，但是受传感器拍摄角度和拍摄时间的影响，原始影像的建筑物产生变形，所以本案例方法的检测结果会出现一些建筑物的轮廓阴影。

13.5　案例要点

（1）提出了一种基于残差注意力机制网络显著性检测的遥感图像建筑物变化检测方法。残差注意力网络是一种采用注意力机制的卷积神经网络，通过叠加注意力模块来构建。残余注意力的使用允许网络扩展到数百层，随着层的加深，注意力模块自适应地改变对特征的感知。

（2）应用训练后的最优模型从遥感图像中提取建筑物，获得不同的图像。采用 OTSU 阈值分割方法和形态学闭合操作方法生成变化图像，在建筑物变化检测中取得了较好效果。

参考文献

[1] SOHL T L. Change analysis in the united arab emirates：An investigation of techniques [J]. Photogrammetric Engineering and Remote Sensing, 1999, 65 (4)：475-484.

[2] MUNYATI C. Wetland change detection on the Kafue Plats, Zambia, by classification of a multitemporal remote sensing image dataset [J]. International Journal of Remote Sensing, 2000, 21 (9)：1787-1806.

[3] 眭海刚，冯文卿，李文卓，等．多时相遥感影像变化检测方法综述 [J]. 武汉大学学报（信息科学版），2018，43 (12)：1885-1898.

[4] 张良培，武辰．多时相遥感影像变化检测的现状与展望 [J]. 测绘学报，2017，46 (10)：1447-1459.

[5] 李亮，舒宁，王琰．利用归一化互信息进行基于像斑的遥感影像变化检测 [J]. 遥感信息，2011，2011 (6)：18-22.

[6] 黄亮，於雪琴，姚丙秀，等．线性迭代聚类和主成分分析的遥感影像变化检测 [J]. 测绘科学，2019，44 (11)：189-194.

[7] 段莹莹．基于自步学习和多目标模糊聚类的无监督遥感图像变化检测 [D]. 西安：西安电子科技大学，2019.

[8] FU H, CAO X, TU Z. Cluster-based co-saliency detection [J]. IEEE Transactions on Image Processing, 2013, 22 (10)：3766-3778.

[9] 王洁．基于超像素的全局显著性区域检测 [D]. 济南：山东大学，2013.

[10] HE S F, LAU R W H, LIU W X, et al. SuperCNN：A superpixelwise convolutional neural network for salient object detection [J]. International Journal of Computer Vision, 2015, 115 (3)：330-344.

[11] 陈冠袆．基于线面融合的高分辨率遥感图像视觉显著区域检测方法研究 [D]. 南京：南京师范大学，2016.

[12] 朱桂垅．基于超像素聚类的协同显著性检测 [D]. 苏州：苏州大学，2017.

[13] FENG W Q, SUI H G, TU J H, et al. A novel change detection approach based on visual saliency and random forest from multi-temporal high-resolution remote-sensing images [J]. International Journal of Remote Sensing, 2018, 39 (22)：7998-8021.

[14] SCHÖLKOPF B, PLATT J, HOFMANN T. Graph-based visual saliency [C] //Advances in Neural Information Processing Systems 19：Proceedings of the 2006 Conference. Cambridge：[s. n.], 2007：545-552.

[15] ITTI L, KOCH C, NIEBUR E. A model of saliency-based visual attention for rapid scene analysis [J]. IEEE Transactions on Pattern Analysis and Machine Intelligence, 1998,

20 (11): 1254-1259.

[16] HOU X D, HAREL J, KOCH C. Image signature: Highlighting sparse salient regions [J]. IEEE Transactions on Pattern Analysis and Machine Intelligence, 2012, 34 (1): 194-201.

[17] GUO Q L, ZHANG J P. Change detection for high resolution remote sensing image based on co-saliency strategy [C] //2019 10th International Workshop on the Analysis of Multitemporal Remote Sensing Images. Shanghai: [s. n.], 2019: 8866911.

[18] HUANG L, PENG Q Z, YU X Q. Change detection in multitemporal high spatial resolution remote-sensing images based on saliency detection and spatial intuitionistic fuzzy C-means clustering [J]. Journal of Spectroscopy, 2020, 2020: 2725186.

[19] WANG Q, ZHANG X D, CHEN G Z, et al. Change detection based on Faster R-CNN for high-resolution remote sensing images [J]. Remote Sensing Letters, 2018, 9 (10): 923-932.

[20] ZHANG M, SHI W Z. A feature difference convolutional neural network-based change detection method [J]. IEEE Transactions on Geoscience and Remote Sensing, 2020, 58 (10): 7232-7246.

[21] PENG D F, BRUZZONE L, ZHANG Y J, et al. SemiCDNet: A semisupervised convolutional neural network for change detection in high resolution remote-sensing images [J]. IEEE Transactions on Geoscience and Remote Sensing, 2021, 59 (7): 5891-5906.

[22] KALAISELVI S, GOMATHI V. α-cut induced fuzzy deep neural network for change detection of SAR images [J]. Applied Soft Computing Journal, 2020, 95: 106510.

[23] CHEN H, JIAO L H, LIANG M M, et al. Fast unsupervised deep fusion network for change detection of multitemporal SAR images [J]. Neurocomputing, 2019, 332: 56-70.

[24] WANG F, JIANG M Q, QIAN C, et al. Residual attention network for image classification [C] //Proceedings of the 30th IEEE Conference on Computer Vision and Pattern Recognition. Honolulu: [s. n.], 2017, 2017: 6450-6458.

[25] 刘媛媛，孙嘉慧，王跃勇，等. OTSU 和形态学相结合的人参叶斑图像分割系统 [J]. 吉林农业大学学报，2024，46 (4): 688-696.

[26] LIU D, YU J. OTSU method and K-means [C] //2009 9th International Conference on Hybrid Intelligent Systems. Shenyang: [s. n.], 2009, 1: 344-349.

[27] JI S P, WEI S Q, LU M. Fully convolutional networks for multisource building extraction from an open aerial and satellite imagery data set [J]. Computer Technology Journal, 2019, 57 (1): 574-586.

[28] BOVOLO F, BRUZZONE L. A detail-preserving scale-driven approach to change detection in multitemporal SAR images [J]. IEEE Transactions on Geoscience and Remote Sensing, 2005, 43 (12): 2963-2972.

[29] GONG M, ZHANG P, SU L, et al. Coupled dictionary learning for change detection from multisource data [J]. IEEE Transactions on Geoscience and Remote Sensing, 2016, 54 (12): 7077-7091.

[30] WU C, DU B, CUI X, et al. A post-classification change detection method based on iterative slow feature analysis and Bayesian soft fusion [J]. Remote Sensing of Environment, 2017, 199:

241-255.

[31] DUAN Y P, LIU F, JIAO L C, et al. SAR image segmentation based on convolutional-wavelet neural network and Markov random field [J]. Pattern Recognition, 2017, 64: 255-267.

[32] 刘瑞, 贾振红, 覃锡忠, 等. 基于模糊局部信息 C 均值的 SAR 图像变化检测 [J]. 激光杂志, 2015, 36 (11): 28-31.

[33] CELIK T. Unsupervised change detection in satellite images using principal component analysis and K-means clustering [J]. IEEE Geoscience and Remote Sensing Letters, 2009, 6 (4): 772-776.

[34] WANG J D, JIANG H Z, YUAN Z J, et al. Salient object detection: A discriminative regional feature integration approach [J]. International Journal of Computer Vision, 2017, 123 (2): 251-268.